복숭아재배의 신기술

李 載 昌
久保田尙浩
黃 龍 洙
千 種 弼
共 著

선 진 문 화 사

이 책을 출간하며

우리나라에서 복숭아는 다른 과수와 달리 재배면적의 큰 변화 없이 비교적 안정적으로 유지되어 왔으나 시장개방 대책으로 폐원지원 사업이 진행되면서 최근 감소하고 있다. 그러나 복숭아에 대한 소비자의 기호성이나 과실의 기능성을 고려할 때 양질의 과실을 공급한다면 현 수준의 복숭아 산업은 지속될 것으로 생각된다.

복숭아 과실은 여름을 대표하는 과실로서 한여름 더위에 잘 어울리는 과실이지만 최근에는 특성이 다른 우수한 품종이 많이 육성되어 6월부터 10월까지 맛있는 복숭아를 즐겨 먹을 수 있게 되었다. 또한 복숭아에 함유되어 있는 비타민, 무기물, 폴리페놀, 식이섬유(食餌纖維) 등 기능성 물질의 효능이 부각됨에 따라 소비는 더욱 증대될 것으로 예상된다. 그러나 FTA 협정국이 점차 확대될 것으로 예상되므로 더 맛있는 복숭아를 생산하여 이들과의 경쟁에서 우위를 차지할 수 있도록 최선을 다하여야 할 것이다.

본인은 대학 졸업 후 바로 원예연구소에서 과수육종사업을 시작하였다. 그 중 첫 결실이 복숭아에서 이루어져 복숭아와 인연을 맺게 되었다. 정년 후를 대비하여 과수재배를 생각하던 중 저자의 복숭아 육종사업을 마무리해 준 전 과수육종과장 조명동 박사의 조언에 힘을 얻어 복숭아과원을 개원하게 되었고, 그것이 이 책을 출판하게 된 계기가 되었다. 그 동안 대학에서 실험농장을 운영하고 강의를 해 왔지만 복숭아를 직접 재배하면서 모르는 부분이 많다는 것과 이론과 실제가 다른 여러 가지를 알게 되었다. 복숭아 생산자 중에도 본인과 같이 어려움이 있는 분들이 있을 것으로 생각되어 그 분들에게 조그만 도움이라도 될까하여 이 책의 출판을 계획하게 되었다. 그러나 작은 경험으로 복숭아 재배서(栽培書)를 저술한다는 것은 무리한 일이어서 우리 보다 복숭아 재배역사가 더 오래되었고, 재배환경이나 경영적인 여건이 우리와 유사한 일본의 복숭아 전문가와의 공저를 생각하게 되었다. 오래 전부터 친교가 있는 돗토리대학(鳥取大學)의 田邊賢二 교수에게 도움을 청하여 복숭아 전문학자로서 기초지식은 물론 재배기술면에도 탁월한 지견과 경험을 가진 오카야마 대학(岡山大學)의 久保田尙浩 교수를 소개받아 공동저술을 하게 되었다. 그러나 실제로는 구보다 교수가 기술한 원고를 공저자와 함께 번역하면서 부분적으로 우리나라 실정에 맞게 정리한 결과가 되었다.

최근 우리나라나 일본에서는 다양한 신품종이 육성되었고, 시대에 적합한 높은 수준에 재배기술이 개발되어 농가에 보급되고 있다. 그러나 복숭아는 영년생작물(永年生作物)이어서 나무의 본질을 무시하고 신기술이라 하여 획일적으로 적용하는 일은 위험한 일이다. 그들이 자라는 환경이나 시대에 따라 같은 품종을 동일하게 재배하더라도 그 결과는 크게 다르기 때문이다. 아무리 좋은 품종이나 재배기술이라도 재배지역의 환경여건에 적합할 때 비로소 양질의 과실을 생산할 수 있을 것이다. 그러므로 신품종이나 신기술 모두 자신의 의지, 기술수준 및 주변 환경여건을 신중하게 검토한 후 택하여야 할 것이다. 이 책에서는 복숭아나무의 생리, 생태적 특성을 기초로 하여 신품종 및 새로운 재배기술을 누구나 알기 쉽게 기술하고자 노력하였다. 이 책이 복숭아 생산성 향상과 새로운 기술 개발에 조금이라도 도움이 된다면 저자에게는 더 없는 기쁨이 되겠다.

끝으로 이 책의 원고 작성을 위하여 장기간에 걸쳐 노고를 아끼지 않으신 久保田尙浩 교수와 그 분을 소개해 주신 田邊賢二 교수께 깊은 감사의 뜻을 표한다. 또한 표지를 디자인해 주신 충남대학교 신언모 교수, 사진을 제공해 주신 원예연구소 복숭아 육종담당관 여러분, 사진작가 카라, 서승민씨, 참고문헌을 보내준 일본 香川大學의 김진국 군, 각 분야의 원고를 교정해 주신 원예연구소의 전지혜 박사, 충남대학교 오만진 교수, 이종석 교수, 최광렬 교수 및 유승헌 교수께 깊은 감사를 드린다. 그리고 출판계의 어려움을 무릅쓰고 이 책을 출간할 수 있도록 도와주신 선진문화사 양희돌 사장님께 심심한 사의를 표하는 바이다.

2007년 2월
저자대표 씀

まえがき

モモの原産地は中国東北部の高原地帯であるが、系統の異なる野生種は中国だけでなく朝鮮半島や日本にも分布している。しかるに、これらの地域ではモモは古くから食用、薬用、観賞用として利用されるいっぽう、神秘な霊力を持つ不老長寿の象徴とみなされ、特に中国では仙木として尊ばれていた。このため、中国、日本，韓国には「西遊記」，「桃太郎」や「東醫寶鑑」といった、モモにまつわる神話や伝説が数多くある。このように、モモの用途は多岐にわたるが、瑞々しさとほどよい甘さを備えた多汁な果実は食用として何物にも代え難く、まさに夏を代表する果物である。

モモが中国から日本に伝わったのは今から 130 年ほど前で、上海水蜜桃、天津水蜜桃および蟠桃が導入された。このうち上海水蜜桃から、夏季が高温多湿な日本の気候でも栽培可能な多くの生食用品種が育成された。新品種の開発に並行して栽培技術も向上し、モモ栽培は大きく進展した。しかし、1960 年代までのモモ栽培は、栽植間隔を広くして樹を大きく育てる、いわゆる粗植大木方式が一般的であった。その後、早生系を中心とした新品種の育成とともに、栽培の省力化、作型の多様化、果実の高品質化などを目的に新しい技術が次々と開発された。それらは、整枝・剪定、矮化栽培、施設栽培などの技術である。さらに、新しい防除技術、選果技術、輸送技術なども開発され、モモの生産や流通に関する技術は飛躍的に発展した。ここでは、モモの生産に関するこのような新技術についてもできるだけ詳しく解説した。本書が韓国のモモ生産者にとって少しでもお役に立つなら、望外の喜びである。

本書を執筆したきっかけは、鳥取大学農学部の田辺賢二教授からの電話であった。それは、「韓国忠南大学農学部の李載昌教授が、モモの生産者を対象にした栽培書の出版を計画されているので、手伝って貰えないか」との内容であった。その後、李先生はモモの開花期と成熟期に二度岡山に来られ、また小生も一度韓国のモモ栽培を見学し、その都度出版に向けて議論を重ねた。大変な作業ではあったが、非常によい勉強になった。このような機会を与えていただいた李先生と田辺先生に感謝の意を表する。

日本は、古の時代より中国あるいは韓国との交流によって、果樹を含む農作物を始めとして多くの文物を取り入れてきた。そして、それらはそのままあるいは改良が加えられて日本に広く深く浸透すると同時に、あるものは逆輸出さえ行われてきた。このように、長い交流の歴史を有す日本と韓国はまさに一衣帯水の国、将来、最も親密な隣国として一層交流が進み、そして相互理解と友好がさらに深まることを切に願う次第である。

2007 年 2 月

岡山大学 久保田尚浩

서 문(번역문)

복숭아의 원산지는 중국 동북부의 고원지대이지만 계통이 다른 야생종은 중국뿐만 아니고 한국이나 일본에도 분포되어 있다. 이들 지역에서는 복숭아를 예로부터 식용, 약용, 관상용으로 이용해 왔으며 한편으로는 신비한 영력(靈力)을 지닌 불로장수의 상징으로, 특히 중국에서는 고대로부터 선목(仙木)으로 받들어져 왔다. 한국의 '東醫寶鑑', 일본의 '桃太郎', 중국의 '西遊記'에서 볼 수 있는 바와 같이 복숭아에 얽힌 신화나 전설은 수없이 많다. 이와 같이 복숭아의 용도는 다양하지만 산미가 잘 조화된 알맞은 감미의 다즙성 과실은 식용으로서는 어떤 과실과도 바꿀 수 없는 바로 여름을 대표하는 과실이다.

중국에서 일본으로 처음 전해진 개량된 복숭아는 지금으로부터 130년 전 쯤에 도입한 '상해수밀도', '천진수밀도' 및 반도이다. 그 중 '상해수밀도'로부터 여름철 고온 다습한 일본 기후에 재배가 가능한 생식용 품종이 육성되었다. 신품종의 육성과 함께 재배기술을 향상시켜 복숭아 재배는 크게 발전되었다. 하지만 1960년대까지의 복숭아 재배는 재식간격을 넓게 하여 나무를 크게 키우는 소위 조식대목방식(粗植大木方式)이 일반적이었다. 그 후 조생계를 중심으로 한 신품종의 육성과 함께 재배의 생력화, 작형의 다양화, 과실의 고품질화 등을 목적으로 새로운 기술이 계속 개발되었다. 그것은 정지 · 전정방법, 왜화재배, 시설재배 등의 기술이다. 더욱이 새로운 방제기술, 선과기술, 수송기술 등도 개발되어 복숭아의 생산이나 유통에 관한 분야도 비약적으로 발전하였다. 본 저서에서는 복숭아 생산에 관한 이와 같은 신기술에 대하여서도 상세히 해설하였다. 이 책이 한국의 복숭아 생산자에게 조금이라도 도움이 된다면 저자에게는 더 없는 기쁨이 될 것이다.

이 책을 집필하게 된 계기는 돗토리대학(鳥取大學) 농학부의 田邊賢二 교수로부터의 전화이었다. 그 것은 "충남대학교 농업생명과학대학의 이재창 교수가 복숭아 생산자를 위한 재배서의 출판을 계획하고 있는데 도와주지 않겠는가?"라는 내용이었다. 그 후 이 교수는 개화기와 성숙기에 2회에 걸쳐 우리 대학을 방문하였고 저자도 한국을 방문하여 복숭아 재배지역을 견학하면서 그 때마다 저술에 대한 협의를 거듭하였다. 대단히 어려운 작업이었으나 본인에게는 매우 좋은 경험이 되었다. 이와 같은 기회를 주신 이재창교수와 田邊賢二 교수에게 감사의 뜻을 표하는 바이다.

일본은 옛날부터 중국 또는 한국과의 교류로 과수를 포함한 농작물을 비롯하여 많은 문물(文物)을 도입해 왔다. 그리고 그것들은 그대로 또는 개량하여 일본 전역에 보급되었고 어떤 것은 역수출까지 되고 있다. 이와 같이 장기간에 걸친 교류의 역사를 가진 한국과 일본은 지척지간에 있는 가장 친밀한 이웃나라로서 일층 교류를 확대해 나가고 그렇게 함으로써 상호이해와 우호가 더욱 깊어지기를 간절히 바라는 바이다.

2007년 2월

岡山大學 久保田尚浩

차　　　례

Chapter 1 | 원산지와 재배연혁

Chapter 2 | 형태와 생리생태

Chapter 3 | 환경조건

Chapter 4 | 품 종

Chapter 5 | 개원과 재식

Chapter 6 생육특성과 재배관리

Chapter 7 수확 · 선별 · 출하

Chapter 8 이용 · 가공

Chapter 9 생리장해 · 기상장해 · 조수해

Chapter 10 병해충 방제법

Chapter 11 | 특수재배

Chapter 1

원산지와 재배연혁

1. 원산지 · 내력

(1) 원 산 지

복숭아의 원산지는 중국 황하유역의 싼시성(陝西省) · 깐쑤성(甘肅省)에 걸친 표고 600~2,000m의 고원지대이다. 그러나 오래전 유럽에서는 복숭아 원산지를 페르시아라 생각하고 페르시아의 사과(Persian apple)라는 의미로서 그 학명을 *Malus percicum, Malus persica*로 명명하기도 하였다. 이는 기원전에 복숭아가 실크로드를 통하여 중국으로부터 페르시아로 건너가 그곳에서 재배되던 것이 유럽에 전파되었기 때문이다. 그러므로 현재의 학명인 *Prunus persica* (L.) Batsch에도 그 이름의 일부가 남아있다. 그 후 20세기 초 미국 농무성의 마이야씨는 중국에서 유용식물에 관한 조사를 하던 중 중국대륙 중앙부 도처에 반 야생 또는 반 재배상태의 복숭아가 분포되어 있음을 발견하고 복숭아의 원산지는 중국이라 하였다.

(2) 내 력

원산지에서 페르시아에 전해진 복숭아는 기원전 400~300년에 그리스로 전파되었다. 그 후 로마를 거쳐 이탈리아, 프랑스, 영국에 전파되었고 11세기에는 스페인으로 전파되었다. 16세기에는 유럽에서 미국, 멕시코 등 아메리카 대륙으로 전파되었다.

우리나라 복숭아 내력은 분명치 않으나 삼국사기(1145) 중에 서기 102년경 복숭아에 관한 기록이 있는 것으로 보아 그 재배 역사는 매우 오래 된 것으로 추정된다. 1611년 허균이 전국의 식품과 명산지에 관하여 저술한 책자인 도문대작(屠門大爵)에는 5종의 복숭아 품종이 기술되어 있다. 그러나 그 당시의 품종들은 현재 보존되어 있지 않다. 비교적 양질의 품종을 재배한 것은 1902년경 한 농민이 일본으로부터 도입하여 재배한 것이 처음이었다. 그 후 1906년 원예모범장이 설치되면서 주로 일본에서 도입한 품종들을 시험 재배한 후, 농가에 보급하면서 본격적인 복숭아 재배가 시작되었다.

일본에는 메이지시대(明治時代, 1868~1912)에 원산지인 중국과 유럽, 미국으로부터 다수의 복숭아 품종을 도입하였다. 즉 1873년에는 유럽으로부터 복숭아 7 품종과 천도 6 품종을 도입하였고, 1875년에는 중국에서 화북계 품종인 '천진수밀도'와 화중계 품종인 '상해수밀도' 그리고 반도(蟠桃)를 도입하였다. 현재 재배되고 있는 복숭아는 1868년 이후 중국이나 구미제국에서 도입한 품종으로부터 육성된 품종들이다.

(3) 재배분포

복숭아는 북반구, 남반구를 가리지 않고 세계의 온대지역에 널리 재배되고 있는데, 특히 중국 그리고 이탈리아, 그리스, 프랑스, 이집트 등 지중해 연안 제국과 미국에서 주로 재배되고 있다. 아시아에서는 중국, 동아시아의 한국, 일본, 서아시아의 이란이나 터키에서 주로 재배되고 있다. 또한 남반구의 칠레, 아르헨티나, 브라질, 남아프리카 등에서도 재배된다.

2. 분류와 품종

(1) 분 류

복숭아는 장미과(Rosaceae), 벚나무아과(Prunoideae), 벚나무속(Prunus), 복숭아아속(Amygdalus)의 복숭아절(sect. Amygdalus)에 속한다. 벚나무속 중에 종자를 식용하는 아몬드를 제외한 복숭아, 살구, 매실, 양앵두 등의 과수를 총칭하여 핵과류(核果類)라 한다.

(2) 품 종 군

복숭아는 원산지나 재배의 2차적 중심지에 따라 반도계, 화남계, 화북계, 스페인계 및 페르시아계의 5 계통으로 분류하기도 하지만 이 방법에는 '상해수밀도'가 화북계로 분류되는 모순이 있다. 그러므로 생태적 · 형태적 특성이나 개량된 장소 등을 기준으로 다음 3종의 품종군으로 분류하는 방법을 일반적으로 이용한다. 즉 '천진수밀도'나 '비성도'(肥城桃) 등 황하유역에 분포되어 있는 북방 품종군인 화북계 품종군, '상해수밀도'나 반도를 대표하는 남방 품종군인 화중계 품종군, 그리고 페르시아나 지중해 연안지역에서 개량된 구주계 품종군이다.

화북계 품종군에는 황육도나 천도(넥타린, 유도) 등이 포함되는데 이들은 통조림용이나 천도 품종의 기원이 되었다. 즉 이 품종군은 6~7세기에 아시아 중앙부의 투르키스탄(Turkestan)지방에서 개량된 후 지중해연안지역, 특히 프랑스남부지역에 전해져 강우량이 적은 건조기후에 적합한 품종군으로 되었다. 또한 화중계 품종은 상해수밀도계와 반도계로, 구주계 품종군은 페르시아계와 스페인계로 나뉜다. 미국에서 재배되고 있는 복숭아는 스페인에서 이민한 사람들이 유럽에서 가져간 구주계 품종과 중국으로부터 도입한 '상해수밀도'를 교잡하여 육성한 잡종 품종군이다.

(3) 각 품종군의 특징

화북계 품종군 : 그림 1-1의 '천진수밀도'(天津水蜜桃)를 대표로 하는 화북계 품종군은 과실이 크고 원형 또는 장원형이다. 과정부가 돌출되어 있는 것이 많고 그 모양도 새부리모양이나 둔각 또는 예각의 쐐기모양 등 다양하다. 육질은 치밀하고 단단하며 고무질로서 저장하면 후숙되어 다즙성이 되는 것이 많다.

그림 1-1 천진수밀도 (久保田)

화중계 품종군 : 이 품종군에 속하는 '상해수밀도'(上海水蜜桃)(그림 1-2)는 과실이 원형 또는 약간 장원형이며 과정부는 둥글고 약간 뾰족하거나 함몰되어 있다. 육질은 부드럽고 다즙성이며 용질성(溶質性)이다. 완숙하면 과피가 쉽게 벗겨진다. 만생이고 저장성이 떨어진다. 점핵성 품종이 많으나 이핵, 반점핵 품종도 있다. 병해충에 약하다. 꽃가루가 불완전하기 때문에 결

그림 1-2 상해수밀도 (久保田)

실이 불량해지기 쉽다. 현재 한국과 일본에서 재배되고 있는 품종은 대부분 이 품종군에 속하며 미국에서 재배되고 있는 품종의 일부도 이 계통에서 유래된 것이다. 이 품종군에 속하는 반도(蟠桃)는 과형이 편원형(扁圓形)이고 과육은 백색, 황색, 홍색 등 여러 종이 있다. 육질은 연하고 다즙성이며 감미가 많고 풍미가 극히 좋다. 이핵과 점핵이 있다(그림 1-3).

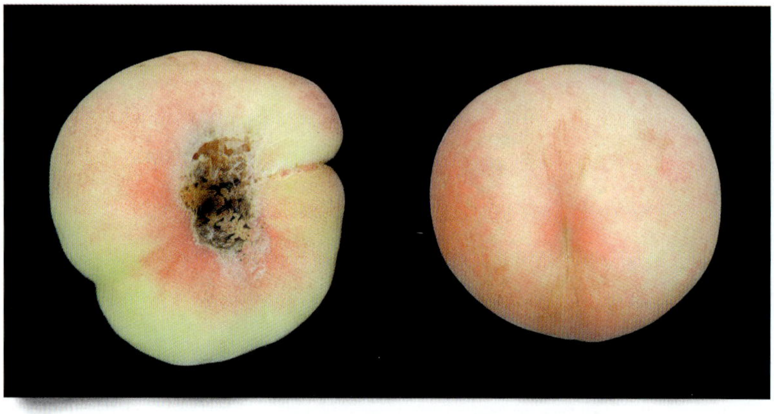

그림 1-3 반도(좌)와 보통 복숭아(우) (李)

구주계 품종군 : 구주계 품종군은 과실이 크고 색이 진하며 특유의 향기가 있는데 아시아 서부 및 지중해 연안지대에서 오래 전부터 개량해 왔다. 생육기의 기후는 고온, 건조가 적합하다. 약 450년 전에 스페인 사람들에 의하여 미국 플로리다에 전파되어 그 곳에서 개량된 품종군은 과실이 원형이고 과정부가 약간 나온 황육의 만생종이다.

3. 재배연혁

(1) 중 국

중국의 복숭아 재배 역사는 아주 오래되었고 관상수로서 이용된 역사를 포함하면 6,000여 년 전부터 재배되었다고 추정된다. 산해경(山海經, 기원전 400-250년 전의 중국의 문헌)에 복숭아에 관한 기록으로 보아 접목에 의한 개량종 재배는 10~11세기경부터로 추정되며, 그 당시 싼시성(陝西省)에서는 품질이 상당히 우수한 복숭아가 생산된 것으로 보인다. 더욱 천도나 황육도도 이미 품종으로 성립되어 있었다. 또한 7세기에는 투르키스탄지방에서 육성된 건조기후에 적합한 황육도도 역수입되어 재배되었다.

반도는 과육이 유연다즙하고 감미가 많고 풍미가 좋아 중국에는 '철화홍반도'(撤花紅蟠桃), '백망반도'(白亡蟠桃), '진포반도'(陳圃蟠桃) 등의 양질의 우수 품종이 많았다. 중국의 반도재배의 주산지는 상해를 중심으로 한 장쑤성 (江蘇省)으로부터 쩌쟝성(浙江省)에 걸친 해안지대이나 수량이 적고 가격이 낮아 최근에는 재배면적이 감소되고 있다.

(2) 한　국

1611년 허균이 저술한 전국 8도의 식품과 명산지에 관한 책자인 도문대작(屠門大爵)에는 '자도'(紫桃), '황도'(黃桃), '반도'(盤桃), '승도'(僧桃), '포도'(蒲桃) 등 5종의 복숭아 품종이, 서호수(1739-1799)가 기술한 해동농서(海東農書)에는 '모도'(毛桃) '호도(褫桃)', '승도'(僧桃), '울릉도'(鬱陵桃), '감인도'(甘仁桃), '편도'(遍桃), '홍도'(紅桃), '벽도'(碧桃), '삼색도'(三色桃) 등의 9품종이 기록되어 있다. 또한 경기도청(1910) 조사결과에는 경기도에 '오월도'(五月桃), '유월도'(六月桃), '칠월도'(七月桃), '팔월도'(八月桃), '승도'(僧桃), '감향도'(甘香桃), '시도'(柿桃), '소도'(小桃), '팔월핵도'(八月核桃), '지나도'(支那桃) 등이 분포되어 있다고 하였다.

한편 농사에 관한 경서인 박세당(1629-1703)의 색경(穡經)에는 복숭아 종자 파종법, 이식법, 노목의 재생법 등이 기술되어 있어 복숭아 재배가 오래전부터 이루어 졌음을 알 수 있다. 그러나 그 당시의 재배 품종들이 현재까지 보존되어 있는 것은 없다.

비교적 양질의 품종을 재배한 것은 1902년 경기도 부천시의 소사농원과 그 인근의 송병준이 1904년에 일본으로부터 신품종을 도입하여 재배한 것이 처음이었다. 그러나 재배가치가 높은 품종의 재배는 1906년 뚝섬에 원예모범장이 설립되면서부터이다. 1906년 최초로 도입된 품종은 유럽 품종인 '암스덴 준'(Amsden June), 영국 품종인 '얼리 리버스'(Early Rivers), 미국 품종인 '살웨이'(Salway), 중국 품종인 '상해수밀도'(上海水蜜桃) 등 4 품종이다. 이어서 주로 일본으로부터 도입한 품종들을 시험 재배하여 농가에 보급하게 되었다. 1940년대에 재배되던 품종은 '일월도', '귤조생', '천진수밀도', '전십랑', '카르만'(Carman), '이핵수밀도', '백도', '상해수밀도', 통조림용의 '앨버타'(Elberta) 등이었는데 이 중 '천진수밀도'와 '상해수밀도'는 중국 원산이나 일본에서 육성한 품종과 함께 일본을 통하여 도입된 것으로 추측된다. 그 후 1950년대에는 '반도', '강산 3호(강산백도)', '대구보', '대통령', 그리고 황육의 '트라이엄프', '금도', '흥진유도'가 보급되었다. 1960년대에는 '창방조생', '포목조생', '대화조생', '기도백도', '신백도', '백봉', '고창', '신옥', '대화백도', '중진백도', '고양백도', '마장백도' 등의 다양한 품종이 보급되기 시작하였다.

그 후 1963년도부터 체계적인 육종사업이 원예시험장(현 원예연구소) 과수과에서 시작되어 그해 미국으로부터 앰버젬(Ambergem) 등 40종의 새로운 품종을 도입하였고, 12개 조합의 교잡육종도 실시하였다. 그 결과 한국 최초의 복숭아 품종인 '유명'이 1966년 교배실생 중에서 탄생되었고 이어서 1963년 교배실생 중에서 '백미조생'이 육성되어 1983년에 발표되었다. 그 후 육종사업을 전담하는 부서가 설립되면서 육종사업은 더욱 활발하게 진행되어 '천홍', '진미', '백향' '미홍' 등이 육성되었고 민간 육종가에 의하여서도 '월미복숭아', '백약도', '왕도', '월봉조생', '신백도', '용성황도', '미백도', '용황백도', '장호원 황도' 등이 선발 또는 육성되어 농가에 보급되었다. 그 결과 얼마 전까지도 외국 품종에만 의존하였던 복숭아 재배는 상당면적이 국내 육성 품종으로 대치되어 '유명'은 '창방조생'에 이어 한국 제2의 품종이 되었다. 재배기술개발도 끊임없이 진행되어 최근에는 원예연구소가 중심이 되어 새로운 수형에 의한 생력화재배, 저농약재배(低農藥栽培)에 의한 친환경재배법 등을 중심으로 과실종합생산(Integrated Fruit Production, IFP)체계 확립에 최선을 다하고 있다.

(3) 일　본

1867년 이전 : 일본에는 1700여 년 전부터 복숭아가 있었으나 모두 관상용의 꽃 복숭아이었다. 에도시대(江戶時代, 1603-1867)에는 복숭아를 매실이나 벚꽃과 같이 화목으로 소중히 여겨 200종 이상의 꽃 복숭아가 재배되었다. 또한 과수로서도 30여 품종이 재배되어 생식용으로 이용되었다. 그러나 어느 품종이고 과실은 작고, 털이 길고 밀생하며, 과육은 단단하고 감미는 적어 품질이 좋지 않았다.

1868년 이후 : 메이지시대(明治時代, 1868-1912)에 이르러 중국이나 구미제국으로부터 많은 복숭아 품종이 도입되었다. 그들은 재래 품종에 비하여 과실이 크고 육질이나 풍미가 우수하였는데, 특히 중국으로부터 도입한 '상해수밀도'와 '천진수밀도'가 주목받았다. '천진수밀도'는 병해충에 강하고 풍산성이어서 도입당시에는 각지에서 재배를 시도하였으나 과육이 붉고 단단하며 과즙이 적은 등 품질이 좋지 않았기 때문에 널리 보급되지 않았다. 한편 '상해수밀도'는 과실이 크고 유연 다즙한 백육으로서 품질이 우수하나 만생종으로 병해충에 약하고 꽃가루가 없어 결실불량이 되기 쉬운 등의 문제가 있어 보급되지 않았다. 또한 구주계 품종은 수세가 지나치게 왕성하여 꽃눈 착생이 불량하고 병해충에 약하므로 조생 및 중만생종의 일부만이 재배되었다. 그 후 이들 품종의 우연실생이나 자연교잡에 의한 실생으로부터 일본 기후에 적합한 품종이 육성되었다. 즉 '금도'(金桃), '이핵수밀'(離核水蜜), '백도'(白桃), '전십랑'(傳十郞), '귤조생'(橘早生), '대구보'(大久保), '청수백도'(淸水白桃), '백봉'(白鳳) 등이 육성되었는데 이 중 '백도', '대구보', '백봉', '청수백도' 등은 직접, 간접적으로 '상해수밀도'로부터 유래된 것이다. 이와 같이 '상해수밀도'는 일본 복숭아 육종에 있어서 중요한 역할을 하였으며 현재 재배되고 있는 경제적인 품종 중 많은 품종이 여기에서 유래된 것들이다.

신품종 육성뿐만 아니라 정지 · 전정 등의 새로운 재배기술이 점차적으로 개발되었다. 예를 들면 1940년대 이전에는 소식하여 큰 나무로 키우는 복숭아 재배가 일반적이었으나 근년에는 나무를 작게 키우는 왜화재배가 시도되고 있으며, 가온 또는 무가온 하우스에서 조기 수확을 위한 시설재배도 이루어지고 있다.

(4) 유　럽

그리스에서는 기원전 400-300년경, 로마에는 4세기 그리스도교가 창시된 직후 복숭아가 전해졌다. 초기에는 민족 이동에 따라 무어(Moor)인이 북아프리카나 스페인에 복숭아를 가져갔지만 지중해연안 여러 나라로의 전파는 주로 로마인들에 의하여 이루어졌다. 당시 그리스 사람들은 접목기술을 알고 있었으나 실제 재배할 때는 종자 번식한 실생묘를 이용하였다. 북아프리카, 스페인, 프랑스, 영국 등으로의 전파도 종자로 하였다. 이렇게 수 세대에 걸쳐 다양한 실생이 환경조건이 서로 다른 여러 나라에 전파되었으므로 그 지역에 적응하는 계통들이 생겨나 새로운 품종이 육성되게 되었다. 결과적으로 영국과 프랑스에는 백육의 육질이 연한 품종이, 스페인에는 육질이 단단한 황육품종이 육성되었다. 유럽의 복숭아 재배가 비약적으로 발전한 것은 16세기 산업혁명 이후이다. 산업혁명에 의하여 탄생한 부유계층들이 정원과수에 흥미를 갖게 되면서 복숭아 재배기술과 육종도 크게 발전하였다. 1860년대 영국의 리버스(J. Rivers)는 과수의 교잡육종을 시도하는 한편, 프랑스를 비롯한 외국으로부터 수많은 우량계통도 도입하였다. 이렇게 도입한 우량계통을 그 들의 식민지에 전파시켰다.

(5) 미 국

북미대륙에 처음으로 복숭아를 전파한 것은 스페인 이민단으로 16세기 초이다. 그 당시 스페인 사람들이 멕시코에서 복숭아를 재배하였다는 기록이 있다. 미국에는 스페인 사람들에 의하여 멕시코를 경유 1565년 플로리다에 최초로 전해졌다. 헤스(O.S. Hess)에 의하면 미국의 복숭아 품종의 기원은 멕시코로부터 들어온 토착종의 실생, 영국에서 도입된 재배품종 또는 종자, 그리고 중국의 '상해수밀도' 인데 육종 상 가장 큰 역할을 한 것은 '상해수밀도' 라고 알려졌다. 복숭아 재배가 시작된 플로리다를 비롯한 미국 동남부는 고온다습지역이나 현재의 미국 주산지인 캘리포니아는 기후가 건조하므로 그 기후조건에 적합한 천도나 황육도의 우량 품종이 다수 육성되었다. 생산된 과실은 생식용 뿐만 아니라 통조림, 넥타, 건과 등으로 가공하거나 제과에 이용한다.

4. 생산과 소비

(1) 생산현황

세 계 : 복숭아는 온대과수로서 북위, 남위 모두 30°와 40° 사이에서 재배되고 있는데 천도는 건조한 지중해연안제국과 미국 캘리포니아주에서 주로 재배되고 있다. 세계의 복숭아 생산량은 1980년대 후반부터 급증하였는데, 특히 중국, 스페인, 이란 등에서 크게 증가되었다. 2005년 생산량(천도 포함)은 약 15,766천 톤으로 이는 감귤류, 바나나, 사과, 망고, 배 다음으로 많은 양이다. 표 1-1에서 보면 중국은 세계 제1의 복숭아 생산국으로서 재배면적, 생산량 모두 다른 나라에 비교가 되지 않을 정도로 많아 세계전체의 약 40%를 점하고 있다. 중국 다음으로는 이탈리아, 미국, 스페인, 그리스 순으로 생산량이 많다.

한 국 : 1990년대 중반 이후(1995년도 재배면적, 10,200ha) 복숭아 가격이 상대적으로 안정되면서 재배면적은 연평균 7% 증가하였다(표 1-2). 그러나 한 · 칠레 FTA체결로 인한 폐원 지원 사업으로 재배면적이 감소하여 2006년에는 13,400ha이 되었다. 1990년도 중반 이후 생산량도 연평균 6% 증가하여 2006년에는 19만 톤을 생산하였다.

2005년도 지역별 재배면적 비율을 보면 경북이 44%, 충북이 22%이며, 그 뒤를 이어 경기 9%, 충남 7%, 전북 5%, 강원 5%, 전남 4%, 경남 3% 순이다.

2006년도 복숭아 숙기별 면적비율은 조생종이 21%, 중생종이 34%, 만생종이 45% 수준이다. 2002년도의 숙기별 면적비율이 조생종 21%, 중생종 39%, 만생종 40%이었던 것과 비교해

[표 1-1] 국가별 복숭아(천도 포함)의 재배면적과 생산량

(FAO, 2005)

국 가	재배면적 (ha)	생 산 량 (1,000톤)
중 국	612,700	6,030
이탈리아	95,200	1,698
미 국	73.500	1,369
스 페 인	89,500	1,131
그 리 스	50,000	817
터 키	25,800	485
프 랑 스	18,600	431
이 란	25,500	390
칠 레	20,500	315
아르헨티나	26,000	272
한 국	15,500	180
일 본	10,300	174
계	1,428,300	15,766

[표 1-2] 한국의 복숭아 재배면적 및 생산동향

(한국농촌경제연구원)

구 분	1995	2000	2002	2003	2004	2005	2006	증감률('06/'00)
재배면적(천ha)	10.2	13.9	15.6	15.8	15.6	15.0	13.4	−3.6%
생 산 량(천톤)	130	170	188	180	201	200	190	11.6%

보면 중생종 비율이 낮아지고 만생종 비율이 높아졌는데 이는 여름철 장마시기에 출하되는 중생종은 강우로 품질이 저하되기 쉬운 특성 때문에 만생종으로 전환되었기 때문이다. 1980년대에는 털이 없는 천도계 품종은 거의 재배되지 않았으나, 1990년도 후반부터 경북지방을 중심으로 천도의 재배면적이 증가하여 1997년도에는 전체 재배면적의 19%까지 되었다. 그러나 가격이 털이 있는 보통 복숭아에 비하여 낮아 최근에는 그 비율이 14%로 낮아졌다.

1995년도 이후 복숭아 소비자 가격은 연평균 3% 증가하였는데도 복숭아 1인당 소비량은 매년 증가하여 1995년부터 2000년까지는 연평균 5%증가하였고, 2000년대에는 2000년 3.6kg에서 2005년 4.6kg으로 연평균 5% 증가하였다. 이처럼 복숭아 수요가 높게 유지되고 있는 것은 당도가 높은 품종이 증가하고 재배 품종 구성이 다양화되었기 때문이다. 향후 소득이 증대되면 복숭아 수요는 좀 더 증대될 것으로 전망된다(한국농촌경제연구원).

일 본 : 1950년의 일본의 복숭아 재배면적은 4,000ha, 생산량은 8,000톤이었다. 그 후, 재배면적, 생산량 모두 급증하여 1960년에는 19,000ha에 170,000톤, 1970년도에는 20,000ha에, 280,000톤까지 증가하였다. 그러나 그 후 감소하여 현재 재배면적은 11,000ha, 생산량은 160,000톤이다.

주산지는 1955년경까지는 비교적 온난한 지대였으나 그 후 서늘한 지역으로 옮겨졌다. 즉 1955년경에는 후쿠시마(福島)가 가장 생산량이 많았고, 그 다음이 오카야마(岡山), 야마나시(山梨)순이었으나, 현재는 야마나시현의 생산량이 가장 많고 그 다음이 후쿠시마(福島), 나가노(長野)순이다. 이는 자연적, 사회적인 여러 가지 요인이 관계되었다고 생각되는데 그 요인의 하나는 복숭아나무의 수명이 단명하여 자주 개식하여야 하는데 복숭아는 그루타기(忌地現狀)가 심하여 같은 장소에 다시 심기가 어려웠기 때문이라 생각된다.

(2) 소비현황

세 계 : 생산량이 증가하는 것으로 보아 알 수 있는 바와 같이 복숭아 소비량은 증가하는 경향이다. 생식용 뿐만 아니라 가공품의 이용도 많아 주스, 넥타, 통조림, 건과 등으로 이용되고 있다.

한 국 : 복숭아는 과실특성상 수확적기의 폭이 좁고 장기저장이 불가능하므로 가격안정을 위하여 주산지마다 고유의 새로운 가공품을 개발하고자 노력하고 있다. 그러나 아직 가공이용률은 낮아 총 생산량의 10% 미만이 주스, 넥타, 통조림 등으로 가공되고 나머지는 모두 생식용으로 이용되고 있다.

일 본 : 총 생산량 16만 톤 중 80% 이상이 생과로 이용된다. 기후가 서늘한 야마가타(山形)현에서는 반대로 80%를 가공용으로 이용해 왔으나 최근에는 다양한 외국산 과실이 싼 값으로 수입되어 가공용 복숭아 재배가 크게 감소되고 있는 추세이다. 가공품은 주로 주스, 넥타, 통조림, 과자 등이다.

(3) 복숭아 산업의 전망

세계의 복숭아 생산량은 1970년대부터 1980년대에 걸쳐 8,000천 톤 이하였으나 1990년대에는 11,000천 톤으로 증가하였고 현재는 15,000천 톤 이상으로 급증하였다. 이와 같은 경향을 보아 세계적인 복숭아 수요는 앞으로 더욱 증대될 것으로 생각되나 나라에 따라서 생산 동향은 서로 다르다. 즉 중국, 이란, 스페인 등에서는 그 생산량이 크게 증가하고 있으나 이탈리아나 미국에서는 거의 변화가 없고 한국, 일본, 프랑스 등은 감소하는 경향이다.

만개기의 복숭아 과원 (카라)

Chapter 2

형태와 생리생태

1. 나무의 생장과 생장습성

(1) 생　　장

복숭아는 온대성 낙엽 과수로서 수고가 3~5m로 자라는데 나무의 생장은 품종에 따라 다르다. 즉 복숭아는 전정을 하지 않고 자라는 그대로 키우면 가지는 점차 벌어지고 벌어진 가지 중간에서 웃자람가지(徒長枝)가 발생된다. 이렇게 웃자람가지가 발생되면 원가지는 아래로 늘어져 점차 쇠약하게 된다. 가지가 벌어지는 정도는 품종에 따라 달라 일반적으로 '상해수밀도' 계 품종은 가지가 잘 벌어지는 개장성(開張性)인데 반하여 구주계통의 품종은 덜 벌어지는 직립성(直立性)의 특성이 있다. 또한 '일천백봉', '백봉', '아카쓰키' '백도' 등의 품종은 개장성인데 비하여 통조림용 품종 및 천도계인 '수봉'이나 '환타지아' 등은 직립성이다. 직립성 품종은 개장성인 품종보다 수세가 강하다.

(2) 생장습성

복숭아는 생장이 빨라 정식 후 3~4년 지나면 성목에 가까운 크기로 자란다. 더욱 유목부터 꽃눈 착생이 잘 되고 정식 다음해부터 결실하며 5~6년이면 성목과 같은 정도의 수량이 된다. 한편 수세의 쇠약도 빨라 경제적 수명은 20년 정도이다. 해거리는 거의 없으나 지나치게 결실을 많이 시키면 나무의 세력이 약화되어 수명이 단축된다. 복숭아의 끝눈(頂芽)은 반드시 잎눈이지만 정부우세성이 약하여 하부에서 발생한 가지가 강하게 자라기 쉽다. 덧가지가 잘 발생하는 것도 복숭아의 특징이다. 복숭아는 내음성이 약하고 잎눈의 발아능력은 1년 밖에 없고 부정아(不定芽)나 잠아(潛芽)의 발생도 극히 적다. 그러므로 일조가 부족하게 되면 나무 아래쪽 가지는 말라죽기 쉽다.

2. 형태적 특성

(1) 뿌 리

뿌리의 형태나 토양 중 분포는 대목에 따라 다르다. 뿌리는 보통 수세가 왕성할 때는 황토색을 띠고 있으나 쇠약해지면 희미한 농적색으로 변한다. 대목이 공대일 경우 약 90%의 뿌리는 수간(樹幹)으로부터 1.5m 이내에 분포된다. 또한 총 뿌리량의 약 80%는 토양 깊이 40cm까지에 분포되어 있고, 총 세근량의 60%는 토양 깊이 20cm까지에 분포되어 있다. 이와 같이 복숭아 뿌리는 천근성인데 이 특성은 왜성 대목에 접목하면 더욱 강하게 나타난다.

복숭아 뿌리는 다른 과수에 비하여 내건성이 강하나 산소요구도가 높고 내습성이 극히 약한 것이 특징이다. 그러므로 복숭아나무는 배수가 불량한 장소나 지하수위가 높은 곳에서는 잘 자라지 못한다.

(2) 가지와 잎

잎은 신초에 서로 엇갈리게 1매씩 호생하며 그 길이는 8~15cm의 타원형 내지 장타원형이다. 품종에 따라 잎의 선단과 기부의 모양이 서로 다르다. 잎자루의 길이는 1~1.5cm이다. 잎의 색은 보통 녹색이나 적자색인 것도 있다. 백육계 품종의 잎은 농녹색이고, 황육계 품종은 일반적으로 담녹색이다.

결과지의 길이는 품종에 따라 달라 '백봉'은 중과지(10~30cm), '청수백도'는 중과지와 단과지(10cm 이하)가 많은데 비하여, '천중도백도'는 장과지(30cm 이상), 중과지, 단과지가 거의 균등하게 분포되어 있다.

(3) 꽃눈과 잎눈

꽃눈은 신초 엽액(葉腋)에 착생하는 겨드랑눈(腋芽)이다. 사과, 포도 등과는 달리 순정꽃눈(純正花芽)이므로 꽃눈에서 가지나 잎은 나오지 않는다. 끝눈(頂芽)은 홑눈(單芽)으로 반드시 잎눈이다. 눈은 꽃눈 또는 잎눈이 1개뿐인 홑눈과, 꽃눈 1~2개와 잎눈, 또는 꽃눈만 2~3개가

그림 2-1 복숭아의 홑눈과 겹눈 (李)
(좌 홑눈 : 잎눈, 꽃눈. 중 2개의 겹눈 : 잎눈+꽃눈, 꽃눈+꽃눈. 우 3개의 겹눈 : 꽃눈+잎눈+꽃눈, 3개의 꽃눈)

한곳에 착생하는 겹눈(複芽)이 있다(그림 2-1). 눈은 보통 잎눈을 중심으로 양쪽에 꽃눈이 있는 겹눈이다. 잎눈이나 꽃눈 모두 인편(鱗片)으로 덮여 있다.

(4) 꽃

꽃잎은 5매이고 분홍색내지 홍색이다. 꽃잎의 모양은 타원형, 단타원형, 원형 등 다양하다. 꽃부리(花冠)의 크기는 품종에 따라 달라, 꽃잎이 크고 미려한 화려화(그림 2-2의 상)와 꽃과 꽃잎이 작고 미려하지 않은 비화려화가 있다(그림 2-2의 하). 비화려화는 구주계 품종에 많고 화려화에 비하여 개화기가 빠르다. 또한 꽃자루는 짧고 털이 없는 녹색이다. 복숭아는 씨방중위화(子房中位花)로서 꽃잎이나 악(萼)이 씨방과 같은 위치에 착생한다(그림 2-3). 한 개의 꽃

그림 2-2 복숭아 꽃의 종류 (李, 久保田)
(상 : 화려화, 하 : 비화려화)

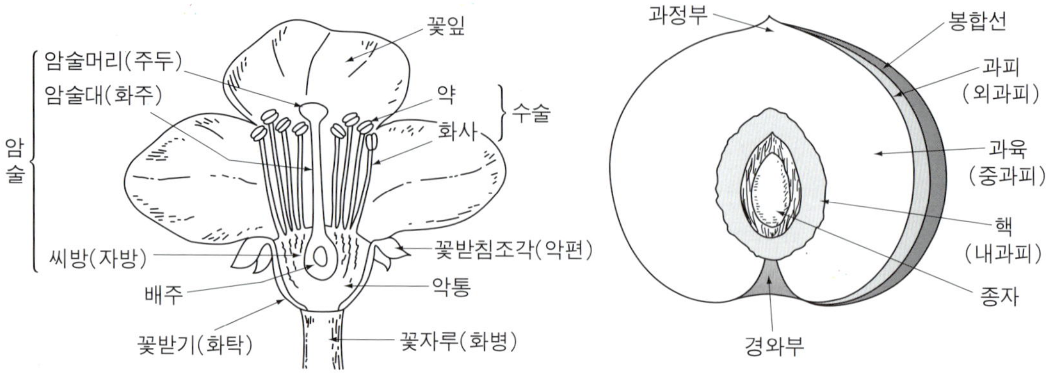

그림 2-3 복숭아꽃과 과실의 구조 (果樹栽培の基礎, 2004)

에 수술과 암술이 함께 있는 양성화이다. 암술대(花柱)는 수술과 거의 같은 길이로서 길고 부드러운 털이 있다. 수술은 20여개로 털이 없다. 자가결실성이나 '백도', '천중도백도'와 같이 꽃가루가 전혀 없거나 적은 품종이 있다.

(5) 과 실

과실은 100g이하의 것으로부터 300g이상 되는 것까지 품종에 따라 크게 다르다. 모양도 편평한 것으로부터 계란 모양의 과실까지 여러 종류가 있으나 재배종의 대부분은 원형이다. 과정부는 낮게 들어간 것, 편평한 것, 그리고 '천진수밀도'와 같이 뾰족한 것 등 여러 모양이다(그림 1-1). 과실은 한 개의 심피(心皮)로부터 발달한 진과(眞果)로서 씨방벽의 중벽이 자란 부분을 식용으로 한다. 경와부(梗窪部)로부터 과정부(果頂部)에 걸쳐 봉합선이 생긴다(그림 2-3).

그림 2-4 반도와 복숭아의 핵 (李)
(상 : 반도, 하 : 복숭아)

배주(胚珠)는 2개가 형성되는데 보통 그 중 1개가 종자가 되고, 나머지 1개는 자라다가 도중에 퇴화된다. 종자가 2개 모두 발달한 것은 쌍배과(雙胚果)라고 하는데 이는 핵할(核割)이나 생리적 낙과의 원인이 된다. 식용으로 하는 과육은 중과피, 과육을 둘러싸고 있는 과피는 외과피, 내부의 단단한 핵(核)은 내과피가 발달한 것이다. 핵(核)은 1개로서 핵 표면에는 수많은 깊은 점각(点刻)이 있고 핵의 모양에 따라 과실의 형태가 크게 좌우된다(그림 2-4). 성숙기가 가까워지면 과피 세포에 안토시아닌이 축적되어 홍색을 띠는데 착색정도는 품종에 따라 다르고 또한 과실봉지의 종류나 재배조건에 따라서도 달라진다.

3. 생리 · 생태적 특성

(1) 휴 면

복숭아나무의 눈(芽)은 낙엽 전부터 서서히 휴면상태에 들어가 낙엽기가 되면 가장 휴면 심도가 깊어진다. 이 시기에는 외적조건이 적당하더라도 내적조건에 의하여 발아가 되지 않으므로 자발휴면(自發休眠)이라 부른다. 자발휴면이 완료되려면 가을과 겨울을 통하여 7.2℃ 이하의 온도에 일정기간 노출되어야 발아한다. 이를 저온요구라고 하는데 저온요구도는 품종에 따라 다르고, 또한 잎눈과 꽃눈에 따라서도 다르다. 눈은 자발휴면이 완료되면 타발휴면(他發休眠)으로 전환되는데 이때는 온도 등의 외적조건이 적당하게 되면 쉽게 발아한다.

(2) 꽃눈형성

꽃눈은 신초 및 덧가지의 잎겨드랑에 형성된다. 꽃눈분화는 겨드랑눈 중에서 한 생장점이 비후하면서 시작된다. 원추상으로 돌기한 생장점이 비후하여 평탄하게 되는 시기를 꽃눈의 생리적 분화기라 부르는데 이 시기는 식물 호르몬제 처리나 환경조건에 예민하게 영향을 받는다. 그 후 형태적 분화기로 들어가 꽃받침조각, 꽃잎, 수술, 암술 등의 순으로 외측기관으로부터 분화 발달한다(그림 2-5). 꽃눈분화 개시기는 6~8월이고 늦가을까지 암술이 형성된다. 겨울철에는 꽃눈의 발달은 거의 멈춘다. 다음해 3월 하순경 암술의 배주, 수술의 꽃가루, 약, 화사가 완성된다. 꽃눈형성에는 햇빛, 온도, 토양수분 등의 환경과 수체 내 영양이나 식물호르몬 수준 등이 크게 영향을 미친다. 즉 꽃눈분화에는 탄수화물과 질소영양의 균형이 영향을 미치는데 일반적으로 탄수화물에 대한 질소 농도가 낮으면 꽃눈분화가 촉진되고, 반대로 질소 농도가 높으면 영양생장이 촉진된다. 식물호르몬 중 지베렐린은 꽃눈분화에 억제적으로 작용하고, 시토키닌은 촉진적으로 작용한다.

꽃눈은 보통 잎눈보다 먼저 생장을 시작한다. 난지에서는 품종에 따라 개화기가 달라 조생종이 만생종보다 약간 빠르나 한랭지에서는 어느 품종이고 일제히 개화한다.

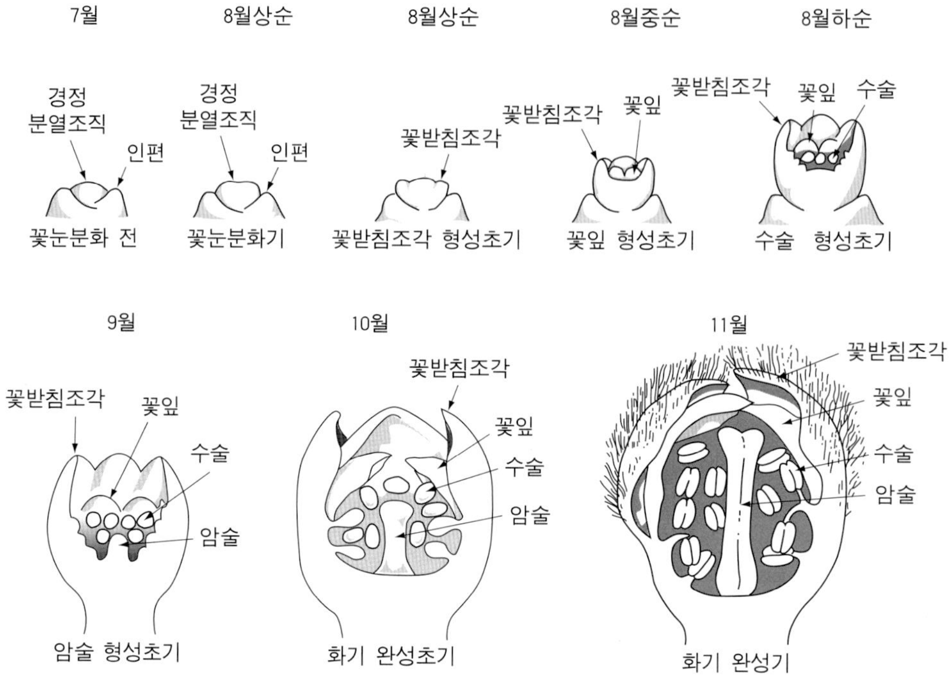

그림 2-5 복숭아 꽃눈의 발달과정 (果樹栽培の基礎, 2004)

(3) 과실발육

과실은 결실 후 비대하여 2중 S자형 생장곡선(生長曲線)을 그리면서 성숙에 이른다. 생장곡선은 세포분열에 따라 과실이 급속히 비대하는 과실발육 제 1기, 비대가 정체하는 제 2기 및 다시 급격한 비대가 진행되면서 성숙에 이르는 제 3기로 나뉜다(그림 2-6). 과실발육 제 2기는 내과피, 즉 핵이 경화하는 시기이므로 경핵기(硬核期)라고도 한다[제 6장 (2) 과실의 비대 · 성숙 항 참고].

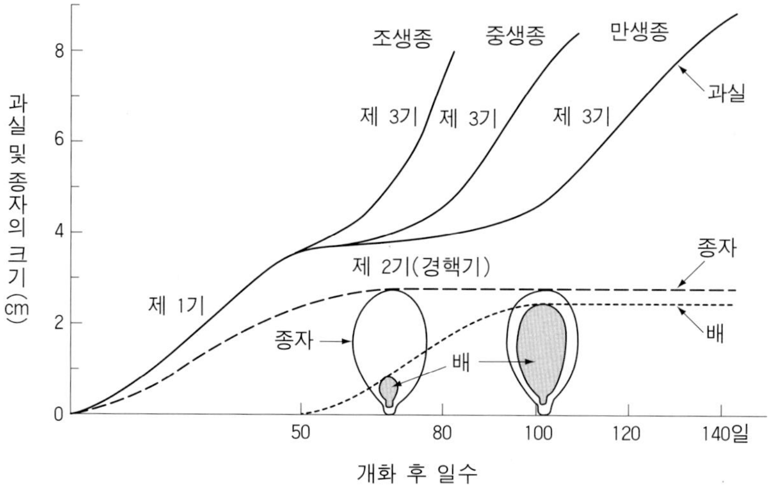

그림 2-6 복숭아 과실의 생장곡선 (果樹栽培の基礎, 2004)

(4) 과실성분

복숭아 성숙과실의 성분은 표 2-1과 같다. 가장 주요한 성분은 당이다. 당 함량은 과실발육 제 3기 후반에 급증하는데 그 70~90%는 자당(蔗糖, sucrose)이고, 전류당인 소르비톨(sorbitol)을 비롯한 과당(果糖, fructose), 포도당(葡萄糖, glucose) 등의 함량은 적다(그림 2-7). 성숙기에 자당의 함량이 높아지는 것은 전류된 소르비톨이 과실 내 효소활성에 의하여 신속하게 단당으로 변하고, 이 단당이 다시 자당으로 합성되어 축적되기 때문이다. 성숙기에 수분 스트레스는 내생 아브시식산(abscisic acid)의 생성을 촉진시키고 아브시식산은 자당의 합성을 촉진시켜 당 축적을 증대시킨다(표 2-2).

[표 2-1] 복숭아 과실의 일반성분(가식부 100g 당)

(식품분석표, 농촌생활연구소, 2001)

성 분	품 종		
	백 도	천 도	황 도
열 량(Kcal)	34	33	26
수 분(%)	89.9	90.0	92.2
단 백 질(%)	0.9	1.2	0.9
지 방(%)	0.2	0.2	0.2
당 질(%)	8.2	7.6	5.8
섬 유 소(%)	0.5	0.6	0.5
회 분(%)	0.3	0.4	0.3
칼 슘(mg)	3	6	3
인 (mg)	17	20	21
철 분(mg)	0.5	0.5	0.2
나 트 륨(mg)	2	2	2
칼 륨(mg)	133	189	139

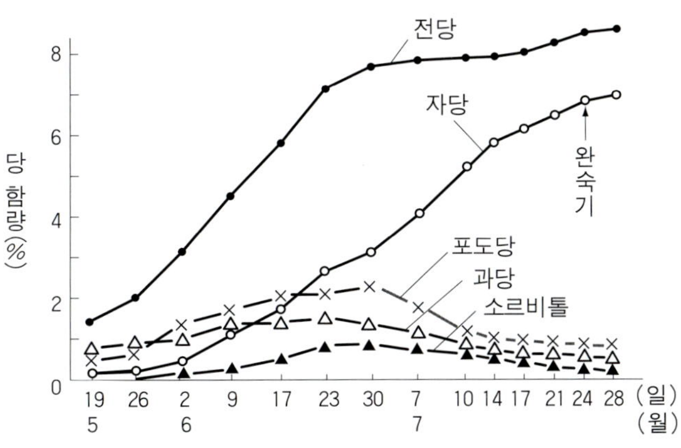

그림 2-7 복숭아 '대구보' 과실의 당 조성과 함량 변화 (垣内 등, 1980)

[표 2-2] 복숭아 '백봉' 과실의 당 함량에 미치는 토양 건조처리의 영향

(小橋 등, 1997)

처 리	가용성고형물 함량 (°Brix)	내생 ABA 함량 (ng/gFW)
무 처 리	7.60±0.30	209.1±23.7
건조처리	8.27±0.14	321.6±31.7

유기산은 당 다음으로 많으나 그 양은 적다. 주요 유기산은 사과산(malic acid)이고 기타 구연산(citric acid), 푸마르산(fumaric acid)이 함유되어 있다. 사과산은 과실발육초기에 많고 그 후는 급속히 감소한다. 복숭아 과실에는 카테킨(catechin)이나 클로로겐산(chlorogenic acid) 등의 폴리페놀류(polyphenols)가 함유되어 있다. 그 함량은 과실발육초기에 많고 그 후 일시적으로 감소한 후 다시 증가해서 경핵기에 최대가 되었다가 성숙이 진행되면서 감소한다(그림 2-8). 이와 같은 폴리페놀류의 변화는 페닐알라닌암모니아리아제(phenylalanine ammonia-lyase, PAL)의 활성이 영향을 미친다. 성숙기에 폴리페놀 함량의 다소는 떫은 맛 수준과 밀접한 관련이 있어 왜성대목수, 쇠약한 나무, 건조한 토양 등의 조건에서는 고분자 페놀이 증가하

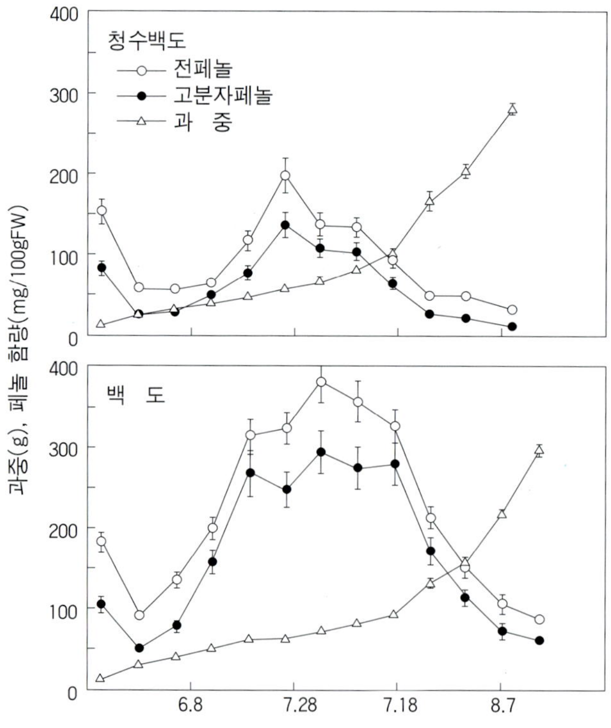

그림 2-8 복숭아 과실 생장에 따른 폴리페놀 함량의 변화 (久保田 등, 2000)
(△ : 과실중, ○ : 총페놀, ● : 고분자페놀, I: 표준오차)

여 떫은 맛이 생기기 쉽다. 또한 떫은 맛의 발생은 품종에 따라 달라 '백도'나 '골든 피치' 등에서 발생하기 쉽다.

이외에 아미노산, 무기물질, 향기성분 등이 함유되어 있다. 주된 유리아미노산은 아스파라긴(asparagine)으로서 약 80%를 차지하고 있고 기타 알라닌, 세린, 글루타민 등이 함유되어 있다. 무기물로서는 칼륨이나 인이 비교적 많다(표 2-1). 향기성분으로서는 γ-도데갤락톤(dodecalactone)이 가장 중요하고 기타 γ-데갤락톤(decalactone)이나 δ-데갤락톤도 향기에 관계되어 있다. 이들 향기 물질의 양은 시비나 기타 재배조건에 따라 달라진다.

기능성 성분으로는 비타민이 풍부하다. 특히 생활 습관병이나 노화 예방효과가 있다고 알려진 비타민 E가 많다(표 2-3). 사람의 소화효소로서 분해되지 않은 난소화성 식물성분인 식이섬유(食餌纖維, dietary fiber)도 풍부한데, 특히 수용성 식물섬유인 펙틴이 많다. 황육도나 천도에는 암 예방에 효과가 있다고 알려진 항산화성분인 카로티노이드(cartenoid) 중 제아크산틴(zeaxanthin), β-크립토크산틴(cryptoxanthin), 루틴(rutin) 등이 함유되어 있다. 전술한 폴리페놀은 항산화작용, 혈압 강하작용, 발암 예방작용이 있고 종자에 함유되어 있는 아미그달린(amygdalin)은 진해 · 진정작용이 있다.

[표 2-3] 식품 80kcal 당 비타민 함량

(五訂 日本食品標準成分表)

식품명	비타민 A (β 카로틴상당량)	E (μg)	B_1 (mg)	B_2 (mg)	나이아신 (mg)	B_6 (mg)	엽산 (μg)	판토텐산 (mg)	C (mg)
복숭아	10	1.4	0.02	0.02	1.2	0.04	10	0.26	16
천 도	447	2.6	0.04	0.06	1.3	0.02	22	0.37	19
우 유	7	0.1	0.05	0.18	0.1	0.04	6	0.66	1

주 복숭아 200g은 약 80kcal

복숭아와 건강

기원전 400~250년 산해경에 복숭아에 대한 기록으로 보아, 복숭아는 오래전부터 건강식품으로 이용해 왔음을 알 수 있다. 주요 기능성 물질의 효능은 다음과 같다.

① **비타민과 무기물** : 단위 칼로리당 비타민 함량을 보면 우유에 뒤지지 않을 정도로 다량 함유되어 있다(표 2-3). 특히 당뇨병, 허혈성심질환, 동맥경화, 백내장, 알츠하이머 등의 병과 노화에 관련된 질환 예방에 효과가 있는 비타민 E가 많다. 하루 1개의 복숭아를 먹으면 비타민 E 소요량의 15~25%가 공급된다. 나트륨을 과잉으로 섭취하면 고혈압, 심장병, 신장병 등의 순환기계질환의 원인이 되고, 칼륨을 다량 흡수하면 이들 질환을 예방하는 데 도움이 된다. 1일 칼륨 섭취량이 391mg 증가하면 뇌졸중의 위험률이 40%감소한다고 알려졌다. 복숭아는 나트륨 함량은 낮고, 칼륨 함량이 높아 Na/K비가 낮아(표 2-4) 뇌졸중 예방 효과가 있는 과실이어서 일본에서는 1일 1개 복숭아 먹기 운동이 전개되고 있다.

② **기능성성분** : 복숭아에는 식이섬유(食餌纖維)가 1.3g/100g 함유되어 있다. 식이섬유는 수분을 흡수하면 체적이 12~38배로 커지므로 만복감을 주고 더욱 만복감을 오래 지속시키는 특징이 있다. 결과적으로 섭취 칼로리를 줄일 수 있어 다이어트 식품으로 우수하다. 특히 수용성 식이섬유인 펙틴이 많이 함유되어 있는데 펙틴은 유해한 콜레스테롤을 낮추어주고, 유익한 콜레스테롤을 높여 주는 작용을 하며 변비, 고지혈증, 고혈압, 당뇨병 등에 유효한 작용을 한다. 복숭아에 떫은 맛을 내는 폴리페놀은 과육 100g당 50~100mg 함유되어 있는데, 특히 황도나 천도에 함유되어 있는 β-크립토크산틴은 항산화력이 있어 대장암, 피부암, 위암 발생을 억제한다.

[표 2-4] 식품의 나트륨/칼륨 비

(五訂 日本食品標準成分表)

식 품 명	나트륨(mg/200g)	칼륨(mg/200g)	Na/K 비
복숭아	2	360	0.006
천 도	2	420	0.005
식 빵	1,000	194	5.155

Chapter 3

환경조건

1. 기상조건

(1) 온　도

온도는 복숭아 생육에 가장 크게 영향을 미친다. 특히 생육기간인 4~10월의 온도의 영향이 크다. 복숭아는 비교적 온난한 기후를 좋아하므로 경제재배의 북쪽 한계는 여름철 저온에 의하여 결정된다. 기온이 낮으면 성숙소요일수가 길어지므로 표고가 약 20m 높아질 때 마다 1일씩 성숙이 지연된다. 연평균기온이 11°C이상 되는 지역을 적지의 기준으로 하고 있는데 우리나라 복숭아 주산지인 이천, 원주, 충주, 전주, 영천의 연평균기온은 10.9~13.0°C으로서 일본의 주산지인 야마나시(山梨), 후쿠시마(福島), 나가노(長野), 야마가타(山形), 오카야마(岡山)현의 연평균기온 11.4~14.4°C보다 약간 낮으나 큰 문제는 없다(표 3-1).

우리나라 복숭아 주산지의 1월 최저기온 평균은 −4.8~−10.1°C 이고, 일본은 −0.9~−5.5°C 이어서 일본에 비하여 월등하게 낮으나 겨울철에는 −15~−20°C까지 복숭아 재배가 가능하므로 큰 문제는 없다. 그러나 꽃눈은 내한성이 약하여 −18°C 전후에서 저온장해를 받고 저온이 장기간 계속 되거나 수체 내 저장양분이 충분치 않을 때에는 재배한계 저온에서도 동해를 받을 수 있으므로 추운지방에서는 품종 선택에 유의하여야 한다.

한편 시기에 따라 내한성이 크게 달라 1월 하순에는 −10°C에서 영향이 없으나 3월 하순이 되면 내한성이 떨어져 같은 온도에서도 저온피해를 받는다. 생육이 진전되면 내한성은 급격히 약해져서 꽃봉오리 때는 −2.3°C, 개화기 및 유과기에는 −2°C에서 저온피해를 받는다.

한편 복숭아나무 잎눈의 자발휴면 완료를 위한 저온요구량은 7.2°C이하의 온도에서 약 1,000시간이다. 이 저온요구량이 충족되지 않으면 발아장해가 일어난다. 근년에는 자발휴면완료를 예측하는데 저온요구량 대신 칠 유닛트(chill unit)를 쓰기도 한다. 이는 6~8°C의 휴면타

[표 3-1] 복숭아 주산지의 기상

국 명	연평균기온	연평균온도	기 온(°C)		강우량(mm)				연 일조시수	성숙기 일조시수
			생육기간의 월평균기온 (4~9월)	1월 최저기온 평균	7월	8월	년	생육기간 (4~9월)		
한 국	이 천	11.2	19.8	−9.1	377	305	1,330	1,111	2,577	440
	원 주	10.9	19.6	−10.1	325	283	1,291	1,073	2,443	608
	충 주	11.2	19.8	−9.4	272	259	1,188	977	2,401	600
	대 전	12.3	20.5	−6.3	292	297	1,354	1,089	2,221	543
	전 주	13.0	20.9	−4.8	267	255	1,287	1,007	2,106	504
	영 천	12.2	20.1	−6.5	200	204	1,022	828	2,308	557
	진 주	13.1	20.6	−5.3	291	286	1,490	1,217	2,214	498
일 본	야마나시(山梨)	13.6	20.5	−4.1	129	137	1,146	758	2,223	543
	후쿠시마(福島)	12.4	19.5	−3.1	154	125	1,164	701	1,563	403
	나가노(長野)	11.6	19.4	−5.5	139	101	947	635	1,842	489
	야마가타(山形)	11.4	19.0	−4.7	174	127	1,288	588	2,326	707
	오카야마(岡山)	14.4	21.1	−1.3	183	96	1,234	949	2,138	604
	아이치(愛知)	15.6	21.4	−	−	−	1,569	1,172	−	−
	니이가타(新潟)	13.1	20.0	−0.9	193	122	2,092	923	1,699	575

주 야마나시의 7, 8월 강우량 및 1월 최저기온평균은 甲府의 성적임.

파 호적온도에 1시간 처한 단위를 1 칠 유닛트로 하여 휴면타파에 유효한 각 온도에 대한 유효도를 정하고 이를 적산하여 저온요구량을 산출하는 것이다. 복숭아의 생육적온은 20~25°C이고 최고 한계온도는 30~35°C이므로 여름철 기온이 지나치게 높으면 광합성과 호흡에 불균형이 일어나고 지간(枝幹)에 일소현상이 나타나기도 한다.

(2) 강 수 량

복숭아나무 생장에는 수분(水分)이 필수적이나 그 다소는 과실생산에 크게 영향을 미친다. 즉 생육기간 중 비가 많이 내리면 가지가 웃자라 꽃눈 착생이 나빠진다. 특히 과실 발육 제2기에 강우량이 많으면 생리적 낙과가 심해지고, 성숙기에 강우량이 많으면 당 함량이 저하되어 품질이 떨어지며 수확 후 과실의 보구력도 나빠진다. 또한 강우량이 지나치게 많으면 병 발생이 심하여 봄에는 복숭아 잎오갈병, 4~6월에는 검은별무늬병, 탄저병 및 세균성구멍병, 그리고 수확기에는 잿빛무늬병, 포몹시스 부패병 등이 다발한다. 복숭아는 내음성이 약하므로 계속하여 비가 내리면 일조량이 부족하게 되어 수관 내부의 가지가 말라 죽는다.

한국 복숭아 주산지의 연강우량는 1,000~1,500mm이고 생육기간에는 800~1,200mm이며, 일본 주산지의 연강우량은 900~2,000mm, 생육기간은 700~1,000mm로서 연강우량은 양국이 유사하지만 생육기간의 강우량은 한국 주산지가 많은 편이다. 특히 신초의 2차 생장시기이며, 조·중생종의 성숙기간인 7~8월의 강우량은 한국의 주산지가 월등하게 많다. 영천의 경우 7

월, 8월 강우량이 404mm인데 비하여 일본의 야마나시는 266mm밖에 되지 않는다. 따라서 이 시기에 병해충방제를 비롯한 모든 재배관리는 일본과 달리 더욱 철저히 하여야 한다.

(3) 일 조

복숭아는 일조부족에 민감하므로 밀식 또는 전정 부족으로 가지들이 서로 겹쳐 있으면 수관 내부의 가지가 고사하거나 꽃눈분화 불량, 생리적 낙과 등이 일어난다. 따라서 밀식이 되지 않도록 하고 햇빛이 수관내부까지 잘 들어가도록 관리하여야 한다. 한편 여름철에는 직사광선이 주간이나 굵은 가지에 직접 닿아 나무의 온도가 45°C이상 되면 일소가 일어나기 쉽다.

(4) 바 람

강풍은 지엽이나 과실을 손상시킬 뿐만 아니라 나무를 도복시킨다. 즉 신초생장기인 4~5월의 강풍은 신초를 부러뜨리고 세균성구멍병을 발생시켜 조기낙엽을 일으킴으로써 나무의 세력을 약화시킨다. 수확기 강풍은 과실에 상해를 입히므로 그 피해가 심하다. 또한 강풍은 과실 뿐만 아니라 낙엽을 일으켜 저장양분을 감소시키므로써 다음해 과실생산에도 영향을 미치므로 바람이 강한 지역에서는 방풍림 조성 등의 대책을 세운다.

2. 토양조건

(1) 토 양

복숭아 뿌리는 내건성은 강하나 내습성이 현저히 약하고 산소요구량이 큰 특성이 있다. 지하수위가 높은 과원에서는 토양이 환원상태가 되어 유해물질이 축적되기 쉽다. 또한 과원이 침수 또는 과습조건이 되면 뿌리에서 알코올 발효가 일어나 나무 생장을 저해하는 에탄올이나 아세트알데히드가 생성된다. 따라서 복숭아 재배는 지하수위가 높거나 배수가 불량한 토지는 적당하지 않으므로 배수가 잘되고 통기성이 좋은 토양을 선택하여야 한다. 복숭아는 토성에 대한 적응성은 비교적 크나 배수가 잘 되고 보수력이 있는 역질양토가 가장 좋다. 다음은 사양토 또는 양토이며, 점토질은 부적당하다. 호적 토양 pH는 5~6으로서 6이상이 되면 망간이 불용화하여 결핍증이 발생하는 경우가 있다.

(2) 지 형

배수가 잘되는 지형이 가장 중요하다. 평지는 대형기계의 도입이 가능하므로 작업효율면에서 유리하지만, 평지의 논을 복숭아원으로 개원할 때에는 성토나 암거 등 충분한 배수대책을 마련하여야 한다. 강수량이 많은 곳에서는 경사지가 좋으나 작업기의 효율을 고려하여 10도 이하의 경사도가 바람직하다. 경사의 방향은 서면은 건조해와 일소가 발생되기 쉬우므로 일조가 좋은 남면~동남면이 좋다.

복숭아의 재배 적지

복숭아는 과수 중에서 습해에 가장 약하므로 배수가 잘되는 곳이 적지선정의 제 1조건이다. 배수가 불량하면 나무세력의 약화, 생리적 낙과 발생, 과실의 떫은 맛 생성, 수명의 단축, 수지병과 세균성구멍병 발생 등의 여러 가지 문제가 발생한다. 적당한 토양은 단립(團粒)구조가 발달되어 배수가 잘 되고 보수력이 있는 토양이다. 복숭아는 온난한 기후에서 잘 자라므로 생육기간의 적온은 17~18°C이상 특히, 성숙기에는 온도가 높은 곳이 좋다. 내한성은 그렇게 강하지는 않지만 최저온이 −15~−20°C까지는 크게 문제되지 않는다. 그러나 −10°C 이하로 내려가지 않는 지역이 무난하다.

Chapter 4

품 종

1. 품종의 육성

과수 육종법에는 영양계선발법, 교잡육종법, 돌연변이육종법, 배수체육종법, 바이오테크놀리지를 이용한 육종법 등이 있다. 이중 교잡육종법과 돌연변이육종법은 바이오테크놀리지가 발달한 지금에도 복숭아의 가장 중요한 육종법으로 현재도 주로 이 방법을 택하고 있다. 교잡육종법에는 품종 · 계통간 교잡육종법이나 종 · 속간 교잡육종법이 있고, 돌연변이 육종법에는 자연돌연변이법과 인위돌연변이법이 있다.

복숭아 재배 품종 중에는 숙기, 과실의 크기, 품질 등이 우수한 자연돌연변이체, 즉 실생이나 변이지 중에서 선발하여 보급된 것들이 많다. 우리나라에서는 최근 이 방법으로 민간 육종가들이 '월봉조생', '월미복숭아', '용성황도', '미백노', '용황백도', '장호원황도', '정만조생' 등을 육성하였다. 일본에서도 오래전부터 같은 방법으로 수많은 품종을 육성하였는데 중요한 자연돌연변이 품종은 다음과 같다. 즉 오카야마(岡山)현에서 육성된 '금도', '백도', '대구보', '청수백도', '기도백도', '신옥', '신백도', '고창', '사자조생', '홍청수', '뢰호내백도', 나가노(長野)현에서 육성한 '소평조생', '천곡', '천중도백도', '도백봉', '지하백도', 나라(奈良)현에서 육성한 '대화백도', '대화조생', 야마나시(山梨)현에서 육성한 '무정백봉', '팔번백봉', '천간백도', '산근백도', '장택백봉' 등이다. 한편 교잡육종법은 우리나라의 경우 1963년부터 원예연구소에서 시작하여 '유명', '백미조생', '천홍', '진미', '백향', '미홍', '수홍', '수미' 등을 육성하였고 민간 육종가들은 자연교잡실생 중에서 '백약도'와 '왕도' 등 다수의 품종을 육성하였다. 일본의 경우는 오래 전부터 농림수산성 과수시험장이나 지방의 농업시험장에서 교잡육종을 적극적으로 추진해 왔는데, 과수시험장에서는 1935년부터 시작하여 '사오토메', '지요히메', '마사히메' 등의 조생계 생식용 품종과 황육의 통조림용 품종을 수많이 육성하였다. 가나가와(神奈川)현에서는 1915년부터 시작하여 '백봉'을, 나라(奈良)현에서는 1924

년에 육종사업을 시작하여 '대화백도' 와 '대화수밀' 을 육성하였다.

우리나라의 복숭아 재배는 1970년대 이전에는 주로 일본 육성 품종을 재배하였으나 지금은 서서히 국내 육성종으로 대치되어 가고 있다.

2. 품종의 분류

복숭아는 중국을 비롯하여 구미제국, 한국, 일본 등에서 육성된 것을 모두 합치면 5,000여종이 된다. 우리나라는 500여 품종을 보유하고 있는데 그 중 50여종을 재배하고 있고, 일본에서는 100여 품종을 재배하고 있다. 복숭아 품종은 다음과 같이 여러 방법으로 분류한다.

(1) 과실의 형상에 따른 분류

과피에 털이 있는 것을 보통 복숭아(桃, peach)라 하고 없는 것을 천도(天桃, 油桃, nectarine)라 한다. 과피에 털이 없는 천도는 털이 있는 복숭아의 과피 돌연변이로 유래된 것으로 알려져 있으며, 유전적으로는 유모가 무모에 대하여 우성이다. 과실의 모양은 대개 과실이 둥근 원형종(圓形種, round type)이 대부분이나 과형이 원반과 같이 납작하고 과정부와 과경부가 함입된 형태의 원반형종(圓盤形種, flat type 또는 peen-to type)인 반도(蟠桃) 및 과실 전체의 모양은 원형이나 과정부가 새 부리모양과 같이 뾰족한 형태를 띠고 있는 새부리형종(beaked type)도 있다(그림 1-1).

(2) 핵의 분리성에 따른 분류

핵이 과육과 잘 분리되는 것을 이핵종(離核種), 분리되지 않는 것을 점핵종(粘核種)으로 분류한다. 이핵성은 점핵성에 대하여 선천적이어서 복숭아 원생지의 야생종은 모두 이핵성으로 알려졌다. 유전적으로 이핵성은 점핵성에 대하여 우성이나 현재 재배 품종 중에는 반점핵 또는 반이핵인 중간적인 형태형질을 가진 품종이 많다.

(3) 과육색에 따른 분류

과육색이 백색인 백육종과 황색인 황육종 및 과육이 붉게 착색되는 혈도 등이 있다.

(4) 육질에 따른 분류

육질의 차이에 따라 용질과 불용질(고무질), 연육종과 경육종으로 분류한다. 용질, 불용질은 가열에 의한 연화정도를 기준으로 하여 나누는 것으로 부드럽게 녹는 것을 용질, 녹지 않고 탄력이 있는 것을 불용질이라고 한다. 용질이나 불용질의 과실은 모두 나무에 달려 있을 때나 수확 후에 에틸렌이 발생하여 연화된다. 이러한 품종들을 연육종이라 하고, '유명' 이나 '아부백도' 와 같이 과실이 성숙되어도 에틸렌이 발생되지 않고 연화도 되지 않는 품종들을 경육종이라 한다.

(5) 성숙기의 조만에 따른 분류

성숙기의 조만에 따라 개화로부터 성숙까지의 일수가 100일 이내인 조생종, 101~130일인 중생종, 그리고 131일 이상인 만생종으로 분류한다.

(6) 용도에 따른 분류

용도에 따라 생식용, 가공용 및 관상용으로 분류한다. 관상용 복숭아는 꽃 복숭아라고도 부른다. 기타 대목으로 이용하는 대목용 복숭아가 있다.

3. 우리나라 복숭아 재배 품종의 변화

우리나라 복숭아 품종별 재배면적 비율의 추이를 표 4-1에서 보면 연도에 따라 큰 변화가 있음을 알 수 있다. 이는 복숭아 과원 경영자들이 품종에 지대한 관심을 기울이고 있음을 보여주는 것이다. 재배 품종 변화에는 다음과 같은 특징을 볼 수 있다. 1970년대부터 지금까지 지속적으로 재배되고 있는 품종은 품질이 좋은 '백도', 보구력이 강한 '창방조생', 보구력이 좋고 꽃가루가 많아 수분수로 이용되는 '대구보' 등의 3 품종으로서 모두 고유의 장점이 있는 품종들이다. 1970년대 까지는 주요 품종 모두가 일본에서 육성된 품종이었으나 1977년 '유명'이 육성되면서 재배면적이 급증하여 보급 후 10년 만에 15.1%, 15년 후에는 22.7%가 되어 우리나라 육성종이 제 1의 품종이 되었다. 현재는 경육질이란 상품성으로서의 장점이 식미로서는 단점이 되어 재배면적이 감소되고 있다. 그러나 그 후 관·민의 복숭아 육종가 들의 활약으로 양질의 신품종이 다수 육성되어 현재는 10대 재배 품종에 국내 육성종 '유명', '천홍', '장호

[표 4-1] 우리나라 복숭아 품종별 재배면적 비율의 추이

품 종	연 도					
	1971	1983	1987	1992	1997	2002
유 명	–	2.2	15.1	22.7	15.7	9.3
백 도	33.7	25.7	11.0	11.1	8.0	7.6
천 홍	–	–	–	–	7.2	7.4
창방조생	2.6	15.2	23.1	22.4	13.6	6.8
장호원황도	–	–	–	–	1.5	5.8
미 백 도	–	3.3	3.8	4.0	5.3	5.5
월미복숭아	–	–	–	–	2.1	4.9
대 구 보	7.9	10.8	11.2	10.5	8.7	4.3
천중도백도	–	–	–	–	–	4.1
아부백도	–	–	–	–	2.0	3.3
기 타	55.8	42.8	35.8	29.3	35.9	41.0

원황도', '미백도', '월미복숭아' 등이 포함되게 되었고, 이들 품종의 재배면적 비율도 32.9%까지 달하게 되었다.

4. 일본 복숭아 재배 품종의 변화

표 4-2에서 1986년부터 2003년까지의 일본 복숭아 재배면적 추이를 보면 17년간 4,600여 ha이 감소되었다. 재배품종도 현저하게 변화되었는데 1986년에는 '백봉', '대구보', '백도', '창방조생', '사자조생' 등 5개 품종이 복숭아 총 재배면적의 66%를 점하여 9,700여ha이나 재배되었다. 그러나 2003년에는 '백봉'을 제외한 4개 품종은 재배면적이 급감하여 이들 5개 품종의 재배면적은 2,157ha로서 총 재배면적의 21.3%로 크게 감소되었다. 이들 품종의 대폭적인 감소는 '대구보'는 백육계 통조림의 수요 감소로 가격이 하락되었고 기타 품종은 품질이나 재배성이 불안정한 것이 원인이라 생각된다. 이들 품종과 대체된 품종은 '아카쓰키', '천중도백도', '일천백봉', '천간백도' 등으로 모두 품질과 보구력이 우수한 품종들이다.

[표 4-2] 일본 복숭아 품종별 재배면적의 추이

품 종 명	재배면적(ha)			
	1986	1992	1997	2003
백 봉	3,366.9	2,426.5	1,989.9	1,621
아카쓰키	341.0	821.7	1,239.9	1,560
천중도백도	1.0	658.4	965.2	1,293
일천백봉	279.0	462.6	788.7	923
천간백도	142.7	351.8	497.0	474
청수백도	300.5	482.8	349.9	457
대 구 보	2,821.8	1,284.2	700.3	344
일궁백도	–	71.1	126.6	261
가납암백도	20.0	202.4	178.9	214
팔번백봉	258.2	380.4	297.5	180
장택백봉	–	169.4	318.8	177
유우조라	26.4	94.8	164.0	170
천중도백봉	–	49.1	243.7	158
백 도	1,217.6	314.4	121.0	149
산근백도	494.9	720.5	372.1	135
무정백봉	97.0	517.2	277.2	83
창방조생	1,199.5	316.7	82.0	26
사자조생	1,139.7	138.3	40.2	17
전품종 합계	14,757.2	12,037.3	10,848.8	10,130.7

5. 주요 품종의 특성

복숭아의 주요 품종의 특성은 다음과 같다. 본 항에 소개하는 품종 중에는 아직 우리나라에

[표 4-3] 우리나라 복숭아의 주요 품종과 특성

(한국과수육종연구회지 제 9호, 2006)

품 종 명	주요특성					
	숙 기	과 중	당 도(%)	과피색	과육색	꽃가루량
〈복 숭 아〉						
백미조생	6하	180	11.0	유 백	유 백	다
이즈미백도	7상	250	12.0	선 홍	유 백	다
지요마루	7상중	170	12.0	선 황	황	다
월봉조생	7중	250	10.0	선홍줄	백	무
사자조생	7중	230	11.0	유 백	백	무
일천백봉	7중	230	12.0	선 홍	유 백	다
몽 부 사	7중하	250	12.5	선 홍	유 백	다
창방조생	7하	280	10.0	선홍줄	백	극 소
가납암백도	7하	270	12.0	선 홍	백	다
월미복숭아	7하~8상	270	10.5	선 홍	유 백	다
백 약 도	8상	300	12.0	유 백	백	무
감조백도	8상	230	13.0	선 홍	유 백	다
기도백도	8상중	250	11.0	유 백	유 백	무
백 봉	8상중	220	12.0	선 홍	유 백	다
도 백 봉	8상중	240	11.5	선 홍	유 백	다
용성황도	8상중	250	11.5	적 황	황	무
대 구 보	8중	280	10.0	선 홍	백	다
왕 도	8중	300	13.0	선 홍	백	다
장택백봉	8중	250	13.5	적 백	유 백	다
미 백 도	8중	280	11.0	선 홍	유 백	무
애지백도	8중하	250	11.0	농 홍	백	다
선 골드	8중하	320	12.0	적 황	황	다
진 미	8중하	270	13.0	선 홍	유 백	다
오도로키	8중하	350	13.0	선 홍	유백	무
백 도	8하	250	13.0	선 홍	백	무
유 명	8하	300	12.0	선 홍	백	다
천중도백도	8하	300	12.0	선 홍	백	무
백 향	9상	300	12.0	녹 적	백	다
장호원황도	9중~10상	300	12.5	적 황	황	다
서미골드	9중~10상	300	13.0	적 황	황	무
〈천 도〉						
암 킹	6하	180	10.0	진 홍	황	다
선 프 레	7중	190	10.0	선홍황	황	다
천 홍	8상	250	12.0	진 홍	황	다
선 광	8중하	200	11.8	선홍황	황	다
수 봉	9상	220	11.5	적 황	황	다

도입되지 않았거나 시험재배 중이어서 농가에 보급되지 않은 품종이 다수 포함되어 있다. 되도록 많은 품종의 특성을 기술하여 복숭아 육종 방향설정에 참고자료로 이용하거나, 앞으로 보급될 때를 대비하여 참고자료를 제공하고자 하였다. 우리나라에서 재배되고 있는 품종은 원예연구소에서 조사한 특성을 인용하였고, 아직 조사성적이 없는 품종은 외국 문헌을 인용하였는데 숙기는 기존의 밝혀진 품종의 숙기를 고려하여 조정, 기록하였다.

우리나라에서 재배되고 있는 주요 품종의 특성은 표 4-3과 같고, 일본 복숭아 주산지에서 재배되고 있는 주요 품종은 표 4-4와 같다.

[표 4-4] 일본 복숭아 주산지별 주품종과 보조품종

(吉田, 1991)

산 지	주 품 종	보조품종 또는 장려품종
야마가타(山形)	백봉, 대구보	유우조라, 천중도백도, 아카쓰키, 지요히메, 히라쓰카 레드
후쿠시마(福島)	팔번백봉, 일천백봉, 백봉, 아카쓰키, 천중도백도, 유우조라	산근백도, 대구보 (사오토메, 지요히메)
니이가타(新潟)	백봉, 아카쓰키, 산근백도, 백도	무정백봉, 산이백봉, 팔번백봉, 송삼조생, 유우조라, 백근백도
나가노(長野)	백봉, 아카쓰키, 애지백도, 천중도백도	환타지아, 훌레버탑, 수봉, 수야넥타린, 지하백도 (일천백봉, 장택백봉, 가납암백도, 마나미, 감조백도, 황금도, 천중도백봉, 메이 그랜드, 요시히메)
야마나시(山梨)	일천백봉, 팔번백봉, 가납암백도, 백봉, 천간백도, 산근백도	지요히메, 산이(山梨)백봉, 서야백도, 장택백봉, 일궁백도, 유우조라, 산이(山二)백도 (천중도백도, 구니카, 미사카백봉, 용봉)
시즈오카(靜岡)	사오토메, 백봉	포목조생, 창방조생, 사자조생, 무정백봉, 팔번백봉, 지요히메, 일천백봉
아이치(愛知)	무정백봉, 창방조생, 일천백봉, 백봉, 애지백도	
와카야마(和歌山)	백봉, 청수백도, 산근백도	포목조생, 무정백봉, 사자조생, 팔번백봉, 창방조생, 일천백봉, 천중도백도, 백도, 훌레버탑
오카야마(岡山)	백봉, 청수백도, 대화백도, 백도, 홍청수, 팔번백봉	천중도백도
가가와(香川)	일천백봉, 아카쓰키, 청수백도, 천중도백도	무정백봉, 산이백봉, 팔번백봉, 천간백도, 지하백도
후쿠오카(福岡)	무정백봉, 팔번백봉, 송삼조생, 백봉, 천간백도	사오토메, 아카쓰키, 감조백도, 천중도백도

注 ( )안의 품종은 시험재배 품종

(1) 생식용 복숭아

1) 가납암백도(加納岩白桃, Kanoiwa Hakuto)

일본 야마나시(山梨)현에서 히라쓰카(平塚八郎)씨가 '천간백도'의 아조변이를 발견하여 육성한 품종으로 1983년에 종묘 등록되었다. 원예연구소에서는 1999년에 도입하였다. 나무의 세력은 다소 강한 편이고 중간 정도의 개장성이다. 겹눈이 많고 꽃눈이 잘 착생되며 꽃가루가 많아 결실이 잘 된다.

숙기는 7월 하순이다. 과형은 편원형~원형이고 과중은 240~270g이다. 과피는 햇빛 비치는 쪽을 중심으로 선홍색으로 착색되며 그 정도는 중간이다. 과육은 백색의 용질이며 치밀하고 섬유질이 적다. 당도는 12~14%로 조생종으로는 매우 높고 산미가 적어 식미가 좋다. 과육 및 핵주위의 착색은 적다. 점핵성으로 핵할이 적다. 내한성이 약하다. 열과가 다소 발생하므로 봉지를 씌워 재배하는 것이 안전하다.

그림 4-1 가납암백도 (李)

2) 감조백도(勘助白桃, Kansuke Hakuto)

일본 아이치(愛知)현의 야마모토(山本勘次)씨가 '애지백도'의 조숙변이를 발견하여 육성한 품종으로 1981년 등록되었다. 원예연구소에서는 1989년에 도입하여 1996년에 우수품종으로 선발하였다.

나무의 세력은 중간 정도이고 개장성이다. 꽃가루는 많고 풍산성이다.

숙기는 7월 하순~8월 상순이다. 과실은 편원형~원형이고 과중은 230g이나 유목일 때는 작다. 과피는 전면 선홍색으로 착색되는데 그 정도는 중간이다. 과육은 유백색으로 '백봉'과 유사하고 육질은 용질로서 약간 조잡하며 점핵성이다. 당도는 13% 전후로서 비교적 높고 산미가 적어 식미가 좋다. 열과 발생이 적어 무대재배가 가능하다. 생리적 낙과와 핵할은 적다. 잿빛무늬병에 다소 약하다.

그림 4-2 감조백도 (李)

3) 기도백도(箕島白桃, Mishima Hakuto)

일본 오카야마(岡山)현에서 고제니(小錢久三郎)씨가 우연실생으로 발견한 품종이다.

나무의 세력은 강하고 개장성이다. 꽃눈 착생은 잘 되나 꽃가루가 없으므로 수분수를 혼식하여야 한다.

숙기는 7월 하순이다. 과실은 원형이고 과중은 250g 내외이다. 과피색은 유백색으로 착색이 어렵다. 과육은 유백색이고 육질은 치밀하다. 당도는 11%이고 품질은 좋은 편이다. 비옥지에서 재배한 과실이나 큰 과실에는 떫은 맛이 생기기 쉽다. 핵할은 적으나 육질이 유연하여 보구력과 수송성이 좋지 않다. 점핵성이다.

그림 4-3 기도백도 (李)

4) 나쓰오토메(Natsuotome)

일본 과수시험장에서 1984년에 '아카쓰키' 에 '요시히메' 를 교배하여 육성한 품종으로 1999년에 명명 · 등록되었다.

나무의 세력은 중간 정도이고 약간 직립성이다. 꽃눈 착생이 잘되고 눈은 대부분 겹눈이다.

숙기는 '아카쓰키' 와 '천중도백도' 사이에 출하되는 8월 중 · 하순이다.

과실은 원형~편원형이고 과중은 230~300g이다. 과피는 백색 바탕에 착색이 잘 되는 편이다. 과육은 용질이고 약간 조잡하나 섬유질이 적어 육질이 양호하다. 육질은 용질이지만 보구력은 양호하다. 과육의 붉은 색소는 중 정도이고 핵 주위의 착색은 적다. 점핵성이며 핵할이 적다. 해에 따라 수침상과육갈변증이 '아카쓰키' 정도로 발생한다. 당도가 높아 14% 이상 되며 산미는 적어 식미가 좋다.

그림 4-4 나쓰오토메 (田尻, 2000)

5) 나 쓰 키(Natsuki)

일본 나가노(長野)현 과수시험장에서 1988년에 '천중도백도' 에 '지요히메' 를 교배하여 얻은 품종으로 1996년에 명명하여 1999년에 등록되었다.

나무의 세력은 중 정도이고 반개장성이다. 꽃눈 착생이 잘되고 주로 겹눈이 형성된다. 꽃가루가 없으므로 수분수를 혼식하여야 한다.

숙기는 '일천백봉' 과 거의 같거나 약간 늦은 7월 중 · 하순이다. 과실은 편원형이고 과중은 250g 전후이다. 과피는 녹백색 바탕에 착색이 많은 편이다. 과육은 유백색으로 약간 홍색을 띤다. 핵 주위는 착색되지 않는다. 과육은 용질이고 치밀하며 과즙이 많다. 당도는 11~13%이고 산미는 적어 식미가 좋다. 점핵성이고 보구력은 중 정도이다. 열과가 없다.

그림 4-5 나 쓰 키 (田尻, 2000)

6) 나 쓱 코(なつっこ, Natsukko)

일본 나가노(長野)현 과수시험장에서 1987년에 '천중도백도' 에 '아카쓰키' 를 교배하여 육성한 품종으로 2000년에 품종 등록되었다.

나무의 세력은 강한 편이고 약간 개장성이다. 꽃눈 착생이 잘되고 겹눈이 많다.

숙기는 '애지백도' 와 같은 시기인 8월 중 · 하순이다. 과실은 편원형이고 과중은 300~350g이다. 과피는 유백색 바탕에 홍색으로 착색이 잘 된다. 과육은 유백색이며 과육 및 핵 주위에 약간 착색된다. 육질은 용질이고 치밀하다. 당도는 13~17%로 높고 산도는 낮으며 과즙이 많으므로 식미가 좋다. 점핵성이다. 보구력은 중 정도이다. 열과는 적고 핵할은 거의 없다.

7) 대 구 보(大久保, Okubo)

일본 오카야마(岡山)현에서 오쿠보(大久保重五郎)씨가 '백도' 과원에서 1920년에 발견한 우연실생으로 1927년 등록되었다.

나무의 세력은 약하고 심한 개장성이다. 꽃눈 착생이 극히 양호하고 겹눈이 많다. 꽃가루가 많고 결실이 잘된다. 수분수로 많이 이용된다.

숙기는 8월 중순이다. 과실은 원형이고 과중은 250~300g이다. 과피는 유백색 바탕에 선홍색으로 착색된다. 과육은 백색이나 햇빛이 비치는 쪽과 핵 주위는 약간 착색된다. 과육은 섬유질이 많고 육질은 다소 조잡하지만 보구력이 좋다. 당도는 10~12%이고 약간의 산미가 있으며 식미는 담백하다. 이핵성이며 핵할은 적다. 수세가 약하고 심한 개장성이므로 원가지를 튼튼히 키워 늘어지지 않도록 하여야 한다.

그림 4-6 대 구 보 (李)

8) 대화백도(大和白桃, Yamato Hakuto)

일본 나라(奈良)현 농업시험장에서 1924년에 '백도' 에 '카르만' 을 교배하여 육성한 품종이다. 나무의 세력은 강하고 약간 개장성이다. 꽃가루는 없다.

그림 4-7 대화백도 (李)

숙기는 8월 상 · 중순이다. 과실은 원형이고 과중은 200g이다. 과피는 유백색 바탕에 약하게 선홍색으로 착색된다. 과육은 백색이고 육질이 치밀하며 부드럽고 과즙이 많다. 산미가 적고 감미가 높아 품질은 양호하나 보구력이 약하다. 점핵성이다.

9) 도 백 봉(都白鳳, Miyako Hakuho)

일본 나가노(長野)현의 고히라(小平忠雄)씨 과원에서 '백봉' 의 아조변이로 발견되어 1976년 명명되었다.

나무의 세력은 중정도이고 개장성이며 중 · 단과지의 발생이 많은 편이다. 꽃가루는 많다.

숙기는 '백봉' 보다 2~3일 빠른 8월 상 · 중순이다.

과형은 원형이고 과중은 230~250g으로 '백봉' 보다 큰 편이다. 과피는 유백색 바탕에 선홍색으로 착색이 잘 된다. 과육은 유백색이고 핵 주위 착색은 거의 없다. 육질이 연하여 보구력이 매우 약하다. 당도는 11.5%이다. 점핵성이다. 수확전 낙과가 적다.

그림 4-8 도 백 봉 (李)

10) 뢰호내백도(瀨戶內白桃, Setouchi Hakuto)

'백도' 의 가지변이로 얻어진 품종이다.

나무의 세력은 강하고 반개장성이다. 꽃눈 착생이 잘 되고 눈은 겹눈이다. 꽃가루는 '백도' 와 달리 많다.

숙기는 '백도' 보다 15~20일 늦은 9월 중순이다.

과실은 편원형으로 극히 크고 과정부가 깊게 들어가 있으며 봉합선이 깊다. 과피는 유백색 바탕에 줄무늬로 착색된다. 과육은 유백색이며 과육의 착색은 적으나 핵주위가 착색된다. 과육은 용질이며 경도는 중간 정도이고 섬유질이 적으며 과즙이 많고 감미가 높다. 품질이 우수하다.

11) 마 나 미(Manami)

일본 나가노(長野)현의 이와마쓰(岩松今朝市)씨가 '애지백도' 에 '천곡' 을 교배하여 얻은 품종이다. 꽃가루가 많아 결실이 잘 된다.

숙기는 8월 중 · 하순이다. 과형은 편원형이고 과중은 250~280g이다. 과실의 균도가 떨어진다. 착색은 잘되어 과피 전체가 홍색으로 된다. 육질은 약간 조잡하나 불용질이어서 보구력이 우수하다. 당도는 14%전후로서 식미가 좋다. 점핵성이며 핵할은 적다. 숙기보다 과피의 착색이 먼저 진행되므로 수확기에 유의하여 충분히 맛이 든 것부터 수확한다. 열과가 되므로 봉지를 씌워 재배한다.

12) 마사히메(Masahime)

일본 농림성 과수시험장에서 1973년 '중진백도' 에 '포목조생' 을 교배하여 얻은 중생 선발계통인 '21-18' 에 '아카쓰키' 를 교배하여 얻은 품종으로 1990년 명명되어 1993년에 종묘 등록 되었다.

나무의 세력은 강한 편이고 약간 개장성이다. 꽃눈 착생이 많고 주로 겹눈이 형성된다. 꽃가루가 많아 결실이 잘 된다.

숙기는 '백봉' 보다 10일 정도 늦은 8월 중 · 하순이다. 과형은 편원형이고 편육과 발생이 적다. 과중은 220~300g 이다. 과피의 착색은 '백봉' 과 같은 수준이거나 약간 더 잘된다. 과육은 백색이고 과육 내 붉은 색소 발현은 적다. 육질은 용질이고 치밀하며 부드럽고 과즙이 많다. 섬유질은 적다. 당도는 13~14%로서 '백봉' 보다 1~1.5% 높고 산미가 적어 식미가 좋다. 점핵성이고 약간의 핵할이 있다. 잿빛무늬병이 발생되나 큰 문제는 없다.

그림 4-9 마사히메 (園藝研)

13) 몽 부 사(夢富士, Yumefuji)

일본 후쿠시마(福島)현의 사토(佐藤孝雄)씨가 '중진백도' 의 자연교잡실생 중에서 육성한 품종으로 1990년에 등록되었다. 원예연구소에는 1994년에 도입하였다.

나무의 세력은 중간 정도이고 개장성이다. 꽃가루가 많다.

숙기는 7월 중 · 하순으로 '가납암백도' 보다 7일정도 빠르다. 과형은 편원형이고, 과중은 250g이상으로 조생종으로는 큰 편이다. 과피는 크림녹색 바탕에 선홍색 줄무늬로 착색되며 그 정도는 중간이다. 과육은 유백색으로 유연하며 당도는 12.5% 정도이고 산미가 적어 식미가 좋다. 핵할이 적고 점핵성이다. 보구력이 약한 편이고 잿빛무늬병이 다소 발생한다.

그림 4-10 몽 부 사 (園藝研)

14) 무정백봉(武井白鳳, Takei Hakuho)

일본 야마나시현(山梨縣)의 다케이(武井義正)씨가 '백봉' 의 자연교잡실생 중에서 선발한 조생품종으로 1963년에 '무정백봉' 으로 명명되었다. 다케이씨가 육성한 '무정조생' 은 '포목조생' 의 가지변이로서 '무정백봉' 과는 다른 품종이다.

수세는 중정도이고 중간내지 약간 개장성이다. 꽃눈 착생이 많고 잎눈과 꽃눈이 함께 있는 겹눈이 많다. 꽃가루가 많고 결실이 잘 된다. 핵할이 많으므로 적정하게 나무 세력을 유지하여야 한다.

숙기는 7월 상순으로 '포목조생' 과 같으며 '사자조생' 보다 1주간 먼저 수확된다. 과형은 원형인데 대과는 약간 편원형이며 과중은 200~250g이다. 과피는 백색 바탕에 햇빛 미치는 쪽을 중심으로 곱게 착색된다. 착색정도는 중간이다. 과육은 백색이고 용질이며 핵주위가 약간 착색된다. 점핵성이고 당도는 낮아 10% 정도이다. 보구력은 중간 정도이다.

그림 4-11 무정백봉 (園藝研)

15) 미 백 도(美白桃, Mibaekdo)

경기도 이천시의 이차천씨가 1950년 미국인 선교사의 과원에서 가져온 품종미상의 복숭아로부터 접목변이가 생겨 육성된 품종이다. 1970년 후반에 급속히 보급되었다.

나무의 세력은 유목일 때는 강하나 성목이 되면서 약해진다. 반개장성이며 꽃가루는 없다.

숙기는 8월 중순이다. 과형은 편원형이고 과중은 280g 이상이다. 과피는 유백색 바탕에 선홍색으로 약하게 착색된다. 과육은 유백색이고 육질은 치밀하며 부드럽고 과즙이 많다. 당도는 11% 정도이다. 보구력이 매우 약하다.

그림 4-12 미 백 도 (園藝研)

16) 미사갓고(みさかっ 娘, Misakakko)

일본 야마나시(山梨)현의 고야마(小山鳥傳)씨가 '천간백도'의 아조변이를 발견하여 육성한 품종으로 1997년에 명명 · 등록되었다.

나무의 세력은 중간이고 반개장성이다. '천간백도'와 달리 꽃가루가 있고 결실이 양호하다.

숙기는 8월 하순~9월 상순이다. 과실은 편원형으로 과중은 400g이다. 과피는 유백색 바탕에 착색 정도는 중간이다. 과육은 유백색이며 과육 내 착색은 적고 핵 주위의 착색은 많다. 육질은 용질이고 치밀하며 섬유질은 적다. 과즙은 많은 편이다. 당도는 14~16%이며 산미는 적고 향기는 중간 정도이다. 보구력이 좋고 핵할, 열과는 적다. 점핵성이다.

17) 미사카 백봉(Misaka Hakuho)

일본 야마나시(山梨)현에서 1978년 기타우라(北浦精次)씨가 발견한 '백봉'의 조숙성 변이로서 1989년에 명명 · 등록되었다.

나무의 세력은 중간이고 반개장성이다. 꽃눈 착생이 잘 되고 꽃가루가 많으며 결실이 잘 된다.

숙기는 7월 하순이다. 과형은 원형이고 과중은 260~280g이다. 과피는 유백색 바탕에 진홍색으로 착색이 잘 된다. 과육은 유백색이고 과육과 핵 주위도 약간 착색된다. 과육의 치밀도는 중간이고 섬유질은 약간 많은 편이다. 당도는 11~13% 정도로 높고 산미는 적어 식미가 좋다. 점핵성이다. 보구력은 좋은 편이고 생리적 낙과 및 핵할이 약간 발생하며 열과는 중간 정도이다.

18) 미창금도(米倉金桃, Yonekura Kinto)

일본의 요코세(橫瀨愛重)씨 등이 1985년에 실생대목에 천도인 '여명'(黎明)을 접목한 묘목에서 변이가 생겨 육성한 것으로 천도의 아조변이인 복숭아 품종이다. 황육도로서 기존의 황육도와 달리 외관이 아름답다.

나무의 세력은 중~약간 약한 편이고 개장성이다. 꽃눈 착생이 잘되고 꽃가루가 많다. 겹눈이 많다.

숙기는 7월 하순이다. 과형은 편원형이고 과중은 220~250g이다. 과피는 황색 또는 담황색 바탕에 붉게 착색되며 줄무늬가 있다. 과육은 담황색이고 과육 및 핵주위 착색은 적다. 육질은 용질이고 점핵성이다. 과즙이 많고 감미가 높으며 산미는 적어 식미가 우수하다. 생리적 낙과는 적으나 핵할이 약간 많으며 열과는 적은 편이다. 보구력은 좋지 않다.

19) 미 홍(美紅, Mihong)

원예연구소에서 1995년 '유명'에 '지요마루'를 교배하여 육성한 품종으로 2005년에 명명한 품종이다.

나무 세력은 중간 정도이고 개장성이며, 결과지는 중 · 단과지가 주로 착생된다. 꽃눈 발달이 양호하고 꽃가루가 많다.

숙기가 수원 기준으로 7월 상순으로 '백미조생' 이후 수확이 가능한 백육계 극조생 품종이다. 과형은 원형이고 과중은 '백미조생' 정도의 크기로 180g정도이다. 과육은 유백색이며 용질성이다. 당도는 10.5% 정도로 산미가 적어 식미가 우수하다. 일반 조생종 품종과는 달리 핵할 발생이 적은 특성이 있다. 착색이 좋은 편이나 과실의 전면 착색을 유도하기 위해서는 수확 3~4일전에 봉지를 벗겨 준다. 과실의 보구력이 다소 약한 편이므로 완숙 직전에 수확한다.

그림 4-13 미 홍 (園藝研)

20) 백근백도(白根白桃, Shirane Hakuto)

'일출' 과 함께 니이가타(新潟)현에서 오래전에 선발된 품종이나 그 내력은 알 수 없다.

나무의 세력은 약간 강하고 반개장성이다. 꽃눈 착생이 잘 되고 겹눈이 많으며 꽃가루가 있어 결실이 잘 된다.

숙기는 9월 중 · 하순이다. 과중은 300g이고 과육은 용질이다. 착색도 양호하다. 열과와 핵할은 적다.

21) 백　도(白桃, Hakuto)

일본 오카야마(岡山)현의 오쿠보(大久保重五郎)씨의 과원에서 우연실생으로 1899년에 발견되어 명명된 품종이다.

나무의 세력은 강하며 개장성이다. 결과지가 굵고 짧으나 꽃눈 착생이 많고 겹눈형성도 잘 된다. 꽃가루는 없다.

숙기는 8월 하순이다. 과형은 원형이나 약간 편육과가 많이 생긴다. 과중은 250~300g이다. 과피는 유백색 바탕에 과정부는 선홍색으로 곱게 착색되지만 과실 전면 착색은 어렵다. 과육은 백색으로 치밀하고 과즙이 많으며 보구력과 수송성이 우수하다. 감미가 높아 당도는 12~14%이고 산미가 적어 식미가 극히 좋다. 핵 주위가 붉게 착색된다. 점핵성이고 핵할은 적다. 보구력과 수송성이 약하며 생리적 낙과가 많다.

그림 4-14 백 도 (李)

22) 백 려(白麗, Hakurei)

일본 오카야마(岡山)현의 히가시야마(東山四郎)씨가 '대구보'에 '비성도'(肥城桃)를 교배하여 얻은 실생을 오카야마(岡山) 농업시험장에서 받아 1964년 선발 육성한 품종이다. '백도'와는 달리 떫은 맛이 없고 꽃가루가 있는 품종으로 '백도'를 대체할 수 있는 품종이다.

나무의 세력은 강하고 반개장성이다.

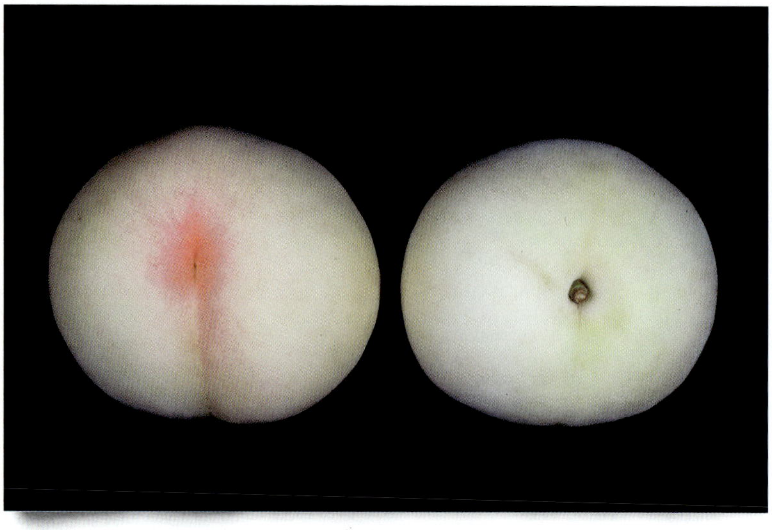

그림 4-15 백 려 (久保田)

숙기는 '백도'와 거의 같은 8월 하순이다. 과실은 원형이고 과중은 250~300g이다. 과피는 유백색 바탕에 약간 착색된다. 과육은 크림색으로 과육은 착색되지 않고 핵 주위는 많이 착색된다. 육질은 부드럽고 치밀하며 섬유질은 '백도'보다 많다. 당도는 평균 15.5%로서 '백도'보다 높다. 향기는 '백도'보다 적으나 식미는 '백도'보다 우수하다. 과즙이 많고 쉽게 껍질이 벗겨진다. 열과가 없고 보구력이 좋다. 핵할은 '백도'와 같은 정도로 발생한다.

23) 백미조생(白美早生, Baekmijosaeng)

한국에서 교잡육종을 재개한 첫해인 1963년 '기도백도'에 '포목조생'을 교배하여 육성한 품종으로 1983년에 명명되었다.

나무의 세력은 중 정도이고 반개장성이다. 꽃가루는 많은 편이다. 6월 하순에 성숙하는 극조생 품종이다. 과실은 장타원형이고 과중은 180g 정도로서 작은 편이다. 과피는 유백색 바탕에 과정부가 붉게 착색된다. 과육은 유백색이고 과즙이 많으며 당도는 11%이다. 보구력이 극히 약하다. 수확전 낙과가 적다.

그림 4-16 백미조생 (園藝研)

24) 백 봉(白鳳, Hakuho)

일본 가나가와(神奈川)현 농업시험장에서 1925년 '백도'에 '귤조생'을 교배하여 육성한 품종으로 1932년에 명명 · 등록되었다.

나무의 세력은 중간정도이고 다소 개장성이다. 꽃눈이 많고 꽃가루가 많아 결실이 잘 되며 수분수로도 좋다.

숙기는 8월 상 · 중순이다. 과형은 원형이고 과중은 200~230g이다. 과피는 백색 바탕에 선

홍색으로 착색된다. 과육은 유백색으로 과육과 핵 주위에는 약간의 붉은 색소가 발현된다. 육질은 용질이고 치밀하며 섬유질이 적다. 연화가 늦어 보구력이 좋다. 당도는 12~14%이고 산미가 적고 과즙이 많으며 식미가 좋다. 점핵성이며 핵할은 없다. 열과가 적어 무대재배가 가능하나 착색 향상을 위하여 유대재배를 기본으로 한다. 이 품종의 가지변이 품종으로 '장택백봉', '일천백봉', '천곡' 등이 있다.

그림 4-17 백 봉 (園藝硏)

25) 백 약 도(白藥桃, Baekyarkdo)

충남 연기군의 임중경씨가 '유명' 의 자연교잡실생 중에서 선발, 육성하여 1999년에 등록하였다.

나무의 세력은 약한 편이며 꽃가루는 없다.

숙기는 8월 상순이다. 과형은 원형이고 과중은 300g 정도이다. 과피는 착색이 전혀 되지 않은 유백색이다. 과육은 백색이고 당도는 12% 정도이며 산미는 적다. 점핵성이다. 보구력은 '유명' 과 같이 매우 우수하다. 내한성이 매우 약하다. 세균성구멍병과 잿빛무늬병에 약하다.

26) 백 추(白秋, Hakushu)

일본에서 '백도' × '포목조생' 에서 얻은 중생계통에 미국에서 도입한 통조림용 품종을 교배하여 2001년에 농림등록된 품종이다.

나무의 세력은 강하고 반개장성이다. 꽃눈 착생이 잘 되고 겹눈이 많으며 꽃가루가 있어 결실이 잘 된다.

숙기는 '아카쓰키' 보다 2~3주간 늦은 8월 중 · 하순이다. 과중은 300~400g으로서 대과이다. 과피는 무대재배하면 착색이 적고 전체가 백색으로 된다. 과육은 백색이며 용질이며 약간 치밀하다. 당도는 11~13% 정도이고 산미가 적어 식미가 좋으며 점핵성이다. 생리적 낙과가 적다.

27) 백 향(白香, Baekhyang)

원예연구소에서 1978년 천도인 '가든 스테이트' (Garden State)의 자연교잡실생으로부터 육성한 품종으로 1994년에 명명하였다.

나무의 세력은 강한 편이고 반직립성이다. 장과지 발생이 많고 꽃눈 착생이 잘 된다. 꽃은 꽃잎이 작은 비화려화이며 꽃가루는 매우 많다.

숙기는 9월 상순으로 '유명' 이후에 출하된다. 과형은 짧은 타원형이고 과중은 300g 정도이다. 과피는 녹적색이며 착색이 잘 되지 않는다. 과육은 백색으로 용질이며 부드럽고 과즙이 많다. 당도는 12% 정도이고 산미가 다소 있어 감 · 산이 잘 조화되어 풍미가 좋다. 이핵성이다. 수확전 낙과가 발생되기 쉽다.

그림 4-18 백 향 (園藝研)

28) 사오토메(Saotome)

일본 과수시험장에서 1957년 '백봉' 에 '로빈' (Robin)을 교배하여 육성한 극조생 품종으로 1982년 명명 발표되었다.

나무의 세력은 강하고 직립성이다. 꽃눈 착생이 많으나 '백봉' 보다는 적다. 꽃가루가 있어 결실이 잘 된다.

숙기는 6월 하순으로 '포목조생' 보다 1주간 빠르다. 과형은 원형~편원형이고 과중은

100~150g으로 작다. 과피의 햇빛 미치는 쪽은 홍색으로 곱게 착색된다. 과육은 백색이고 핵주위도 착색되지 않는다. 당도는 10%로 포목조생보다 높으며 산미는 적다. 성숙일수가 짧으므로 과실을 일찍 솎아주어야 한다. 무대재배가 가능하다.

그림 4-19 사오토메 (園藝硏)

29) 사자조생(砂子早生, Sunagowase)

일본 오카야마(岡山)현의 스나코(砂子政市)씨가 '신옥'과 '대구보' 묘목 중에서 발견한 우연실생으로 1958년 명명 · 등록된 품종이다.

그림 4-20 사자조생 (園藝硏)

나무의 세력은 강하고 개장성이다. 꽃눈 착생이 양호하고 겹눈이 형성되나 홑눈도 많은 편이다. 꽃가루가 없으므로 수분수의 혼식이 필요하다.

숙기는 7월 중순이다. 과형은 원형~타원형이고 과중은 220~250g이다. 과피색은 유백색이고 과정부가 붉게 착색되며 과육은 백색이고 약간 치밀하다. 섬유질은 중간 정도이다. 당도는 11%이고 산미가 적으므로 식미가 좋다. 반점핵성이다. 생리적 낙과는 적다.

30) 서미골드(西尾 Gold, Nishio Gold)

일본 오카야마(岡山)현 산양농원(山陽農園)의 니시오(西尾正志)씨가 '골든 피치'(Golden Peach)의 아조변이를 발견하여 육성한 품종이다. 원예연구소에서는 1993년에 우수품종으로 선발하였다.

나무의 세력은 강하고 개장성이다. 겹눈이 잘 착생된다. 꽃가루가 없어 수분수의 혼식이 필요하다.

숙기는 9월 중순~10월 상순이다. 과형은 편원형이며 과중은 300g이상으로 대과이다. 과피는 황색 바탕에 선홍색으로 착색되나 봉지를 벗기지 않으면 착색이 되지 않는다. 과육은 황색이며 과육에는 붉은 색소가 발현되지 않으나 핵 주위는 연하게 착색된다. 육질은 불용질로 치밀하며 섬유질은 적고 보구력은 강하다. 과즙은 적은편이다. 당도는 13%이고 산미는 적으며 향기가 있어 풍미가 우수하다. 점핵성이고 생리적 낙과가 적은 편이며 핵할도 많지 않다. 내한성이 매우 약하여 동해를 받기 쉽다.

그림 4-21 서미골드 (園藝研)

31) 서야백도(西野白桃, Nishino Hakuto)

일본 야마나시(山梨)현에서 아시자와(芦澤達雄)씨가 1967년에 '대구보'와 '백도'의 혼식원에서 발견한 품종으로 1967년에 명명되었다.

나무의 세력은 중정도이고 약간 개장성으로 특히 유목일 때는 생육이 왕성하다. 수령이 높아짐에 따라 단과지가 많이 착생되고 꽃눈 착생이 잘 된다. 꽃가루는 거의 없으므로 수분수의 혼식이 필요하다. 결실이 비교적 양호하고 풍산성이다.

숙기는 8월 중순이다. 과실은 원형이고 과중은 270~320g이며 균도가 높다. 과피는 백색 바탕에 담홍색으로 엷게 착색된다. 과육은 백색이나 과숙되면 황백색으로 된다. 핵 주위는 담홍색으로 착색되나 과육은 약간의 적색소가 발현된다. 육질은 치밀하고 부드러우며 과즙이 많다. 당도가 높아 13~15%이고 향기는 적지만 산미가 적어 식미가 좋다. 보구력은 '애지백도' 보다는 떨어지지만 양호하다. 점핵성이고 핵할은 적다. 열과가 발생하므로 유대재배한다.

그림 4-22 서야백도 (園藝研)

32) 선 골드(Sun Gold)

그림 4-23 선 골드 (園藝研)

일본 오카야마(岡山)현에서 우연실생으로 발견되어 육성된 품종이다. 원예연구소에서는 1988년 도입하여, 1999년 우수 품종으로 선발하였다.

나무의 세력은 다소 강한 편이고 반직립성이다. 중과지의 발생이 많고 꽃가루가 많으며 풍산성이다.

숙기는 8월 중·하순으로 '장호원황도' 보다 1개월 빠르다. 과형은 원형이고 과중은 270~320g으로 크다. 과피는 황색 바탕에 붉게 착색된다. 과육은 용질로서 황색이며 과육이나 핵 주위의 붉은 색소 발현은 매우 적다. 당도는 12~14%이고 산미는 적으며 향기가 많아 풍미가 좋다. 이핵성이다. 잿빛무늬병이 다소 발생한다.

33) 송삼조생(松森早生, Matsumoriwase)

야마나시(山梨)현의 마쓰모리(松森美富)씨가 1959년 '백봉'을 실생에 눈접하였는데 그 중에서 '백봉' 보다 조숙성인 것이 발견되어 육성한 품종으로 1968년에 등록되었다.

수세는 강하고 약간 직립성이다. 꽃눈 착생이 잘 되고 꽃가루는 '백봉' 만큼 많아 결실이 잘 된다. 수량은 '백봉' 보다 적다.

숙기는 7월 하순이다. 과형은 원형이고 과중은 '백봉'과 유사하나 약간 작은 편이다. 과피는 홍색으로 잘 착색된다. 과육은 백색으로 치밀하며 연하다. 당도는 11~12%이며 산미가 적어 식미가 좋다. 과육이 단단하여 보구력이 좋다. 과육과 핵 주위에 적색소가 약간 발현한다. 점핵성이다. 생리적 낙과가 적다.

그림 4-24 송삼조생 (園藝硏)

34) 수 미(秀美, Soomee)

원예연구소에서 1995년 '유명'에 '지요마루'를 교배하여 육성한 품종으로 2004년 명명 발표하였다.

나무의 세력은 강하고 반직립성이다. 꽃눈 착생이 양호하고 꽃가루가 많다.

숙기는 8월 하순~9월 상순으로 만숙종이다. 과중은 300g이상이다. 과피의 착색성은 좋은 편이다. 당도는 12.7%로 높아 식미가 우수하다. 과육은 용질이고 '천중도백도' 보다 보구력이 좋으며 수확전 낙과가 적다. 핵 주위는 붉게 착색된다.

그림 4-25 수 미 (園藝研)

35) 스위트 광황(Sweet 光黃, Sweet Koki)

일본 야마가타(山形)현에 있는 천향원에서 '마나미' 에 '유우조라' 를 교배하여 육성한 품종이다. 원예연구소에서는 2002년도에 도입하여 3년간 나무 및 과실 특성을 조사하였다.

숙기는 수원기준으로 8월 중순이다. 과형은 원형이고 과중은 230g이다. 당도는 12.7% 정도이고 산미가 적어 식미가 우수하다. 과육색은 황색이며 점핵성이다. 생리적 낙과가 약간 있고, 해에 따라서 다소의 당도변이가 있다.

그림 4-26 스위트 광황 (園藝研)

36) 신 백 도(新白桃, Shinbaekto)

경북 청도군의 김경수씨가 1970년대 초 묘목상에서 구입한 품종명 미상의 복숭아로 청도 지역 복숭아 재배면적의 80%를 점유하고 있는 품종이다.

나무의 세력은 중간내지 강한 편이며 개장성이다. 꽃눈과 잎눈이 잘 착생되며 겹눈이 많다. 꽃가루는 없다.

숙기는 청도지방에서 7월 하순이다. 과형은 원형이고 과중은 300g정도이다. 과피의 바탕색은 유백색이고 과정부가 연한 홍색으로 착색된다. 과육은 백색이고 핵 주위는 약간 붉게 착색된다. 당도는 11% 정도이고 산미가 거의 없으며 향기가 좋아 풍미가 좋다. 수확전 낙과가 다소 발생한다.

37) 아부백도(阿部白桃, Abe Hakuto)

일본 히로시마(廣島)현의 아베(阿部靜雄)씨가 '대구보'와 '백도'를 혼식한 과원에서 우연실생으로 발견한 품종으로 1985년에 등록되었다. 원예연구소에서는 1989년에 도입하였다.

나무의 세력은 중간 정도이고 개장성이다. 꽃가루는 없다.

숙기는 8월 하순~9월 상순이다. 과형은 편원형이고 과중은 350g이상으로 크다. 과육은 백색으로 단단하며 보구력이 좋다. 과피는 벗겨지지 않는다. 반점핵성이다. 당도는 높지 않으나 산미는 적고 품질은 보통이다.

그림 4-27 아부백도 (李)

38) 아부쿠마(Abukuma)

일본 후쿠시마(福島)현의 고노(小野武司)씨가 발견한 '유우조라'의 지변으로 추정되는 품종으로 '유우조라' 다음에 성숙하는 만생종이다.

수확기는 만개 후 141~150일로서 '유우조라' 보다 7~10일 늦은 8월 하순~9월 상순이다. 과형은 편원형이고 과중은 300g정도로서 약간 크다. 과피는 백색 바탕에 착색이 많은 편이다. 과육은 유백색으로 과육에 착색은 적다. 육질이 치밀하고 과즙이 많으며 감미가 높다. 산미가 적고 식미가 양호하다. 핵할, 열과가 적은 품종으로 후쿠시마현의 보조품종이다.

39) 아카쓰키(Akatsuki)

일본 가나가와(神奈川)현에 있던 농림성 원예시험장에서 1952년 '백도' 에 '백봉' 을 교배하여 1957년에 선발한 품종으로 1979년에 명명되었다. 후쿠시마(福島)현의 주품종으로 복숭아 재배면적의 42%를 점하고 있다.

나무의 세력은 중간~약간 약한 편이고 약간 직립성이다. 중 · 단과지의 발생이 많고 꽃눈 착생이 잘되며 겹눈이 많다. 꽃가루는 '백봉' 정도로 많고 결실이 잘 된다.

숙기는 '백봉' 과 거의 같은 시기인 8월 상 · 중순이다. 과형은 원형~약간 편원형이고 과중은 260~310g이다. 과피의 착색이 양호하여 전면 선홍색으로 착색된다. 과육은 백색인데 핵 주위와 햇빛이 비치는 쪽은 붉게 착색된다. 육질이 치밀하고 과즙이 많으며 보구력이 좋다. 당도는 12~14%로 높고 산미가 적당히 있어 식미가 좋다. 점핵성이다. 생리적 낙과는 적으나 수침상 과육갈변증이 발생한다.

그림 4-28 아카쓰키 (李)

40) 아키조라(Akizora)

일본 과수시험장에서 1973년 '서야백도' 에 '아카쓰키' 를 교배하여 육성한 품종으로 1993년 명명 · 등록 되었다.

나무의 세력은 강하고 유목은 약간 직립성이나 성목은 개장성이다. 꽃가루가 없어 수분수를 혼식하여야 한다.

숙기는 '백도' 보다 10일 정도 늦은 9월 상순이다. 과실은 원형~편원형이고 편육과의 발생이 적다. 과중은 280~300g이다. 무대재배하면 착색이 잘 안되므로 봉지를 씌워 재배한 다음 수확전에 벗겨 주어야 한다. 과육은 백색이고 용질이며 치밀하다. 섬유질은 적으나 과육이 단단한 편이므로 보구력이 좋다. 당도는 15%이상이고 산미는 적으며 과즙이 많아 식미가 우수하다. 열과는 적으며 해에 따라 수확전 낙과가 발생한다.

그림 4- 29 아키조라 (園藝硏)

41) 애지백도(愛知白桃, Aichi Hakuto)

일본 아이치(愛知)현에서 야마다(山田利一)씨가 1937년 오카야마현 농업시험장에서 '히노마

그림 4-30 애지백도 (園藝硏)

루' 와 '고양백도' 를 분양받아 실생묘에 눈접하였는데 그 중에서 발견되었다. 처음에는 '소화백도' (昭和白桃)라는 이름으로 재배되다가 1957년경 '애지백도' 라 부르게 되었다. 야마나시(山梨)현에서 산근백도(山根白桃)라고 하는 품종과 동일 품종이라고 생각하나 확실치 않다. 원예연구소에는 1972년에 도입하였다.

나무의 세력은 중 정도이고 개장성이다. 꽃눈이 잘 착생되고 꽃가루가 많으며 풍산성이다. 숙기는 8월 중 · 하순이다. 과형은 편원형이고 과중은 250g정도이다. 과피는 백색바탕에 농홍색으로 착색된다. 과육은 백육으로 쉽게 착색된다. 육질은 섬유질이 약간 많고 조잡하나 보구력이 있다. 당도는 11%이고 산미는 적어 식미가 양호하다. 점핵성이다.

42) 영 봉(嶺鳳, Reihou)

일본 야마나시(山梨)현에서 '아카쓰키' 의 아조변이로부터 육성된 품종이다. 원예연구소에서 2002년 도입하여 3년간 나무와 과실 특성을 조사하였다.

숙기는 수원기준으로 8월 상순이다. 과형은 원형이고 과중은 230g정도이다. 과피는 담적색이며 과육은 녹백색이고 점핵성이다. 당도는 12.5%이고 식미가 우수하다. 육질은 반불용질로서 치밀하며 보구력이 좋다. 착색이 잘 되어 미숙과를 수확할 우려가 있으므로 적기 수확에 유의하여야 한다.

그림 4- 31 영 봉 (園藝研)

43) 오도로키(Odoroki)

일본 나가노(長野)현의 오이(大井守人)씨가 1973년에 '백봉' 의 아조변이를 발견하여 1991년에 등록한 품종이다. 원예연구소에서는 1995년 도입하였다. 우리나라에서는 '경봉' 이라 부르기도 한다.

나무의 세력은 중간 정도이고 개장성이다. 꽃가루는 없다.

숙기는 8월 중 · 하순으로 '애지백도'와 비슷한 만생종이다. 과형은 편원형이고 과중은 350g으로 큰 편이다. 과피는 선홍색으로 착색이 잘 된다. 과육은 유백색으로 불용질이며 단단하여 보구력이 좋다. 과육이나 핵 주위는 거의 착색되지 않는다. 당도는 13% 정도이고 산미가 적어 식미가 좋다. 핵할, 생리적 낙과 및 열과 발생은 적으나 내한성이 약하다.

그림 4-32 오도로키 (園藝硏)

44) 오쿠아카쓰키(奥あかつき, Okuakatsuki)

일본 후쿠시마(福島)현의 사토(佐藤孝雄)씨가 '아카쓰키'의 만생 대과종의 지변으로 발견한 품종이다.

수확기는 '아카쓰키'보다 7~10일 늦다. 과형은 원형이고 과중은 300~350g으로 균도가 높다. 외관은 '아카쓰키'와 비슷하고 과피는 농홍색으로 착색된다. 육질은 치밀하고 과즙이 많으며 감미가 높아 식미는 '아카쓰키' 정도로 양호하다.

45) 왓　사(Wassa)

일본 나가노(長野)현에서 '산근백도'와 '수야넥타린' 혼식원에서 우연실생으로 발견되어 1990년에 등록된 품종이다.

나무의 세력은 중간 정도이고 개장성이다. 꽃가루가 있다.

숙기는 8월 중 · 하순이다. 과실은 원형이고 과중은 350g 정도이다. 과피는 황색 바탕에 진하게 착색되는 황육종이다. 과육이 황색이며 단단하고 과육 내 및 핵 주위의 착색은 중 정도이다. 육질은 불용질이고 치밀하며 섬유질이 적다. 과즙은 많은 편이며 감미는 중간이고 산미는 적다. 점핵성이다. 핵할은 약간 있으나 열과는 없다.

46) 왕　도(王桃, Wangdo)

그림 4-33 왕 도 (園藝硏)

충남 연기군의 임중경씨가 '유명'의 자연교잡실생 중에서 선발하여 1999년에 명명하여 등록한 품종이다.

나무의 세력은 강하고 꽃가루는 많다.

숙기는 8월 중순이다. 과형은 원형이고 과중은 300g 정도로 대과이다. 과피는 선홍색으로 잘 착색된다. 과육은 백색이고 붉은 색소가 많이 발현된다. 당도는 13% 정도이고 산미가 적어 식미가 좋다. 점핵성이다. 보구력은 우수한 편이다.

47) 요시히메(Yoshihime)

일본 농림성 과수시험장에서 1973년 '중진백도'에 '포목조생'을 교배하여 얻은 중생 선발계통인 '21-18'에 '아카쓰키'를 교배하여 얻은 품종으로 1990년 명명되어 1993년에 등록되

그림 4-34 요시히메 (李)

었다.

나무의 세력은 강한 편이고 약간 개장성이다. 꽃눈 착생이 잘되고 겹눈이 많다. 꽃가루가 있어 결실이 잘 되고 풍산성이다.

숙기는 '백봉' 보다 10일 늦은 8월 중 · 하순이다. 과형은 원형이고 과중은 250~300g이다. 과피는 착색이 잘되어 전면 착색된다. 과육은 백색이고 핵 주위 및 과육 내 붉은 색소가 발현된다. 육질은 용질이고 약간 단단하며 섬유질이 적고 보구력은 강하다. 과즙이 많으며 당도는 12~13% 정도이고 산미가 적어 식미가 좋다.

48) 용궁백도(龍宮白桃, Yonggung Baekdo)

1994년 민간 육종가 임노훈씨가 충북 음성군 감곡면에서 '미백도' 의 조숙 아조변이를 수집하여 2005년 품종등록한 품종이다.

수세는 강하며 개장성이다.

숙기는 중부지방 기준으로 7월 중순이다. 과형은 편원형이고 과중은 250g이다. 과피는 백색 바탕에 엷게 착색된다. 과육은 유백색이며 점핵이다. 당도는 11%정도이고 식미는 우수한 편이나 성숙기에 비가 내리면 당도저하가 심한 편이다. 생산지에서는 '산전백도', '영산백도', '향미백' 등으로 불리고 있다.

그림 4-35 용궁백도 (園藝研)

49) 용성황도(容成黃桃, Yongseong Hwangdo)

충북 음성군의 김용성씨 과원에서 '장호원황도' 의 조숙변이지로부터 육성된 품종으로 1999년 등록되었다.

나무의 세력은 강하고 개장성이다. 꽃가루는 없다.

숙기는 8월 상 · 중순으로 '장호원황도' 보다 30일 이상 빠르다. 과형은 원형이나 과정부가 약간 돌출된다. 과중은 250g 정도이다. 과피는 황색바탕에 적색으로 착색된다. 과육은 황색으로 반용질성이고 당도는 11.5% 정도로서 식미가 좋다. 점핵성이다. 보구력은 좋은 편이다.

그림 4-36 용성황도 (園藝硏)

50) 용황백도(龍皇白桃, Yonghwang Baekdo)

충북 보은군의 임노훈씨가 '한일백도' 의 아조변이를 발견하여 육성한 품종으로 2000년에 명명되었다.

나무의 세력은 유목일 때는 약하고 성목이 되면 강하다. 개장성이다. 꽃눈 착생이 잘되고 겹눈이 잘 발생된다. 꽃가루는 많다.

숙기는 9월 중순이다. 과형은 편원형이고 과중은 300g 정도이다. 과피는 유백색 바탕에 햇빛 받는 쪽은 선홍색으로 착색되나 착색성은 약하다. 과육은 용질이고 백색으로 핵 주위는 붉게 착색된다. 과즙이 많고 당도는 12.5% 정도이며 산미가 적어 식미가 좋다. 유목기에 수확전 낙과가 다소 있다. 점핵성이고 보구력은 약하다.

51) 월미복숭아(月美, Wolmi)

충남 연기군 임중경씨가 '유명' 의 조숙 변이지로부터 육성한 품종으로 1987년에 명명되었다.

나무의 세력은 중간 내지 약간 강한 편이고 개장성이다. 결과지는 가늘고 길며 꽃눈 착생이 잘되고 꽃가루는 많다.

숙기는 7월 하순~8월 상순이다. 과형은 편원형~원형이며 과중은 270g 정도이다. 과피색은 선홍색이다. 과육은 유백색으로 붉은 반점이 다소 발생되나 핵 주위는 착색되지 않는다. 육질은 경육질로서 보구력 및 수송성이 매우 강하다. 당도는 10.5%이다. 점핵성이다. '유명' 과 달리 수확전 낙과는 적다.

그림 4-37 월미복숭아 (園藝研)

52) 월봉조생(月峰早生, Wolbongjosaeng)

충남 아산시의 황웅서씨 과원에서 발견된 '창방조생'의 조숙성 아조변이지로부터 육성한 것으로 1987에 명명되었다.

나무의 세력은 강하고 반직립성으로 '창방조생'과 유사하다. 꽃눈 착생과 겹눈형성이 잘 되나 꽃가루는 없다.

숙기는 '창방조생'보다 7일 정도 빠른 7월 중순이다. 과형은 원형이고 과중은 250g 정도로 조생종으로는 크다. 과피는 착색이 잘 되며 선홍색의 줄무늬가 형성된다. 과육은 백색으로 치

그림 4-38 월봉조생 (園藝研)

밀하고 당도는 10%로서 높지 않으며 수확 전에 비가 내리면 당도가 크게 떨어진다. 연화가 늦어 수송력이 좋다. 핵할 발생은 '창방조생' 보다 적다.

53) 유메시즈쿠(夢しずく, Yumeshizuku)

일본 야마나시(山梨)현 과수시험장에서 1990년에 '지요히메' 에 '팔번백봉' 을 교배하여 육성한 품종으로 2002년에 명명되었다.

나무의 세력은 중간정도이고 반개장성이다. 꽃눈 착생은 많으나 꽃가루가 없으므로 수분수의 혼식이 필요하다.

숙기는 '가납암백도' 와 동시기인 7월 하순이다. 과실은 편원형이고 과중은 280~300g으로 조생종으로는 크다. 과피는 착색이 잘 된다. 무대재배하면 열과와 과점이 발생하므로 봉지를 씌워 재배한다. 과육은 유백색이고 과육에는 약간의 붉은 색소가 발현된다. 육질은 치밀하여 보구력이 좋다. 당도는 13~15%로 당도가 높고 과즙이 많으므로 식미가 좋다. 핵할이 약간 발생한다.

54) 유 명(有明, Yumyeong)

원예연구소에서 1966년 교배하여 육성한 품종으로 1977년에 명명하였다. 양친이 '대화조생' × '포목조생' 으로 발표되었으나 과실의 특성으로 보아 같은 해 교배한 '백도' × '강산3호' 가 양친으로 추정된다.

나무의 세력은 중간 정도이고 개장성이다. 꽃눈 착생과 겹눈 형성이 잘 된다. 꽃가루는 많다.

숙기는 8월 하순~9월 상순으로 수확기간이 길고 풍산성이다. 과형은 원형이며 과중은 250~300g 정도로 대과이다. 과피는 유백색 바탕에 선홍색 줄무늬가 약하게 형성되지만 수확

그림 4-39 유 명 (園藝研)

전에 봉지를 벗기지 않으면 전혀 착색되지 않는다. 과육은 백색이나 붉은 색소가 다소 발현되고 핵 주위도 약간 착색된다. 당도는 12%이고 품질은 중간 정도이다. 육질은 단단한 경육질로서 보구력 및 수송성이 극히 강하다. 과경이 짧고 경와부가 깊어 굵은 결과지에 달린 과실은 수확전 낙과가 심하다.

55) 유우조라(Yuuzora)

일본 과수시험장에서 1966년 '백도'에 '아카쓰키'를 교배하여 육성한 품종으로 1981년에 명명 · 등록된 품종이다.

나무의 세력은 약간 강하다. 유목은 약간 직립성이나 성목은 개장성이다. 결과지가 많이 발생하고 꽃눈 착생이 잘되며 겹눈이 많다. 꽃가루가 많고 풍산성이다.

숙기는 8월 중 · 하순이다. 과형은 원형이고 과정부가 약간 들어간다. 과중은 약 250~300g이다. 과피는 햇빛이 비치는 쪽은 홍색으로 착색된다. 과육은 백색이며 과육과 핵 주위에 붉은 색소가 발현된다. 육질은 유연하고 치밀하며 과즙이 많고 섬유질은 적다. 보구력은 '아카쓰키' 정도로 양호하다. 당도는 13~14%이며 산미가 적어 식미가 좋다. 점핵성이다. 생리적 낙과가 적고 열과가 없다.

그림 4-40 유우조라 (園藝硏)

56) 이즈미백도(いずみ白桃, Izumi Hakuto)

일본 나가노(長野)현에서 이케타(池田正元)씨가 '천중도백도'에 '산근백도'를 교배하여 육성한 품종으로 1981년에 등록되었다. 원예연구소에는 1985년 도입하였다.

나무의 세력은 중간정도이고 개장성이다. 꽃가루는 많다.

숙기는 7월 상순으로 빠르다. 과형은 편원형이며 과중은 250g 정도로서 조생종으로는 크다. 과피는 녹백색 바탕에 선홍색으로 착색된다. 과육은 유백색이며 핵 주위나 과육에는 착색되지 않는다. 당도는 12% 정도로서 비가 내린 후에도 당도 저하가 적고 산미가 적어 식미가 좋다. 점핵성이다. 지나치게 적과를 하면 핵할이 발생한다.

그림 4-41 이즈미백도 (園藝研)

57) 일궁수밀(一宮水密, Ichinomiyasuimitsu)

일본 야마나시(山梨)현에서 '천간백도'의 가지변이로 발견되어 육성된 품종으로 1990년에

그림 4-42 일궁수밀 (園藝研)

등록되었다.

나무의 세력은 중간 정도이고 반개장성이다. 꽃눈이 잘 착생된다. 꽃가루는 적다.

숙기는 '천중도백도' 보다 좀 빠른 8월 중순이다. 과실은 원형이고 과중은 350g 으로 크다. 과피는 유백색 바탕에 농홍색으로 전면 착색된다. 과육은 백색이며 과육과 핵 주위의 착색은 적다. 과육은 치밀하고 섬유질은 적다. 당도는 15%로 높고 산미는 적어 식미가 좋다. 점핵성이다. 핵할은 없고 열과는 약간 생긴다.

58) 일천백봉(日川白鳳, Hikawa Hakuho)

일본 야마나시(山梨)현의 다쿠사카와(田草川利幸)씨가 '백봉' 의 조숙변이를 발견하여 육성한 품종으로 1981년 종묘 등록되었다. 원예연구소에서는 1992년에 도입하여 1998년에 우수품종으로 선발하였다.

나무의 세력은 중간 정도이고 개장성이다. 꽃눈 착생이 좋고 겹눈 형성이 많은 편이다. 꽃가루가 많다.

숙기는 7월 중순으로 '사자조생', '월봉조생' 과 비슷하거나 늦으며 '창방조생' 보다는 빠르다. 과형은 편원형~원형이고 과중은 200~250g이다. 과피는 황백색 바탕에 전면 선홍색으로 착색된다. 과육은 유백색이고 용질이며 섬유질이 적고 조생종으로는 치밀하다. 핵 주위는 붉게 착색된다. 당도는 12% 전후로서 조생종으로는 높은 편이며 산미가 적어 식미가 좋다. 점핵성이다. 핵할이 많이 발생하며 내한성이 약하다. 과실이 작으므로 적과를 잘 해 주어야 한다.

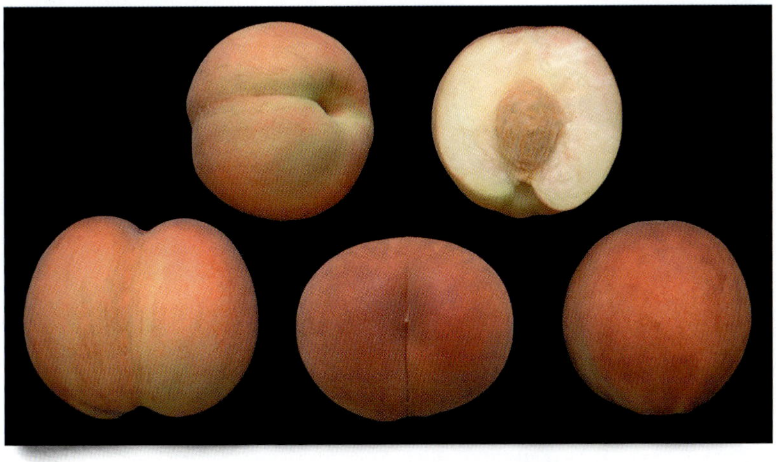

그림 4-43 일천백봉 (久保田)

59) 일 출(日出, Hinode)

일본 니이가타(新潟)현에서 1950년대 후반 고이케(小池)씨가 발견한 수확기간이 길고 맛이 좋은 복숭아 계통 중에서 대과 계통을 선발하여 '일출' 이라 명명하여 재배해 왔다. 현재 니이가타(新潟)현의 주품종이다.

나무의 세력은 중간 정도이고 약간 개장성이다. 꽃눈 착생이 잘 되고 겹눈이 많다. 결실이 잘 된다. 과실은 작고 착색은 불량하며 보구력은 중간이다. 열과는 적다.

60) 장택백봉(長澤白鳳, Nagasawa Hakuho)

일본 야마나시(山梨)현의 나가사와(長澤猪四重)씨가 '백봉'의 만숙, 대과의 아조변이를 발견하여 육성한 품종으로 1985년 종묘등록 되었다. 원예연구소에서는 1988년 도입하여 1996년 우수품종으로 선발하였다.

나무의 세력은 중간정도이고 반개장성이다. 꽃눈 착생이 좋고 꽃가루가 많아 풍산성이다.

숙기는 8월 중순으로 '천간백도'에 이어서 수확된다. 과실은 원형~편원형이며 과중은 250~280g으로 '백봉'계 품종으로는 큰 편이다. 과피는 백색바탕에 진한 적색으로 전면 착색된다. 과육은 유백색이며 과육 및 핵 주위 착색은 적은 편이다. 과육은 용질이나, 육질이 치밀하여 보구력이 좋다. 당도는 13~14% 정도이고 산미가 적어 식미가 매우 좋다. 핵할 발생은 적다. 열과 발생이 적어 무대재배가 가능하다. 수확직전에 생리적 낙과가 약간 있다.

그림 4-44 장택백봉 (李)

61) 장호원황도(長湖院黃桃, Changhowon Hwangdo)

경기도 이천군 장호원읍 최상용씨 과원에서 일본으로부터 도입된 황육계 복숭아의 접목변이로 발견된 것으로 알려져 있으나 그 이전에 선발되어 '앨버타'로 잘못 불려오던 것을 1993년 원예연구소에서 '장호원황도'로 명명한 품종이다.

나무의 세력은 유목 시에는 강하나 성목이 되면 중간 정도이다. 유목일 때는 직립성이고 성목이 되면 개장성이 된다. 겹눈착생이 많고 꽃가루가 많으며 풍산성이다.

숙기는 9월 중순~10월 상순인 극만생의 황육계이다. 과형은 원형이고 과중은 300g 이상으로 대과이다. 과피는 유대재배 시 황색 바탕에 햇빛 받는 쪽은 적색으로 착색된다. 과육은 황색이며 핵 주위가 다소 붉게 착색된다. 과육은 용질이다. 당도는 12.5%이고 산미가 거의 없으며 향기가 많아 풍미가 우수하다. 점핵성이다. 보구력과 저장력이 좋다. 수확전 낙과가 발생한다.

그림 4-45 장호원황도 (李)

62) 정만조생

충북 옥천군 이원면 이원리의 이정만씨가 1986년 '유명'의 조숙 변이지로부터 육성한 품종으로 1996년 '정만조생'으로 명명하고 2000년 품종보호 출원하였다.

나무의 세력은 중간 정도이며 개장성이다. 열매가지는 가늘고 길다. 신초의 적색 정도가 강하고 꽃눈 착생이 잘되며 꽃가루가 많다.

그림 4-46 정만조생 (園藝硏)

숙기는 6월 하순이다. 과형은 원형이며 과중은 200g 정도이다. 과피색은 얼룩무늬 모양으로 붉게 잘 착색된다. 과육은 유백색이고 핵주위는 착색되지 않는다. 육질은 단단한 편으로 보구력이 좋다. 당도는 10.5% 정도이며 점핵성이다. 강우에 의하여 당도가 약간 저하된다.

63) 지요마루(Chiyomaru)

일본 과수시험장에서 1974년에 '중진백도'와 '포목조생'을 교배하여 얻은 실생에 다시 '포목조생'의 자연교잡실생을 교배하여 육성한 품종으로 1988년에 명명되었다.

나무의 세력은 강하고 개장성이다. 꽃눈은 유목일 때는 적으나 성목이 되면 증가한다. 꽃가루가 많다.

숙기는 7월 상·중순이다. 과형은 짧은 타원형~원형이며 과중은 160~180g으로 '포목조생'보다 약간 작다. 과피는 선황색 바탕에 과정부 및 햇빛이 비치는 쪽은 약간 착색되는 황육도이다. 과육은 황색이고 과육 및 핵 주위에 붉은 색소가 없다. 육질은 용질이고 유연하며 치밀하다. 과즙이 많다. 보구력은 중간 정도이다. 과피는 쉽게 벗겨진다. 당도는 12%이고 산미는 낮으며 떫은 맛이 좀 있으나 문제될 정도는 아니다. 향기는 중 정도이다. 점핵성이다. 핵할은 약간 있으나 열과는 없다.

64) 지요히메(Chiyohime)

일본 과수시험장에서 1973년에 '고양백도'에 '사오토메'를 교배하여 육성한 극조생 품종으로 1986년에 명명·등록되었다.

나무의 세력은 약한 편이다. 결과지는 가는 편이고 많이 발생된다. 꽃눈 착생이 양호하다. 꽃가루가 많고 결실이 잘 되어 풍산성이다.

숙기는 '포목조생'과 같은 7월 상순이다. 과형은 짧은 타원형이고 과중은 180~200g이다. 과피는 착색이 잘되고 과육은 백색이며 약간의 붉은 색소가 발현된다. 육질은 용질로서 유연하고 약간 치밀하며 과즙이 많다. 당도는 10~12%이고 산미가 적어 식미가 양호하다. 점핵성이다.

그림 4-47 지요히메 (園藝研)

극조생이므로 시설재배에 유리하다. 변형과와 핵할 발생이 심하다.

65) 지하백도(志賀白桃, Shiga Hakuto)

일본 나가노(長野)현의 이케타(池田 武)씨가 '고양백도'를 재식한 중에서 발견한 품종이다.

나무의 세력은 중간 정도이고 꽃가루는 없다.

숙기는 8월 하순~9월 상순에 성숙하는 만생종이다. 과형은 원형이고 과중은 250g 전후이며 크기가 균일하다. 과피는 홍색으로 착색되며 비교적 선명하다. 과육은 백색이고 핵주위는 담홍색으로 착색된다. 육질은 용질로서 보구력이 양호하다. 당도는 13% 전후이고 산미가 적어 식미가 좋다. 반점핵으로 핵할이 적다.

66) 진　　미(珍美 , Jinmi)

원예연구소에서 1982년 '백봉'에 '포목조생'을 교배하여 육성한 품종으로 1998년에 명명하였다.

나무의 세력은 중간 정도이고 개장성이다. 중과지가 많이 발생하고 꽃눈이 잘 착생되며 겹눈 형성도 잘 된다. 꽃가루가 많아 결실이 잘 된다.

숙기는 8월 중하순으로 '미백도'와 '유명' 사이에 출하된다. 과형은 원형이며 과중은 270g으로 '미백도'보다 약간 작은 편이다. 과피는 유백색 바탕에 선홍색으로 착색된다. 과육은 유백색이며 용질이나 '미백도'나 '천중도백도'보다는 보구력이 좋다. 핵 주위는 암적색으로 짙게 착색된다. 당도는 13% 이상으로 식미가 좋다. 점핵성이다.

그림 4-48 진　미 (園藝硏)

67) 창방조생(倉方早生, Kurakatawase)

일본 도쿄(東京)의 구라가타(倉方英藏)씨가 1945년 경북 울산시 장생포에서 장생종('투스

칸' × '백도')에 고무질의 조생종 실생을 교배하여 얻은 품종으로 1951년에 등록되었다.

나무의 세력은 강하고 처음에는 직립성이나 서서히 개장성이 된다. 꽃눈은 장과지에 겹눈이 많이 착생하는 편이다. 수령이 높아감에 따라 단과지가 많이 생기는데 단과지에는 대부분 홑눈이 착생된다. 꽃가루는 적고 대부분이 임성이 낮은 불완전 꽃가루이므로 수분수를 혼식하여야 한다. 풍산성이다.

숙기는 7월 하순이다. 과형은 원형이며 과중은 280g정도로 조생종으로는 대과이다. 과피는 선홍의 줄무늬로 착색이 잘되며 과육은 백색이고 섬유질이 적다. 고무질은 아니지만 연화가 쉽게 되지 않으므로 보구력 및 수송성이 좋다. 당도는 10% 정도로 단맛은 그다지 높지 않다. 점핵성이다. 핵 주위가 착색되고 핵할이 다소 생긴다. 수확기간이 비교적 길다. 내한성은 약한 편이다.

그림 4-49 창방조생 (園藝研)

68) 천간백도(淺間白桃, Asama Hakuto)

일본 야마나시(山梨)현의 스다(須田喜作)씨가 마에다(前田傳次郎)씨로부터 '고양백도' 의 변이종이라 추정되는 묘목을 받아 육성한 품종으로 1974년에 명명되었다.

나무의 세력은 약간 강하고 반개장성이다. 꽃눈 착생은 많으나 꽃가루가 적음으로 수분수 혼식이 필요하다.

숙기는 8월 상 · 중순으로 '아카쓰키' 보다 약간 늦다. 과실은 짧은 타원형이고 과중은 270~340g이며 크기가 균일하다. 과피는 착색이 잘 된다. 육질은 치밀하고 과즙이 많다. 당도는 13~14%이고 산미가 적어 식미가 좋다. 점핵이고 핵 주위가 잘 착색된다. 보구력이 '백봉' 보다 좋고 과실이 크며 품질이 우수하므로 '백봉' 이후의 유망한 중생종 품종이다. 열과가 많은 것이 단점이다.

69) 천중도백도(川中島白桃, Kawanakajima Hakuto)

일본 나가노(長野)현의 이케타(池田正元)씨가 '상해수밀도' 와 '백도' 의 혼식과원에서 발견하여 육성한 품종으로 1977년에 명명되었다. 원예연구소에서는 1983년 도입하여 1990년 선발하였다.

나무의 세력은 약간 강하고 반개장성이다. 중과지가 많이 발생한다. 겹눈이 많고 꽃눈도 많다. 꽃가루가 없으므로 수분수를 심어야 한다.

숙기는 8월 하순으로 '백도'와 같은 시기이다. 과형은 편원형~원형이고 과중은 270~300g으로 대과이며 풍산성이다. 과피는 유백색 바탕에 선홍색으로 착색되나 착색성은 낮다. 과육은 백색이고 핵 주위는 연한 홍색으로 착색된다. 육질은 용질로서 유연하며 보구력은 약하다. 당도는 12~14%이고 산미가 적어 식미가 좋다. 점핵성이고 핵할이 적다.

그림 4-50 천중도백도 (李)

70) 천중도백봉(川中島白鳳, Kawanakajima Hakuho)

일본 나가노(長野)현의 이케타(池田正元)씨가 '천중도백도'에 '애지백도'를 교배하여 육성한 품종이다.

나무는 개장성이고 꽃가루가 있어 결실이 잘 된다. 숙기는 8월 중순이다. 과형은 편원형이고 과중은 250g 전후이다. 과피는 농홍색으로 고르게 착색이 잘된다. 과육은 백색이며 육질은 용질이다. 당도는 13%전후이고 산미가 적어 식미가 우수하다. 점핵이고 핵할은 적다.

71) 청수백도(清水白桃, Shimizu Hakuto)

일본 오카야마(岡山)현의 니시오카(西岡仲一)씨가 1932년 '백도'와 '강산 3호'의 혼식원에서 발견한 우연실생으로 '백도'의 실생으로 추정되는 품종이다. 현재 오카야마 현의 주품종으로 품질이 우수하여 대부분 선물용으로 소비되고 있다.

나무의 세력은 '대구보'와 같이 약하고 약간 개장성이다. 유목에는 장과지 착생이 많으나 수령이 높아감에 따라 단과지가 많이 착생된다. 꽃눈 착생이 잘되고 겹눈도 많으며 꽃가루가 있어 결실이 극히 잘 된다.

숙기는 7월 하순~8월 상순이다. 과형은 원형이고 과중은 250~300g이다. 과피는 홍색으로 엷게 착색된다. 박피가 용이하다. 과육은 백색인데 과숙하면 황백색으로 되고 과육에 적색소는 거의 없다. 핵 주위는 약간 홍색으로 착색된다. 육질은 용질로서 치밀하고 부드러우며 과즙이 많다. 보구력은 약하다. 당도는 12~13%이고 산미가 적어 식미가 우수하다. 점핵성으로 핵할이 적다. 해에 따라 결실이 과다하게 되면 생리적 낙과가 발생한다.

그림 4-51 청수백도 (李)

72) 팔번백봉(八幡白鳳, Yahata Hakuho)

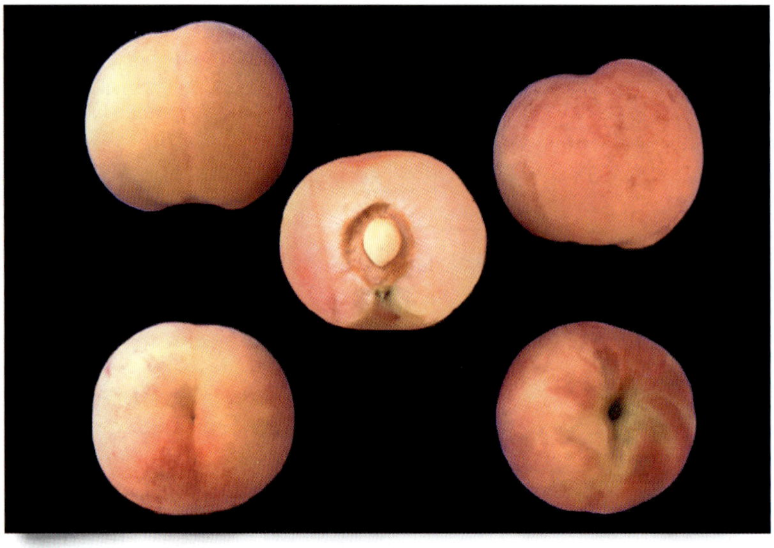

그림 4-52 팔번백봉 (園藝研)

일본 야마나시(山梨)현의 마에타(前田)씨가 '백봉'의 가지변이로서 1975년 이전에 발견한 품종이다. '교장백봉'(橋場白鳳, Hashiba Hakuho)이라고도 부른다.

나무의 세력은 강한 편이고 약간 개장성이다. 꽃눈의 착생은 '백봉'과 같이 양호하고 꽃가루가 있어 결실이 잘 된다.

숙기는 7월 상순~중순으로 조생종이다. 과형은 원형이고 과중은 250~280g정도로서 조생종으로는 비교적 크다. 과피의 착색은 중 정도이다. 과육색은 백색이고 용질이며 약간 유연하여 보구력이 약한 편이다. 점핵성이다. 산미는 적고 당도는 12~13%이다. 품질은 조생종으로는 우수하다. 핵할과 열과 발생이 약간 많다.

73) 포목조생(布目早生, Nunomewase)

일본 아이치(愛知)현의 누노메(布目 清)씨가 1937년에 '백도', '이핵수밀도', '대구보', '강산조생' 등의 종자에서 얻은 실생 중에서 육성한 품종으로 1951년 품종 등록되었다.

나무의 세력은 중간 정도이고 개장성이다. 꽃눈 착생이 양호하고 겹눈이 많다. 꽃가루가 많아 수분수로도 이용된다.

숙기는 7월 상순이다. 과실은 짧은 타원형이며 과중은 200g이다. 과피는 백색으로 과정부가 약간 착색된다. 과육은 유백색으로 치밀하고 과즙이 많다. 당도는 9~12%이고 산미가 적어 식미가 비교적 좋다. 육질은 용질로서 연하여 보구력이 약하다. 핵 주위에는 착색되지 않고 반이핵성이다. 핵할은 적은 편이다. 수확전 낙과가 약간 있다.

그림 4-53 포목조생 (園藝研)

74) 하나요메(Hanayome)

일본 야마나시(山梨)현의 시모리(志茂勝弘)씨가 발견한 '일천백봉'의 가지변이로서 1995년에 품종 등록되었다.

나무의 세력은 중간 정도이고 반개장성이다. 꽃가루가 많고 풍산성이다.

숙기는 6월 하순에 성숙하는 극조생 품종이다. 과실은 짧은 타원형이고 과중은 150~250g이다. 과피는 착색이 잘 된다. 과육은 백색이고 용질이다. 과즙이 많으며 당도는 10~12%로 극조생종으로는 식미가 양호하다. 생리적 낙과가 적어 풍산성이다. 열과가 없으므로 무대재배가 가능하다.

75) 하쓰오토메(Hatsuotome)

일본 후쿠시마(福島)현 과수시험장에서 1984년에 '창방조생'에 '지요히메'를 교배하여 육성한 품종으로 2000년에 명명하여 발표하였다.

나무의 세력은 중간정도이다.

숙기는 극조생종으로 '지요히메'보다 14일 정도 빠른 6월 중·하순이다. 과실은 약간 편원형이고 과중은 '지요히메'보다 작은 146g 정도이다. 과육은 유백색으로 과육과 핵 주위에는 착색되지 않는다. 육질은 용질이며 유연하고 과즙이 많다. 당도는 10.4% 전후이고 산미가 적당히 있으며 향기가 비교적 강하므로 극조생종으로는 식미가 양호하다. 보구력은 '지요히메'와 같은 정도이다. 핵할이 많으며 열과는 중 정도이다.

76) 홍 국 견(紅國見, Benikunimi)

일본 후쿠시마(福島)현의 사토(佐藤昭元)씨가 1980년 '아카쓰키'의 자가수분 실생이라 생각되는 것 중에서 우연히 발견하여 1992년에 품종 등록하였다.

나무의 세력은 중간 정도이고 반개장성이다.

조생종과 중생종 사이의 단경기인 7월 하순~8월 상순이 숙기이다. 과실은 편원형이고 과중은 200g정도이다. 과피는 유백색 바탕에 진하게 전면 착색된다. 과육은 유백색이고 과육이나 핵 주위의 적색소는 없다. 육질은 용질이고 과즙이 많으며 당도는 13~14%이고 산미가 적어 식미가 우수하다. 점핵성이다.

77) 홍 금 향(紅錦香, Kunika)

일본 나가노(長野)현의 노이케(野池今朝喜)씨가 '야지백도'의 가지변이를 발견하여 육성한 품종으로 1990년에 품종 등록되었다.

나무의 세력은 중간 정도이고 반개장성이다. 꽃눈 착생이 잘 되고 겹눈이 많다. 꽃가루는 극히 적어 수분수 혼식이 필요하다. 결실은 잘 된다.

숙기는 '천중도백도'와 같은 시기인 8월 하순이다. 과형은 편원형이고 과중은 300g 정도이다. 과피는 백색 바탕에 진하게 착색된다. 과육은 백색이고 과육과 핵 주위에는 착색이 적다. 과육은 용질이고 치밀하며 과즙이 많다. 당도는 11~12% 이며 산미가 적어 식미가 우수하다. 점핵성이고 보구력은 비교적 양호하다. 핵할과 열과 발생은 적다.

78) 홍 청 수(紅清水, Benishimizu)

'삼상백도'(森上白桃)와 '청수백도' 혼식원에서 생긴 우연실생으로 얻어진 품종이다.

나무의 세력은 강하고 약간 개장성이다. 꽃눈 착생이 좋고 겹눈이 많으며 꽃가루가 많다.

숙기는 8월 상순으로 '대구보' 보다 약간 빠른 편이다. 과실은 원형에 가까운 편원형이고 과중은 280g정도이다. 과피는 홍색으로 착색된다. 과육은 유백색이며 과육이나 핵주위에 착색은 적다. 육질은 용질이고 부드러우며 섬유질이 적고 과즙이 많다. 감미가 강하고 산미는 극히 적다. 생리적 낙과, 열과, 핵할 모두 적다.

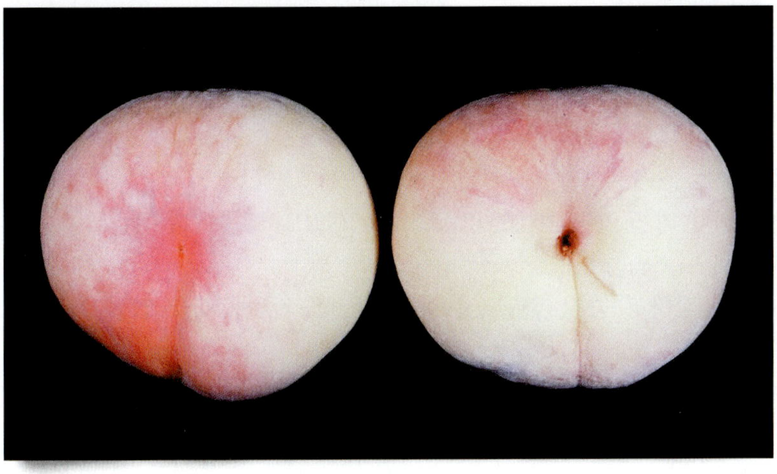

그림 4-54 홍 청 수 (久保田)

79) 황 귀 비(黃貴妃, Okihi)

일본 후쿠시마(福島)현의 하타케(畠直七)씨가 1989년에 '유우조라', '백봉', '천중도백도' 혼식원에서 얻은 '유우조라'의 자연교잡종자로부터 육성한 품종으로 1997년에 명명 · 등록되었다.

나무의 세력은 강하고 약간 직립성이다. 꽃가루가 있다.

숙기는 육성지에서 9월 중순이다. 과실은 원형이고 과중은 320g 정도로서 대과이다. 과피는 황색바탕에 착색은 중 정도이고 유대재배하면 미려한 담황색이 된다. 과육은 담황색으로 과육에는 적색소 발현이 없으나 핵 주위에는 적색이 약간 보일 정도이다. 과육은 용질로서 치밀한 편이고 섬유질은 중간 정도이며 수확 후에 연화가 진행된다. 당도는 12~14%이고 산미가 약간 있으며 독특한 향기가 있다. 점핵성이다. 열과가 없고 보구력이 양호하다. 핵할은 다소 있다.

80) 황 금 도(黃金桃, Ogonto, Golden Peach)

일본 오카야마(岡山)현에는 8월 중순~9월 하순에 성숙되는 황육도가 여러 계통이 있는데 이를 총칭하여 '황금도'라 부른다. 오카야마(岡山)에서 재배되는 주요 계통은 대과인 산양계(山陽系), 착색이 잘 안 되는 읍구계(邑久系), 이핵성으로 조생인 조숙계(早熟系) 등이다.

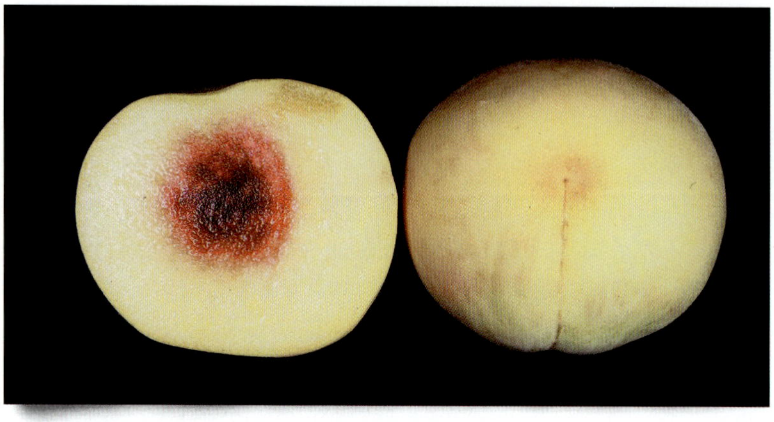

그림 4-55 황 금 도 (久保田)

가. 산양계

산요지방(山陽町)의 도야마(富山)씨가 보유하고 있던 계통이다. 이 계통 중에도 여러 계통이 있다.

나무의 세력이 강하고 중간~약간 직립성이다. 꽃가루가 많아 결실이 잘되고 수분수로도 이용된다.

숙기는 9월 상~하순이다. 과형은 원형이고 과중은 270~320g이다. 과피는 황색으로 착색이 잘 된다. 수령이 높아 가면 줄무늬 모양으로 착색되어 외관이 떨어진다. 육질은 약간 단단하고 치밀하며 약간 거칠다. 당도는 12~13%이고 산미는 적으며 해에 따라서는 떫은 맛이 생기기도 한다. 점핵성이다. 핵할이 약간 있다. 경와부 부근이 연화가 빨라 수확전 낙과가 발생하는 경우가 있다. 풍산성이다.

나. 읍구계(가칭)

유우구(邑久郡)지방의 아사쿠라(朝倉)씨와 우치다(内田)씨가 보유하고 있던 계통이다.

나무의 세력이 강하고 중간내지 약간 직립성이다. 꽃가루가 많고 결실이 잘 되어 풍산성이다.

숙기는 9월 중 · 하순으로 산양계보다 약간 늦다. 과실은 원형이고 과중은 산양계보다 약간 작은 270~300g이다. 외관이 미려하다. 육질은 부드럽고 치밀하며 과즙이 많다. 당도는 12~14%이고 산미가 적어 식미가 우수하다.

다. 조숙계(가칭)

산요(山陽町)지방의 과원에서 발견된 우연실생으로 '선 골드' 로 판매되는 계통이다.

81) 효 성(曉星, Gyosei)

일본 후쿠시마(福島)현의 사토(佐藤孝雄)씨가 발견한 '아카쓰키' 의 조생변이로서 1986년 종묘 등록되었다.

나무의 세력은 중 정도이고 약간 개장성이다. 꽃눈 착생이 잘 되고 꽃가루가 많아 결실이 잘 된다.

숙기는 '아카쓰키' 보다 약 1주간 빠르나 수확기 후반은 '아카쓰키' 와 약간 중복된다.

과실은 편원형이고 과중은 약 200g이다. 과피는 전체적으로 진하게 착색된다. 과육은 백색이고 과육의 붉은 색소는 중간 정도이다. 육질은 용질이며 치밀하여 조생종으로는 양호하다. 당도는 13~14%로서 다른 조생종보다 높고 산미가 적어 식미가 우수하다.

82) 후쿠에쿠보(Fukuekubo)

일본 후쿠시마(福島)현 과수시험장에서 1987년에 경정배양(莖頂培養)에서 얻은 '아카쓰키' 의 묘조괴(苗條塊)에 감마선을 조사하여 변이시켜 육성한 품종으로 1995년에 '후쿠에쿠보' 로 명명되어 1996년에 품종 등록되었다.

나무의 세력은 중 정도이고 약간 직립성이다. 꽃가루가 있어 결실이 양호하다.

숙기는 육성지에서 7월 중 · 하순이다. '일천백봉' 과 거의 같은 시기이다. 과형은 편원형이고 과중은 230g정도이다. 과피는 유백색 바탕에 전면 진하게 착색된다. 과육은 유백색이고 핵주위와 과육 내 착색은 적다. 육질은 용질이고 섬유질이 적다. 감미는 중간이고 산미가 약간 있으며 향기는 중간이고 과즙이 많아 식미는 비교적 양호하다. 점핵성이고 핵할은 적다. 보구력은 중간 정도이다. 열과가 발견되기도 하지만 무대재배는 가능하다.

83) 후쿠오토메(Fukuotome)

일본 후쿠시마(福島)현 과수시험장에서 1984년에 '창방조생' 에 '지요히메' 를 교배하여 육성한 품종으로 2000년에 명명하여 발표하였다.

나무의 세력은 중간정도이다. 꽃가루가 있다.

숙기는 극조생종으로 '지요히메' 보다 10일 정도 빠른 6월 중 · 하순이다. 과실은 단타원형이고 과중은 '지요히메' 보다 작은 150g 정도이다. 과피는 황색 바탕에 착색이 잘된다. 과육이나 핵 주위는 착색되지 않는다. 과육은 황색으로 용질이다. 당도는 11.5% 전후이고 산미가 적당히 있어 극조생종으로는 식미가 양호하다. 핵할은 중간 정도이고 열과는 적다.

(2) 천　도(天桃, 油桃, Nectarine)

천도는 복숭아의 과피 돌연변이에 의하여 생긴 것으로 과실 표면에 털이 없다. 일본에서는 털이 없으므로 유도(油桃)라고 한다. 영어의 넥터린(nectarine)은 라틴어의 넥타(nectar)에서 유래되었다. 넥타는 그리스 신화에서 나오는 그리스 신들의 음료라는 뜻이다. 현재 우리나라나 일본에서 재배되고 있는 대부분의 품종은 미국으로부터 도입된 품종이다. 천도의 주요 품종은 다음과 같다.

1) 레드골드(RedGold)

미국 캘리포니아의 앤더슨씨가 '선 그랜드' (Sun Grand)의 자연교잡실생으로부터 육성한 품종으로 1962년 발표한 품종이다. 원예연구소에서는 1983년 도입하였다.

나무의 세력은 강하고 반직립성이다. 꽃은 화려화이고 꽃가루가 많다.

숙기는 8월 하순으로 선광보다 늦다. 과형은 난원형이고 과중은 250g 정도이다. 과피는 황색 바탕에 적색으로 고르게 착색된다. 과육은 황색으로 용질이며 당도는 11.8%이고 산미는 중간 정도이다. 핵 주위는 붉게 착색되며 이핵성이다. 세균성구멍병과 잿빛무늬병이 다소 발생한다.

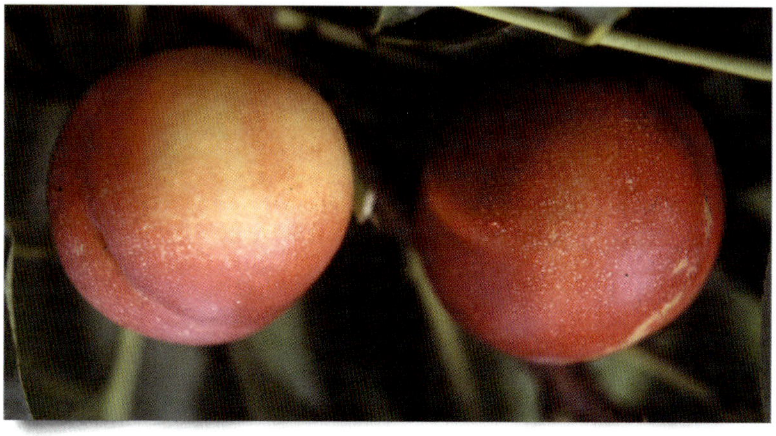

그림 4-56 레드골드 (園藝研)

2) 선　광(鮮光, SunGlo)

미국 캘리포니아 앤 스타크브러더스 묘목사의 앤더슨씨가 'Sun Grand' ×('Le Grand' × 'Halehaven')의 교배로 육성한 품종으로 1962년에 발표되었다. 원예연구소에서는 1972년 도입하여 1988년 '선광'으로 선발하였다.

그림 4-57 선　광 (園藝研)

나무의 세력은 강하고 직립성이다. 주로 장과지가 발생하고 홑눈과 겹눈이 함께 착생된다. 꽃잎이 작은 비화려화이고 개화기가 빠르다. 꽃가루가 많다.

숙기는 '홍진유도' 보다 빠르거나 비슷한 8월 중 · 하순이다. 과형은 원형~짧은 타원형이고 과중은 200g정도이다. 과피는 황색 바탕에 선홍색으로 착색된다. 과육은 황색으로 육질은 치밀하며 용질로서 과즙이 많다. 당도는 11.8% 정도이고 향기가 많다. 이핵성이며 핵 주위는 붉게 착색된다. 동녹과 열과는 거의 없다. 세균성구멍병과 잿빛무늬병이 다소 발생한다.

3) 선 프 레(Sunfre)

미국 플로리다 농업시험장과 캘리포니아의 미농무성 농업연구소에서 공동으로 육성하여 1982년 명명된 품종이다. 원예연구소에서는 1995년에 우량 품종으로 선발하였다.

나무의 세력은 다소 강하다. 꽃가루가 많다.

숙기는 7월 중순으로 '천홍' 보다 10~15일 빠르다. 과형은 원형~짧은 타원형이며 과중은 190g정도이다. 과피는 황색바탕에 선홍색으로 전면 착색되어 외관이 미려하다. 과육은 황색이며 당도는 10%내외이다. 향기가 높고 산미가 적당하여 풍미가 좋다. 잿빛무늬병이 다소 발생한다.

그림 4-58 선 프 레 (園藝硏)

4) 수 봉(秀峰, Shuho)

일본 나가노(長野)현의 소네(曾根悅夫)씨가 '홍진' 의 자연교잡 실생 중에서 발견한 우연실생으로 1970년에 명명 · 등록한 품종이다. 원예연구소에서는 1977년에 도입하였다.

나무의 세력은 중간이고 개장성이다. 꽃눈 착생은 다소 적은 편이나 꽃가루가 많고 결실이 잘 된다.

숙기는 9월 중순이다. 과형은 원형~짧은 타원형이고 과중은 220~250g정도로서 천도 중에서는 큰 편이다. 과피는 등황색 바탕에 햇빛 받는 쪽은 붉게 착색된다. 과육은 황색이고 치밀하며 과즙이 많고 보구력이 좋다. 당도는 11.5% 정도이고 산미가 적어 맛이 좋다. 핵 주위는 홍색으로 착색되고 반점핵성이다. 수확전 낙과가 다소 발생하며 세균성구멍병에 약하다.

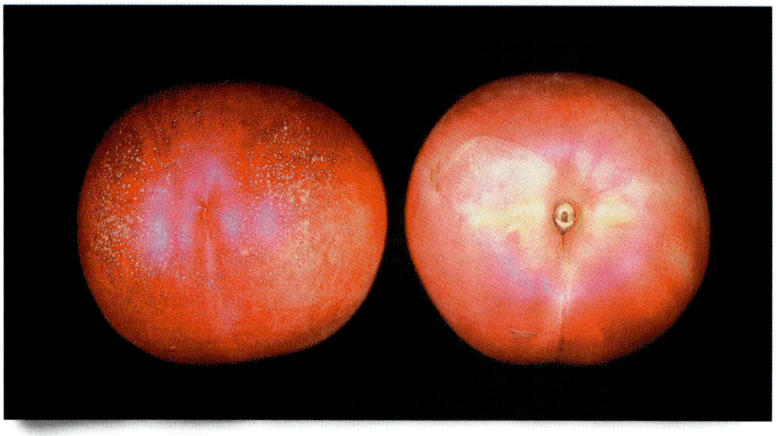

그림 4-59 수　봉 (久保田)

5) 수야넥터린(水野, Mizuno Nectarine)

일본 나가노(長野)현의 미즈노(水野廣己)씨가 1959년에 우연실생으로 발견하여 얻은 품종이다.

나무의 세력은 강하고 개장성이다. 꽃눈이 잘 착생되며 겹눈이 많고 결실이 잘 된다.

숙기는 8월 상순이다. 과형은 단타원형이고 과중은 150~180g이며 균도가 높다. 과정부는 좁으며 약간 돌출되기도 한다. 유대재배하면 선홍색으로 잘 착색된다. 과육은 황색이고 성숙하면 과육과 핵 주위에 붉은 색소가 생긴다. 당도는 13% 전후이고 산미는 중간 정도이며 과즙이 많고 풍미가 좋다. 육질은 불용질이어서 보구력이 좋다. 반점핵으로 핵할은 적다. 무대재배하면 동녹과 열과가 발생한다.

6) 수　홍(秀紅, Suhong)

원예연구소에서 1992년 '선광'에 '천홍'을 교배하여 육성한 품종으로 2003년 명명 발표하였다.

나무의 세력은 강하고 반직립성이다. 중과지가 잘 발생하고 꽃눈 착생은 약간 적으나 꽃가루가 많다. 숙기는 8월 상 · 중순이다. 과형은 난형이고 과중은 270g 정도이다. 과피는 적색으로 잘 착색된다. 과육은 황색이고 당도는 11%이며 산미가 적당히 있어 식미가 좋다. 열과나 수확전 낙과는 적으나 잿빛무늬병은 다소 많다.

그림 4-60 수 홍 (園藝研)

7) 시즈쿠레드(Shizuku Red)

일본 과수시험장에서 '홍진' 에 NJN 17을 교배하여 얻은 '19-1' 계통의 자연교잡실생으로부터 육성된 천도로서 1989년에 명명 · 농림 등록되었고, 1993년에 종묘 등록된 품종이다.

수세는 약간 강하고 반개장성이다. 꽃눈 착생은 중간 정도이고 홑눈이 많이 착생된다. 꽃가루가 많고 결실이 잘 된다.

숙기는 7월 중순에 수확되는 조생종이다. 과형은 짧은 타원형이고 과중은 160g이다. 과피는 전면이 진하게 착색되고 광택이 있어 외관이 양호하다. 강우에 의한 열과는 적지만 과정부가 먼저 성숙하는 경향이 있으므로 수확기가 늦으면 그 부분에서 열과가 일어나는 경우가 있다. 과육은 황색이고 과육의 착색은 거의 없다. 육질은 용질이고 부드러우며 약간 치밀하고 과즙이 많다. 점핵성이고 핵할 발생은 중 정도이다. 당도는 11%이고 산미는 강하나 천도로서는 중간 정도이다. 열과 발생은 적고 보구력은 중간 정도이다.

8) 암 킹(Armking)

그림 4-61 암 킹 (園藝研)

미국 캘리포니아주 암스트롱종묘사의 암스트롱씨가 (Palomar x Springtime) × (Palomar × Springtime) 교배로 육성한 품종으로 1969년에 명명, 발표되었다. 원예연구소에서는 1985년에 도입하였다.

나무의 세력은 강하고 직립성으로 가지 발생량이 적다. 꽃잎이 작은 비화려화이며 꽃가루는 많다.

숙기는 6월 하순으로 극조생의 천도이다. 과형은 짧은 타원형이고 과중은 165g정도이다. 과피는 녹색 바탕에 진홍색으로 착색된다. 과육은 황색이고 당도는 10%이며 산미가 강한 편이다. 핵할, 동녹, 열과 등의 발생이 많은 편이다.

9) 지요다레드(Chiyoda Red)

일본 과수시험장에서 1965년에 '히라쓰카레드' 에 '네쿠타레드 5' 를 교배하여 육성한 품종으로 1989년에 명명되어 농림등록 되었고, 1993년에 종묘등록 되었다.

나무의 세력은 약간 강하고 반개장성이다. 꽃눈 착생은 중간 정도이다. 홑눈과 겹눈이 함께 발생하나 홑눈이 더 많다. 꽃가루가 있어 결실이 잘 된다.

숙기는 7월 중 · 하순이다. 과실은 원형~짧은 타원형이고 과중은 180g 정도이다. 과피는 황색 바탕에 과면 전체가 진하게 착색되어 외관이 양호하다. 과육은 황색으로 붉은 색소는 거의 없다. 육질은 용질이고 부드럽고 약간 치밀하며 과즙이 많다. 보구력은 좋은 편이다. 당도는 10.6% 전후이고 산미는 높다. 점핵성으로 핵할은 거의 없다. 강우에 의한 열과와 잿빛무늬병이 적다.

그림 4-62 지요다레드 (園藝研)

10) 천 홍(天紅, Cheonhong)

원예연구소에서 1978년 '가든 스테이트' (Garden State)의 자가수분 교잡실생 중에서 육성하여 1993년 명명한 품종이다.

나무의 세력은 중간 정도이고 다소 개장성이다. 꽃가루가 많다.

숙기는 7월 하순~8월 상순이다. 과형은 짧은 타원형이고 과중은 250g 정도로서 큰 편이다. 과피는 진홍색으로 착색이 잘 된다. 과육은 황색이고 핵 주위는 대부분 붉게 착색된다. 당도는 12% 정도로 높은 편이며 향기가 많고 산미가 적어 풍미가 좋다.

그림 4-63 천 홍 (園藝硏)

11) 환타지아(Fantasia)

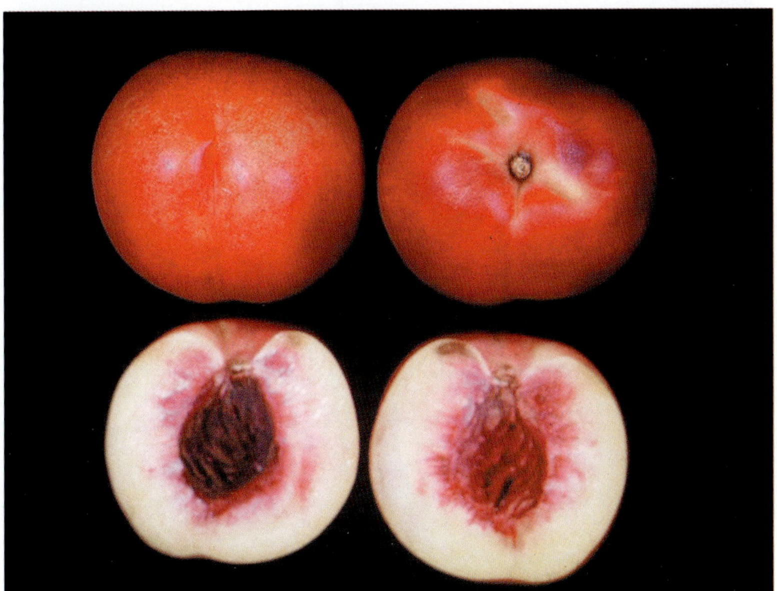

그림 4-64 환타지아 (久保田)

미국 캘리포니아 소재 미국 농무성 연구소에서 1961년 '골드 킹'에 '레드 킹'의 자연교잡실생인 P101-24를 교배하여 육성한 품종으로 1969년 발표되었다. 원예연구소에서는 1983년에 도입하였다.

나무의 세력은 약간 강하고 반직립성이다. 꽃은 화려화이며 꽃가루가 많다. 꽃눈 착생은 '홍진'보다 적으나 결실률은 비교적 높다.

숙기는 8월 하순~9월 상순이다. 과형은 장원형이고 과중은 220g정도이다. 과피는 녹황색 바탕에 전면 선홍색으로 착색된다. 과육은 황색으로 치밀하고 단단한 편이어서 보구력이 좋다. 핵 주위는 담홍색으로 착색된다. 당도는 11% 정도이며 신맛이 다소 강하나 맛은 좋다. 이핵성이고 핵할은 적다. 잿빛무늬병이 다소 발생한다.

12) 훌레버탑(Flavortop)

미국 캘리포니아 소재 농무성 연구소에서 1969년에 복숭아 '페어타임'(Fairtime)의 자연교잡실생 중에서 선발한 품종이다.

나무의 세력은 유목일 때는 강하고 직립성이나 결실 후 수령이 높아지면 세력이 떨어져 중간 정도가 되고 개장성이 된다. 꽃눈 착생은 중간 정도이고 꽃가루는 많으나 결실력은 낮다. 꽃은 화려화이다.

숙기는 8월 중순이다. 과형은 짧은 타원형이고 과중은 200g 정도이다. 과피는 전면 농홍색으로 착색된다. 과육은 황색이고 육질이 치밀하며 보구력이 양호하다. 당도는 12%이며 산미는 강한 편으로 식미가 양호하다. 이핵성이고 핵할은 적다. 생리적 낙과는 비교적 적다.

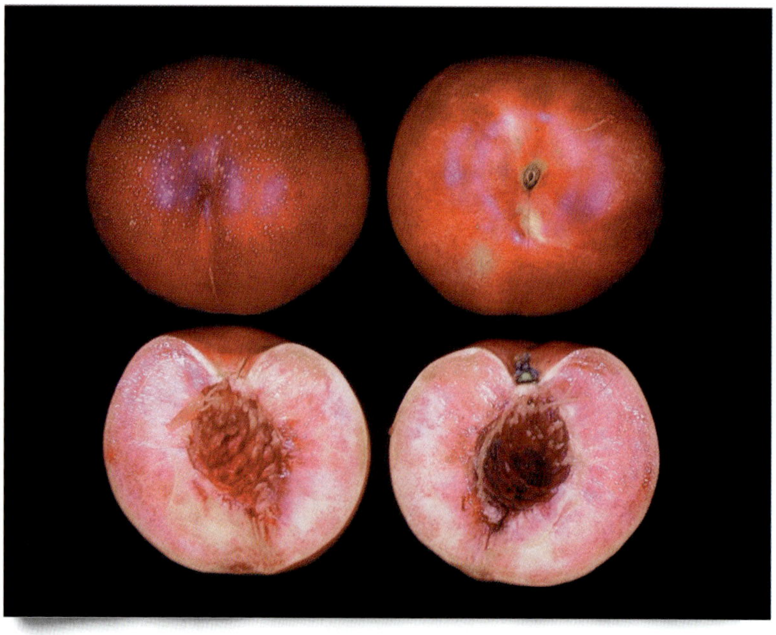

그림 4-65 훌레버탑 (久保田)

13) 흥　　진(興津, Okitsu)

일본 농림성 원예시험장의 다니카와(谷川利善)씨가 1917년 'Precoce de Croncels' 에 'Lord Napier' 를 교배하여 얻은 것으로 1934년에 명명, 발표되었다.

나무의 세력은 중간 정도이고 개장성이다. 중 · 장과지가 잘 발생되고 꽃눈 착생이 많으며 꽃가루가 많다.

숙기는 8월 중순이다. 과실은 원형이고 160~180g이다. 과피는 황색 바탕에 착색이 잘 된다. 산미는 강하나 감미가 높고 향기가 있어 풍미가 좋다. 육질은 부드럽고 보구력이 약하다. 열과가 심하다.

14) 히타치레드(Hitachired)

일본 과수시험장에서 1973년 '흥진' 에 NJN 17을 교배하여 얻은 계통인 19-18에 '환타지아' 를 교배하여 육성된 품종으로 1989년에 '히타치레드' 로 명명되어 1993년에 종묘 등록되었다.

나무의 세력은 강하고 직립성이다. 꽃눈 착생은 중 정도이고 겹눈과 홑눈이 함께 착생된다. 화려화이고 꽃가루가 많다.

숙기는 7월 하순이다. 과실은 원형~짧은 타원형이고 과중은 200g 정도이다. 과피는 황색 바탕에 과면 전체가 진하게 착색된다. 과육은 황색이고 과육 내에 붉은 색소가 약간 발현된다. 육질은 용질이고 부드러우며 약간 치밀하고 과즙이 많다. 당도는 11%이고 산미는 강한 편이나 식미는 양호하다. 점핵성이고 핵할은 적다.

그림 4-66　히타치레드 (園藝研)

(3) 반　　도(蟠桃)

복숭아의 변종으로서 중국의 소설 서유기에 나오는 손오공이 먹었다는 복숭아이다. 과실은 편원형으로 납작하다. 과육은 유연하며 과즙이 많고 풍미가 좋다. 이핵종과 점핵종이 있고, 과육색도 백색, 황색, 홍색이 있어 보통 복숭아와 동일하다. 복숭아 중에서 내한성이 가장 약하므로 온대의 남부가 적지이다. 또한 건조보다는 습윤한 기후에서 잘 자란다. 우리나라와 일본에서는 재배가 거의 되지 않고 있으며 육종소재로 이용하고 있다.

중국에서는 상해를 중심으로 그곳으로부터 남쪽 해안지대인 杭州, 嘉興, 寧波에서 주로 재배하는데 주품종은 '撒華紅蟠桃', '白亡蟠桃', '陳圃蟠桃' 등이다.

미국에서는 주로 플로리다에서 재배되고 있는데 캘리포니아에서는 그 모양이 도넛과 같아 도넛 피치라 부른다.

그림 4-67 반 도 (李)

(4) 통조림용 복숭아

통조림용은 과육이 불용질이고 과육에 붉은 색소가 적으며 점핵성인 품종이 적당하다.

일본에서는 농림성 원예시험장에서 1941년에('Early Elberta' × 'Tuscan')-66에 ('강산 3호' × 'Orange Cling')-9를 교배하여 육성한 '관도 2호', ('금도' × 'Tuscan')-43에 ('강산 3호' × 'Orange Cling')-9를 교배해서 육성한 '관도 5호', 1940년에('금도' × 'Tuscan')-11에 ('강산 3호' × 'Tuscan')-10을 교배하여 육성한 '관도 12호', 1936년에 '강산 3호' 에 'Orange Cling' 을 교배하여 육성한 '관도 14호' 등의 관도 계통과 1952년에 '관도 12호' 에 '관도 2호' 를 교배하여 육성한 '금' (錦)을 재배해 오다가 최근에는 1980년에 명명하여 발표된 다음의 골드 계통으로 대체하여 재배하고 있다.

1) 패스트 골드(Fast Gold)

1964년 '금' 에 'C-18-1' 을 교배하여 육성된 품종이다.

나무의 세력이 강하고 결실이 양호하다.

숙기는 통조림용 중에서는 가장 빠른 7월 상순이다.

과실은 원형이고 과중은 130g 정도이다. 과육은 황색이고 고무질로서 부드럽다. 점핵성이어서 가공하기 쉽다. 품질은 보통이다. 병해충에 강하여 무대재배가 가능하다.

2) 얼리 골드(Early Gold)

1967년에 '금' 에 'Fortuna' 를 교배하여 육성한 품종이다.

나무의 세력은 약간 강하고 결실이 양호하다.

숙기는 조생으로 7월 상 · 중순이다. 과실은 짧은 타원형이고 과중은 135g정도이다. 과육은 황색이고 과육에 약간의 붉은 색소가 있다. 점핵성이고 고무질이며 품질이 양호하다. 병해충에 강하여 무대재배가 가능하다.

3) 훌레버 골드(Flavor Gold)

1952년에 'II-S-b-9' 에 '관도 5호' 를 교배하여 육성된 품종이다.

나무의 세력은 강하고 결실이 양호하다.

숙기는 7월 하순~8월 상순이다.

과실은 원형이고 과중은 160g 정도이다. 과육은 황색이며 고무질이다. 점핵성이어서 가공하기가 쉽다. 통조림을 하면 향기가 있고 품질이 우수하다. 생식용으로도 이용된다.

4) 스위트 골드(Sweet Gold)

1966년에 'Fortuna' 에 '관도 5호' 를 교배하여 육성한 품종이다.

나무의 세력은 강하고 결실이 양호하다.

숙기는 8월 상순이다.

과실은 원형이고 과중은 150g이다. 과육은 황색이며 붉은 색소의 발현은 극히 적다. 단단한 고무질로서 가공하기가 쉽다. 당도가 11~12%로서 높고 산미가 적으므로 생식용으로도 좋다.

5) 모치즈키(Mochizuki)

일본 과수시험장에서 1985년 '153-5' 에 '139-28' 을 교배하여 육성한 통조림용 품종으로 1997년에 농림등록 되었다.

나무의 세력은 강하고 약간 직립성이다. 꽃눈의 착생이 많고 겹눈이 많으며 꽃가루가 많다.

숙기는 '아카쓰키' 보다 10일 정도 늦다. 과실은 편원형이고 과중은 200g 정도이다. 과피는 유백색으로 무대재배에서도 전혀 착색되지 않는다. 당도는 13%로 높고 약간의 산미가 있다. 점핵성이다. 육질은 반불용질로서 육색은 크림색이다. 과육이나 핵 주위에 전혀 붉은 색소가 발현되지 않아 통조림용으로 적당하다. 핵할은 중간 정도로 발생한다.

백도(상)와 황도(하)의 과피색 (李)

Chapter 5

개원과 재식

1. 묘목의 육성

(1) 대목의 종류와 양성

1) 대목의 종류

복숭아대목에 관하여 각 나라에서는 신품종의 육성, 배양기술에 의한 대량증식, 바이러스 무독대목 육성 등을 위하여 많은 노력을 기울이고 있다. 우리나라에서는 아직 개발한 대목이 없으므로 야생 복숭아 종자나 중 · 만생종의 재배종 종자를 주로 이용해 오다가 최근에는 중국에서 도입된 야생복숭아 종자를 대부분 이용하고 있다. 미국에서는 오래전부터 연작장해 원인의 하나인 토양선충에 대한 저항성 대목을 개발하여 '네마가드', '오키나와' 등을 선발하였다. 그 중 '네마가드'는 우수성이 실증되어 널리 이용되고 있다. 일본에서는 나가노(長野)현에 자생하는 '나가노야생도'와 같은 야생복숭아를 오래전부터 이용해 왔으나 산림개발에 따라 종자의 채취가 어렵게 되고, 토양선충저항성대목의 필요성에 따라 농림성 과수시험장(현재, '獨' 農業技術研究機構果樹研究所)에서 복숭아대목 육종사업을 실시하게 되었다. 표 5-1에서와 같이 야생의 '오하쓰모모'나 '수성도'(壽星桃), 적엽(赤葉) 계통의 '적아'(赤芽)를 유전자원으로 하여 복숭아 재배에 문제되는 고구마뿌리혹선충이나 사과뿌리혹선충에 저항성을 보이는 '쓰쿠바'(筑波) 계통의 대목을 선발, 육성하였다. 현재 육성하여 보급되고 있는 대목은 '적아' × '오키나와'에서 얻은 적엽계 '쓰쿠바 1호', '적아' × '수성도'에서 얻은 적엽계 '쓰쿠바 2~6호', '오하쓰모모'의 실생에서 얻은 녹엽계 '쓰쿠바 7~8호', 나가노야생도의 실생에서 얻은 녹엽계 '쓰쿠바 9~10호' 등이다. 이 중에서 가장 많이 보급되고 있는 대목은 '쓰쿠바 4호'와 '쓰쿠바 5호'이다. 양 계통 모두 접목친화력이 양호하고 대부현상(臺負現狀)이 없으며 접수 품종의 생육을 70~80%로 억제시키는 왜화 효과가 있다. 또한 유목일 때부터 가지의 충실도가 좋고 꽃눈이 잘 착생되는 특성이 있다. 반왜성이므로 저수고재배나 밀식재배에 기대되는 대목이다. 단 '쓰쿠바 4호'는 실생을 사용할 경우 '오하쓰모모'보다 생육이 균일하지 않은 경향이 있고 근두암종병에 감수성인 단점이 있다. 이외에 재배종 중 종자발아율이 높은 중 · 만생종의 종자를 이용하고 왜화 효과가 있는 앵두나무나 산앵두나무 등의 왜성대목을 이용하기도 한다.

[표 5-1] 복숭아 대목의 종류와 특성

(吉田 등, 1995)

대 목	번식 방법	번식성[z]	접목 친화성	나무의 세력	생육의 균도[y]	뿌리혹 선충저항성[x]	근군[w]	기 타
복숭아 녹엽계								
오하쓰모모	종자	양	양	강	양	IJ	양	
쓰쿠바 7~10	종자	양	양	강	양	IJ	양	
야생복숭아	종자	양	양	강	양~중	감수성	불량	
복숭아 적엽계								
쓰쿠바 1호	종자	약간양호	양	중	중	MIJ	약간양	저온요구량소
쓰쿠바 2 · 3호	종자	중	양	중	불량	MIJ	약간양	저목성(모수)
쓰쿠바 4호	종자	약간양호	양	중	불량	MIJ	약간양	
쓰쿠바 5 · 6호	종자	약간양호	양	약간강	약간양	MIJ	약간양	
저목성 핵과류								
앵 두	영양	중	중~양	약간강	중	감수성	중	왜성
산 앵 두	영양	중	중~양	약간강	중	M	중	왜성
P. besseyi	영양	중	중	약간강	중	감수성	중	왜성
P. triloba	영양	중	중	약간강	중	–	중	왜성

[z]종자의 채취량 · 발아율, 영양계대목은 대목의 증식률
[y]묘목생육의 균도
[x]*M: Meloidogyne mali, I: M. incognita, J: M. javanica*에 저항성
[w]근군의 깊이와 근량

2) 대목의 양성

대목은 일반적으로 종자번식한다. 완숙한 과실의 종자를 가을 또는 2월경에 묘상을 만들어 10~15cm간격으로 파종한다. 가을 파종은 12월 상순까지 하고 2월에 파종할 때는 파종 전까지 적당한 습기가 있는 토양 중에 묻어두었다가 파종한다. 종자번식 이외에 녹지삽, 숙지삽 또는 휘묻이도 가능하다. 이와 같이 영양번식을 하면 동일한 유전성을 가진 개체를 얻을 수 있는 장점이 있으나 실제로는 거의 이용하지 않는다.

2. 번 식

복숭아는 눈접(芽椄)이나 깎기접(切椄) 모두 할 수 있으나 눈접이 쉽고 활착도 잘 된다. 활착률을 높이는 요령은 예리한 접도 사용, 접수와 대목의 형성층을 밀착시키는 일, 접목부에 빗물

이 들어가지 않도록 접목용 테이프나 비닐 등으로 단단히 감아주는 것 등이다. 접목할 때는 대목이나 접수 모두 바이러스 무독의 모수로부터 채취하는 것이 바람직하나 우리나라에서는 아직 무독모수가 검정되어 있지 않다.

(1) 눈　접(芽接)

눈접에는 T자형눈접과 깎기눈접(削芽接)이 있다(그림 5-1). 눈접은 대목의 생장이 멈추고 수피가 쉽게 벗겨지는 8월 하순~8월 중순이 적기인데 비가 내린 후에 접목하는 것이 더욱 좋다. 건조가 계속되면 접목 2~3일전에 충분히 관수한 다음 접목한다. 눈은 홑눈보다는 겹눈이 좋다. 접눈(接芽)은 활착의 여부를 판단하기 위하여 잎자루를 붙여 채취한다. 활착이 잘 되면 잎자루 기부에 이층(離層)이 형성되어 잎자루가 쉽게 떨어진다.

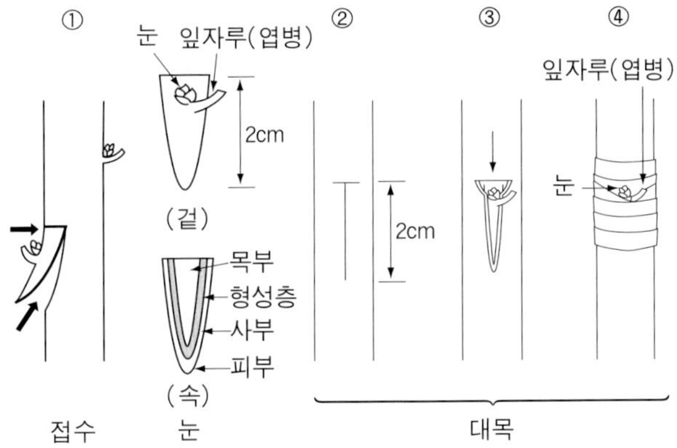

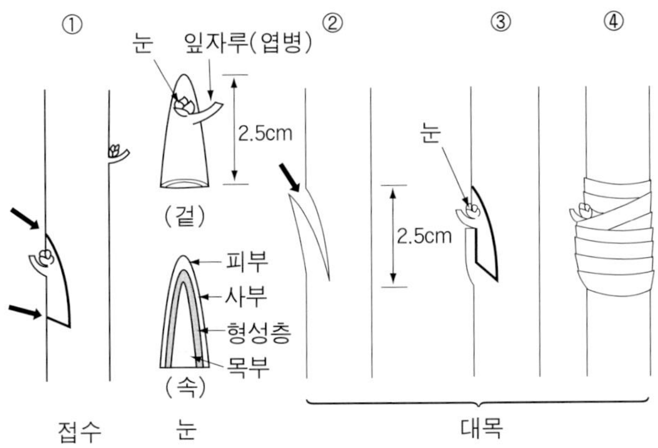

그림 5-1　T자형 눈접(좌)과 깎기눈접(우)의 방법 (果樹栽培の基礎, 2004)

T자형 눈접
① 접수의 눈 위쪽에 칼로 표피만 잘리게 옆으로 칼금을 내고, 아래쪽에서 위쪽으로 목질부가 약간 붙게 깎아 올린 다음 접눈만 떼어낸다. ② 대목에 T자형으로 표피만 잘리게 칼금을 긋고, ③ T자의 윗부분 표피를 벌려 접눈을 위에서 아래로 끼어

넣는다. ④ 눈과 잎자루만 나오도록 하여 비닐테이프로 매어준다.

깎기눈접

① 접눈 위쪽에서 아래로 향하여 목질부를 1mm정도 두께로 붙이어 접눈을 떼어낸다. ② 대목은 위에서 아래쪽으로 향하여 칼을 넣어, 길이 2.5cm길이로 떼어낸다. ③ 접눈을 끼어 넣은 다음 ④ 눈과 잎자루만 나오도록 하여 비닐테이프로 매어준다.

(2) 깎 기 접(切椄)

깎기접은 그림 5-2와 같은 순서로 한다. 적기는 수액이 이동하기 시작하는 3월 중순~4월 상순이다. 이 경우 접수는 전정할 때 채취하여 건조하지 않도록 냉암소에 저장하였다 이용하거나 접목 직전에 채취한다.

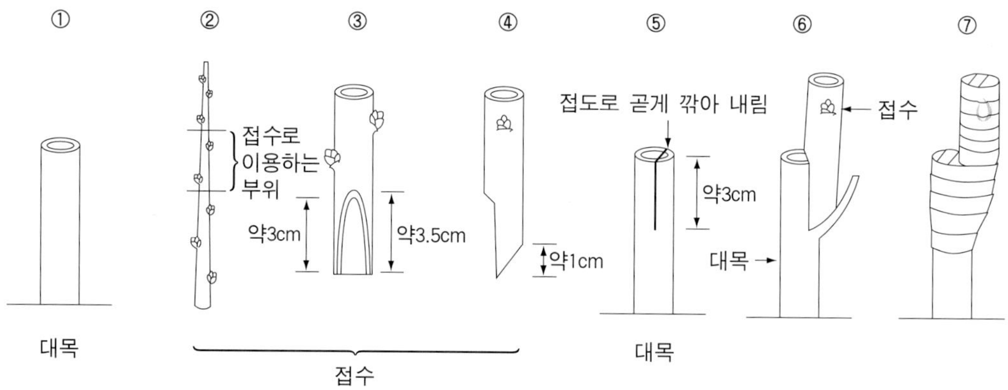

그림 5-2 깎기접의 방법 (果樹栽培の基礎, 2004)

① 대목을 지면에서 5cm정도의 높이에서 자른다. ② 접수는 가지 중앙부의 충실한 부위를 사용 ③ 접수는 눈 1~3개를 붙여 잘라, 기부 3.5cm 정도를 곧게 한 번에 깎아낸 다음 ④ 그 반대쪽의 약 1cm, 45도 정도의 각도로 비스듬하게 깎는다. ⑤ 접수의 형성층의 폭과 같은 폭으로 대목을 곧게 깎아 내린다. ⑥ 깎아 내린 대목부에 접수를 형성층을 맞추어 끼워 넣는다. ⑦ 접목용 테이프로 단단히 매여주고, 접수의 위쪽 절단면은 도포제를 발라준다.

5월~7월 상순에 하는 녹지접(綠枝椄)은 접수의 품종을 확인하면서 채취할 수 있어 정확한 품종을 접목할 수 있고 활착이나 그 후 생육도 좋다.

3. 개　　원

(1) 적　　지

복숭아는 과실의 보구력이 약하므로 수송수단이 발달된 지금도 소비지와 가까운 곳에 개원하는 것이 유리하다. 그러나 적지를 결정하는 가장 큰 요인은 기상조건과 토양조건이다.

복숭아 재배에 적당한 기상조건은 연간평균기온이 9℃ 이상이고, 생육기간인 4~10월의 평균기온이 15℃ 이상이며, 연간 강수량이 1,300mm 이하인 곳이다. 폭풍의 대책도 중요하므로 바람이 강한 곳에는 과원 주위에 방풍림을 설치하거나 폭풍해 방제용 네트를 설치할 필요가 있다. 복숭아 뿌리는 내습성이 극히 약하여 배수가 불량한 토양에서는 생육이 현저히 떨어진다.

특히 정체수에 대한 저항성이 약하므로 지하수가 높은 포장이나 흐르는 물이 정체되기 쉬운 포장에서는 양질의 과실을 생산할 수 없다. 이는 복숭아나무 뿌리는 산소요구도가 높아 산소가 부족하면 바로 장해가 발생되기 때문이다. 따라서 개원할 때에는 배수에 유의하여 비가 많이 내리는 지역에서는 암거배수시설은 물론 과원 밖에서 유입되는 빗물을 막아주기 위하여 과원 주위에 배수구를 설치하는 것이 바람직하다. 또한 답 전환 과원과 같이 토양습도가 높은 곳에는 성토한 후 개원하여야 한다.

(2) 개원지의 정비

복숭아는 다른 과수에 비하여 수명은 단명하더라도 한번 재식하면 한 곳에서 10년 이상 재배되므로 적지를 선정하는 것이 중요하다. 적지가 아닌 곳에서는 적절한 조치를 하여 복숭아 재배에 적당한 토지로 바꾸어 주어야 한다. 또한 생산비 절감을 위하여 단지화 하는 것이 유리하다. 최근에는 경사지를 대규모로 정비하여 과원을 조성하기도 하고, 간척지에서 복숭아를 재배하기도 한다. 이와 같은 곳에서는 농로나 작업도로가 잘 정비되어 있으므로 작업 효율이 높다.

경사지 개간 : 경사지는 노동생산성은 낮으나 배수가 잘되고 복숭아나무가 햇빛을 잘 받을 수 있다. 경사도가 15°이하의 곳은 평지와 마찬가지로 파상형으로 개간한다. 15°이상이면 계단식으로 하거나 대구획으로 정리하여 평지로 조성한 다음 개원한다.

계단식과원을 조성할 때는 산정에는 수원(水源) 확보를 위하여, 바람이 불어오는 쪽에는 방풍을 위하여 임목을 남겨두는 것이 중요하다(그림 5-3). 공법은 절성토공법(切盛土工法)과 전단면절토공법(全段面切土工法)이 있다. 절성토공법은 경사면의 상부로부터 시작하여 산쪽을 절토하여 골짜기 쪽을 메우는 공법이고, 전단면절토공법은 우선 절성토공법으로 최하단에 1단계 계단을 만들고 다음 2단계의 절토를 1단계 계단에 복토하여 표토로 이용하고 순차적으로 계단을 아래서부터 위쪽으로 조성해가는 공법이다. 계단식 과원에는 주위 삼림으로부터의 빗

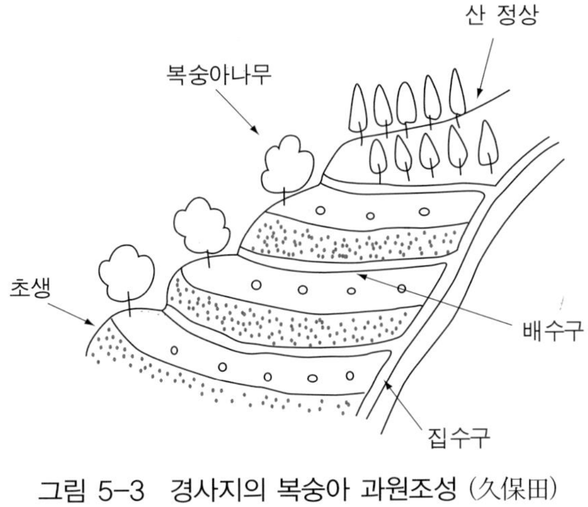

그림 5-3 경사지의 복숭아 과원조성 (久保田)

물 유입을 방지하기 위하여 승수로(承水路)를 만든다. 또한 개간하여 나지(裸地)가 된 토양표면은 강우에 의한 침식의 우려가 있으므로 경사면기부에 집수구를 만들어 배수구에 연결시켜 대량의 빗물이 집중적으로 흐르는 것을 막아준다. 개원 후에는 토양표면을 강우로부터 보호하기 위하여 피복식물을 파종하거나 부초를 한다.

대구획정리로 조성한 평지과원은 계단식 과원에 비하여 절토량(切土量)이 많으므로 기반조성에 많은 비용이 들지만 토지 이용률은 높다. 또한 면적이 넓고 개원 후에 대형농기계의 이용이 쉬우므로 노동생산성도 높다. 대구획조성시는 지형 변화로 미기상(微氣象)이 바뀌므로 냉기정체에 의한 한해(寒害) 등의 문제가 있을 수 있으므로 이에 대한 대책이 필요하다. 또한 구획이 크면 절토부분과 성토부분이 모두 큰 데 전자에 재식한 복숭아나무는 초기에는 성토부의 복숭아나무에 비하여 생육이 완만하나 수령이 증가함에 따라 그 상태가 만회되어 오히려 성토부보다 좋은 성목원이 되는 경우가 많다.

간척지의 이용 : 근년에는 간척(干拓)으로 조성된 농지에도 복숭아가 재배되고 있다. 간척지에서의 복숭아 재배는 평지이므로 대규모 경영이 가능하고 대형농기계 이용이 용이하므로 작업효율이 높다. 그러나 간척지는 지반이 외수면(外水面)보다 낮고 또한 해면간척에 의하여 조성된 농지는 모관현상으로 염분이 상승하여 경토층에 축적되기 쉽다. 이런 경향은 강우량이 적은 지대일수록 현저하다. 반면에 복숭아 뿌리는 땅속 깊이 뻗어 내려가므로 이와 같은 토양에 재식한 복숭아는 생육장해가 일어나기 쉽다. 그러므로 간척지에서는 배수대책과 제염대책을 철저히 하여야 한다. 또한 재식할 때에는 재식구덩이를 파지 말고 심을 위치에 객토를 하여 심는 것이 좋다.

논 전환포장의 정비 : 논 토양은 점토질로 지하수위가 높으므로 복숭아를 재식하면 과습으로 생육이 불량하거나 나무가 고사하는 경우가 많다. 그러므로 암거배수시설에 의한 지하배수를 철저히 함과 동시에 객토를 하여 복숭아 재배에 적당한 토양으로 개선해 주어야 한다. 논 전환 과원의 객토는 수 cm로부터 1m 이상의 토양을 한 번에 객토하는 경우가 많다. 이 때 작토층 아래 투수성이 불량한 경반층이 있으면 이를 완전히 파괴한 후 객토하여야 한다. 또한 객토의 표면은 배수가 잘 되도록 약간의 경사도를 준다.

4. 재　　식

(1) 재식의 양식

재식 방법 : 정방형식(그림 5-4, 좌), 울타리식(그림 5-4, 우), 장방형식 등이 있으나 어떤 방식을 택할 것인가 하는 것은 정지법, 품종, 대목, 토양의 비옥도, 지형, 대형기계의 이용 여부 등에 따라 결정한다. 복숭아는 개장성이 강하고 수관의 확대도 빠르나 그 정도는 품종에 따라 다르다. 통조림용 복숭아는 생식용 품종보다 수관이 크게 자란다. 또한 생식용 품종 중에도

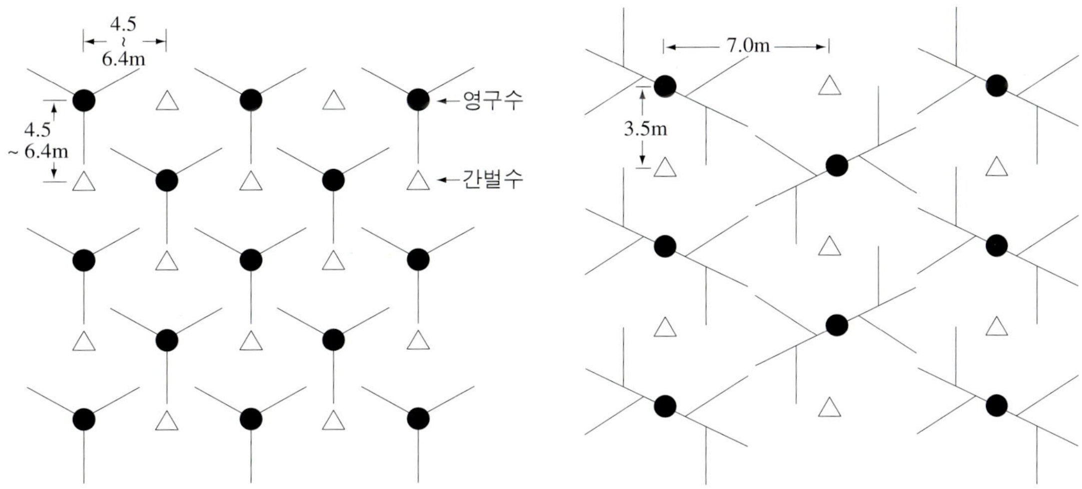

그림 5-4　정방형식(좌)과 울타리식(우) (岡山縣 果樹栽培指針, 2003)

그림 5-5　울타리식 정지 (徐)

'대화백도' 나 '중진백도' 는 '대구보' 나 '백봉' 보다 수관이 크다. 가장 일반적인 방식은 정방형식이지만 대형기계를 이용하는 과원은 울타리식, 경사지에서는 등고선식으로 재식한다. 그림 5-5는 울타리식의 한 예이다. 이 방법이라면 스피드 스프레이어나 수확기 등의 대형 기계를 이용하기 쉽다.

재식거리 : 단위면적당 재식주수를 재식밀도라 하는데 보통 10a당의 재식주수로 표시한다. 재식밀도가 너무 낮으면 과원 내에 빈 공간이 많아 수량이 떨어지고, 반대로 재식밀도가 너무 높으면 수광량이 부족하여 품질 좋은 과실을 생산할 수 없다. 초기수량을 높이기 위해서는 개원할 때 재식주수를 많게 하였다가 그 후 밀식에 의한 폐해가 나오기 전에 간벌하여 수관 전체에 햇빛이 잘 들어가도록 관리한다.

[표 5-2] 재식거리와 재식주수

(岡山縣 果樹栽培指針, 2003)

재식양식	재식거리(m)		재식주수(10a당)		적용범위
	재식당시	간벌 후	재식당시	간벌 후	
정방형식	4.5×4.5	6.3×6.3	48	24	척박지, 개식원, 세력이 약한 품종
	5.4×5.4	7.6×7.6	35	18	보통의 토양, 신식원
	6.4×6.4	9.0×9.0	24	12	비옥지
울타리식	7.0×3.5	7.0×7.8	40	20	대형기계도입과원(일본 남부)
	8.0×4.0	8.0×9.0	31	16	대형기계도입과원(일본 중북부)

재식밀도는 품종, 대목의 종류, 토지의 비옥도에 따라 다르나 성목원이 되었을 때 수관과 수관사이가 1m 정도 떨어질 정도로 재식하는 것이 좋다. 재식 당초와 간벌 후의 재식거리 및 10a 당의 재식주수는 표 5-2와 같다.

수분수의 혼식 : 복숭아는 자가 불친화성은 아니나 '천간백도', '천중도백도', '백도' 등과 같이 꽃가루가 없거나 적은 품종은 꽃가루 공급용 품종을 혼식할 필요가 있다. 이를 수분수라 부르는데 보통 주품종에 대하여 20~30%의 비율로 혼식한다. 수분수는 개화기가 주품종과 같거나 약간 빠르고, '백봉'과 '백봉'계 품종, '아카쓰키' 등과 같이 건전한 꽃가루가 많으며, 그 자체도 상품성이 높은 과실을 생산할 수 있고, 병해충 방제, 시비 등의 작업체계가 주품종과 거의 같은 품종이 좋다.

계획밀식재배 : 사회경제정세가 급속히 변동하는 현재, 개원 후 단기간에 성원함으로써 투자 자본을 조기에 회수하기 위하여 계획밀식재배가 행해지고 있다. 계획밀식재배는 개원 시 최종 재식밀도의 약 2배를 재식하였다가 그 후 원가지의 선단이 겹치기 시작하는 4~5년째부터 축벌 또는 간벌하여 수관 전체에 햇빛이 잘 들어가도록 관리하는 것이다. 정방형식에서는 그림 5-4(좌), 울타리식에서는 그림 5-4(우)와 같이 한 주 걸러 간벌하는 것이 좋다.

(2) 재식 방법

묘목의 준비 : 묘목은 세근이 많은 묘목을 구입하거나 자가 생산하여 이용한다. 시판용 묘목은 굴취 후 일수가 경과되어 뿌리가 건조한 것이 많으므로 구입 즉시 가식하고 충분히 관수한다. 충실치 않은 묘목은 재식 후 고사하기 쉬우므로 묘목의 굴취는 11월 이후에 하는 것이 좋다.

뿌리는 가능한 한 자르지 않는 편이 좋지만 굵은 뿌리는 새뿌리가 발생하기 쉽도록 절단면을 매끈하게 잘라준다. 뿌리에 근두암종병 등이 발생되어 있으면 그 부분을 절제하고 약제로 소독한다. 지상부의 절단 정도는 뿌리의 양, 가지의 충실도, 장래의 원줄기 길이 등에 따라 다르다. 병든 가지와 2차 신장한 가지는 잘라준다. 꽃눈이 착생되어 있을 경우 이를 따준다.

재식시기 : 11월 중순~12월 중순에 재식하는 가을심기와 3월 상 · 중순에 재식하는 봄심기가 있는데 눈이 휴면상태이고 뿌리생장도 정지되어 있을 때인 가을심기를 하면 발아 전에 새뿌리가 발생하므로 활착이 좋다. 그러나 한랭지나 강한 바람이 부는 지대에서는 동해나 건조해를 받지 않도록 묘목의 근두부를 충분히 흙으로 덮어주고 볏짚 등으로 가지를 보호해 주어야 한다. 눈이 많이 오는 지대에서는 적설로 가지가 부러지는 위험성이 크므로 봄심기 하는 것이 무난하다. 봄심기는 반드시 새뿌리가 발생하기 전에 한다. 늦으면 새로 발달한 새뿌리가 상해를 입어 재생이 곤란하게 된다.

재식준비 : 재식위치를 정하고 이를 중심으로 재식구덩이를 판다. 재식구덩이는 그림 5-6과 같이 폭 1.0~1.8m, 깊이 0.3m의 크기로 한다. 재식구덩이에는 완숙퇴비, 펄라이트 등을 20% 정도 파낸 흙과 잘 혼합하여 구덩이를 다시 메우면서 성토해 두었다가 어느 정도 성토부가 가라앉은 다음 재식한다. 암거배수를 할 경우 고랑 깊이는 1.0~1.2m로 하고 평지의 경우 구배를 1/150~1/300로하여 배수관을 묻는다. 배수관은 유공 폴리에틸렌관을 주로 이용한다.

재 식 : 재식은 다음 순서로 한다. 재식위치에 지주를 세우고 뿌리가 서로 엉키지 않도록 사방으로 펼쳐주고 뿌리의 선단이 아래쪽으로 향하도록 한 다음 뿌리사이에 흙을 채우고 충분히 관수한다. 재식 깊이는 일반적으로 낮은 편이 바람직하고 접목부가 지표면보다 위쪽에 있도록 하여야 한다. 깊이 심어 접목부가 지표면 아래쪽에 묻히면 접목부를 통하여 병균이 침입하거나, 자근이 발생되어 대목의 기능을 발휘하지 못한다. 봄이 되어 동해의 우려가 없을 때 깎기접묘는 접목부로부터 약 80cm 상부의 충실한 눈을 두고 자른다.

재식 후 묘목 주위에 짚 등을 깔아 토양건조를 막아주고 발아 후 잡초발생을 억제해 준다. 덧거름은 생육상태를 보면서 적당히 시용한다.

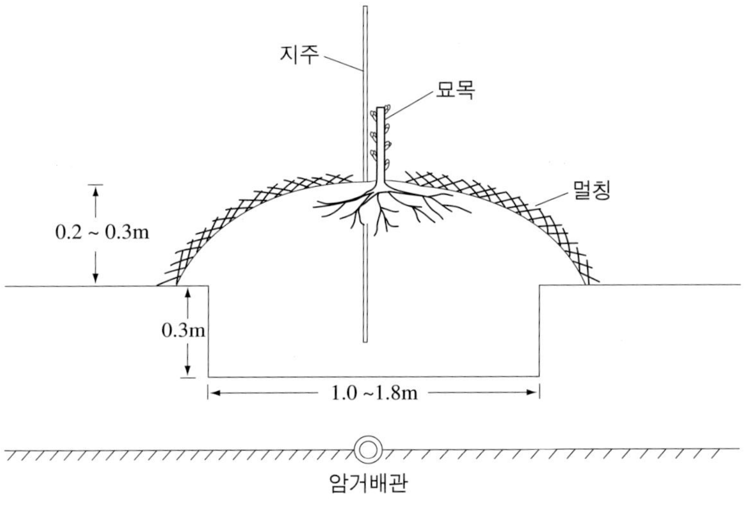

그림 5-6 재식 방법 (岡山縣 果樹栽培指針, 2003)

5. 개 식

복숭아나무는 수명이 짧으므로 개식(改植)하는 경우가 많다. 복숭아 과원에 다시 복숭아를 심으면 후대에 생육이 떨어지거나 나무가 고사하게 된다. 이를 기지(忌地)라 하며, 연작장해라고도 한다. 이 장해는 개식횟수가 증가할수록 심하게 나타난다. 복숭아는 무화과와 함께 기지가 나타나기 쉬운 과수이고 복숭아 이외의 수종도 생육을 억제시킨다.

(1) 기지의 원인

연작장해는 독성물질, 선충, 토양병해, 미량요소 결핍 등에 의하여 일어난다. 복숭아 연작장해의 주원인은 잔근(殘根) 등에서 발생하는 독성물질과 토양 중의 선충이다. 복숭아, 자두, 매실 등의 핵과류 체내에는 프루나신(prunasin)이나 아미그달린(amygdalin) 등의 청산배당체가 함유되어 있는데, 특히 프루나신은 뿌리에 많다(표 5-3). 이들 물질이 분해되면 청산(시안화수소, HCN), 벤즈알데히드, 안식향산 등의 독성물질로 변하여 뿌리의 호흡작용을 저해하므로 나무의 세력을 약화시킨다(그림 5-7). 이외에 축합성 타닌이나 호르몬성의 물질도 기지에 영향

[표 5-3] 복숭아 '대구보' 수체내의 청산배당체의 분포

(水谷, 1980)

부 위	청산배당체	청산배당체의 함량(mg · gFW^{-1})		
		5월 23일	6월 6일	6월 20일
잎	프루나신	1.81	2.71	1.69
1년생가지	프루나신	1.14	2.00	6.60
과 육	프루나신	0.98	0.15	0.19
종 자	프루나신,	8.26	3.09	5.45
	아미그달린	–	–	0.31
뿌 리	프루나신	11.22	12.03	10.77

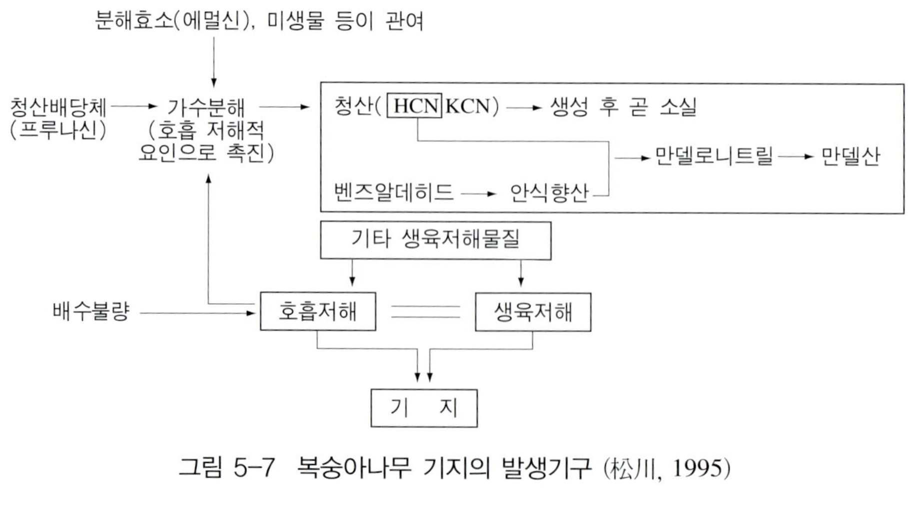

그림 5-7 복숭아나무 기지의 발생기구 (松川, 1995)

을 미친다. 기지의 다른 원인의 하나인 선충은 토양 중에 서식하는 고구마뿌리혹선충, 사과뿌리혹선충 등인데 이들은 복숭아 뿌리를 식해할 뿐만 아니라 전술한 청산배당체를 분해시켜 뿌리의 호흡작용을 저해한다.

(2) 기지의 방지

기지방지에는 휴경이나 윤작이 가장 유효하나 경영규모가 작은 농가에서는 도입이 어렵다. 바로 개식할 경우에는 재식위치 주변 토양에 남아있는 뿌리를 가능한 모두 제거하고, 전작의 재식 위치와 다른 부위에 재식구덩이를 더 넓고 깊게 파서 새로운 흙으로 객토한 다음 재식한다. 청산배당체에서 유래된 독성물질은 혐기(嫌氣)조건 하에서 생성되기 쉬우므로 토양의 통기성 향상을 위하여 심경이나 개량자재를 투입하여 배수가 잘 되도록 한다.

기지의 원인이 선충에 의한 경우에는 지온이 높은 여름철에 토양소독을 실시한 후 정식할 때까지 유독가스가 모두 빠지도록 한다. 표 5-1에서 보는 바와 같이 '오키나와' 나 '수성도'(壽星桃) 또는 일본농림성 과수시험장에서 육성된 '쓰쿠바' 계통 등의 대목 중에는 선충에 저항성인 것이 있으므로 선충이 많은 과원에서는 저항성대목에 접목한 묘목을 이용한다.

성숙기의 신초생장 상태 (李)

Chapter 6

생육특성과 재배관리

1. 재배와 경영의 특징

(1) 재배의 특징

복숭아는 다음과 같은 재배상의 특징이 있다. ① 정식 후 2~3년에 결실하고 5~6년에 성과기에 달하므로 조기에 수익을 올릴 수 있으나 경제재배가 가능한 기간은 5~15년으로 비교적 짧다. ② 과실은 고온다습한 시기에 성숙하고 수확기간이 짧으므로 단일 품종의 대규모 재배보다는 고수익을 목표로 하는 집약재배에 적합한 과수이다. ③ 과실 품질은 기상상태, 특히 강우에 좌우되기 쉽고 한 나무에서도 과실간 품질의 차이가 크다. ④ 나무의 수명이 짧으므로 개식하여야 할 경우가 많으나 같은 장소에서 재배를 계속하면 기지(忌地), 즉 연작장해가 발생하기 쉽다. ⑤ 내건성이 강하나 내수성이 약하므로 배수가 좋은 토양에서 재배하고 장마기에는 배수대책을 철저히 세워야 한다.

(2) 경영의 특징

복숭아 과원은 다음과 같은 경영상 특징이 있다. ① 생육이 빠르고 조기부터 수익을 올릴 수 있으므로 소규모 경영도 가능하다. ② 노동집약성이 높고, 특히 생식용 과실 생산을 목표로 한 재배에서는 기계보다는 수작업이 많으므로 대규모 경영에 적당치 않다. ③ 생산비의 약 70%는 노동비이고 노동시간의 대부분은 적과, 봉지씌우기 및 수확하는 데 이용된다. ④ 조생, 중생 및 만생품종의 적절한 조합, 시설재배의 도입, 품종이나 작형의 다양화 등으로 노력을 분산시킬 수 있다. ⑤ 경영면에서의 개선책은 신품종 도입에 의한 수익성이 높은 과실생산, 재배기술 개선에 의한 작업의 생력화 및 생산비 절감 등이다.

2. 연간 생육과정

(1) 생장주기

복숭아의 연간 생육과정과 각 기관의 발육에 따른 주요 작업은 그림 6-1과 같다. 11월부터 3월 중순까지 휴면상태로 있던 눈은 기온이 5°C 이상이 되면 꽃눈이 부풀기 시작하고 이어서 잎눈의 선단이 보인다. 그 후 개화하여 수분 · 수정이 되고 잎이 전개되며 신초신장이 시작된다. 이 시기가 개화 · 결실기이다. 뿌리는 잎의 생장이 시작되기 훨씬 전부터 활동을 시작하여 토양 중에서 양수분을 흡수한다. 개화 · 결실기까지의 생장은 지난해 지간(枝幹) 및 뿌리에 축적되었던 저장양분을 이용하여 이루어지므로 이 때까지의 새뿌리와 신초신장, 개화 및 결실의 양부는 모두 저장양분에 의하여 좌우된다.

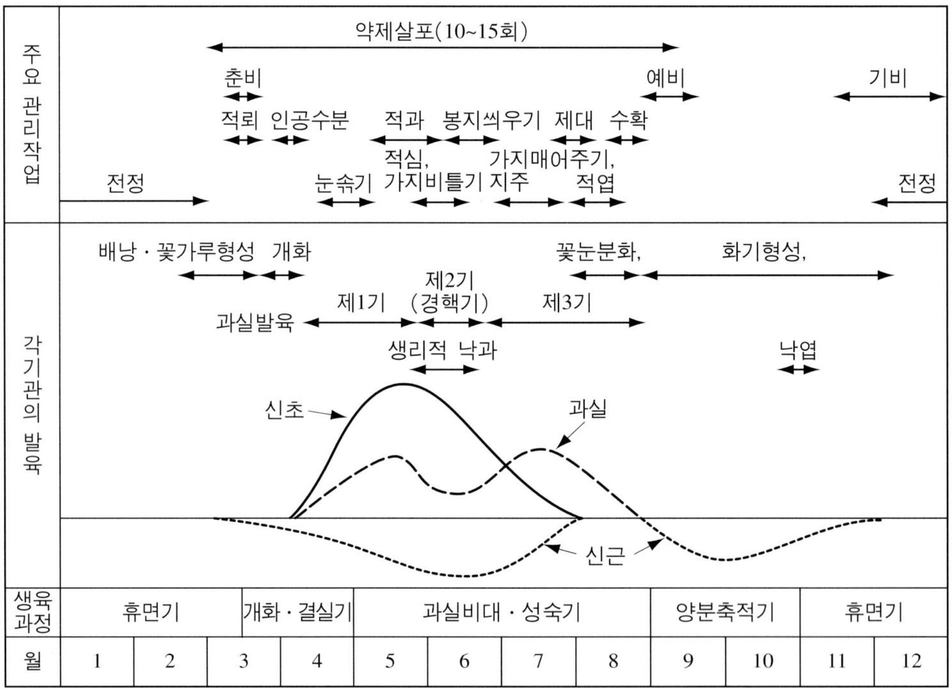

그림 6-1 복숭아의 생육과정, 각 기관의 발육 및 주요 관리작업 (果樹栽培の基礎知識, 1987)

따뜻한 지역에서는 개화한 후 전엽이 되나, 한랭지에서는 개화와 전엽이 거의 동시에 시작된다. 일반적으로 구주계의 형질을 가진 천도나 통조림용 품종은 동양계의 생식용 품종에 비하여 개화기가 빠르다. 개화하여 결실이 되면 과실은 급속히 자란 후 일시적으로 생장이 완만해 졌다가 다시 급속히 비대하고 이어서 성숙단계에 달한다. 그 후 다음해 과실 생산에 필요한 양분을 축적하는 양분축적기를 지나 휴면기에 들어간다.

(2) 영양생장

신 초 : 신초는 잎눈이 발달한 것으로 만개기에 제 1엽이 전개된다. 그 후 신초는 서서히 신장하다가 만개 후 30일 경부터 왕성하게 되고 발육 제 2기인 경핵기 경에 다시 완만해진다. 나무의 세력은 발육 제 3기에 들어갈 때까지 전신초장의 80%정도 자라는 것이 바람직하다. 세력이 강한 신초는 경핵기부터 덧가지가 발생하고, 과실 발육 제 3기 이후도 왕성하게 신장해서 웃자람가지가 된다. 잎은 신초신장과 동시에 전개해서 2.5~3일에 1매 비율로 전엽(展葉) 된다. 잎의 중요한 생리기능인 광합성 작용은 전엽 후 4~5주간에 정점에 달한다. 광합성으로 잎에서 생산된 동화양분은 생육기간 중에는 과실, 가지 및 뿌리에 이용되나, 과실 수확 후에는 다음해 생장을 위한 저장양분으로서 지간(枝幹)이나 뿌리에 축적된다. 잎은 전엽한 후 약 5개월이 지나면 노화가 시작되고 이어서 낙엽된다.

뿌 리 : 복숭아나무의 뿌리는 잎보다 먼저 생장을 개시한다. 즉 뿌리는 2월 하순~3월 상순에 생장을 시작하여 5월 중순~6월 중순에 가장 왕성하게 자란다. 이를 봄뿌리(春根)라 한다. 뿌리는 여름철에 일시적으로 생장을 멈춘 후, 9월 상순경에 다시 생장을 시작하여 지온이 떨어지는 11월 하순까지 생장을 계속한다. 이를 가을뿌리(秋根)라 한다. 일반적으로 뿌리 생장이 왕성한 시기일수록 새뿌리의 발생이 많고 활성이 높다. 그러므로 뿌리의 중요한 작용인 양수분의 흡수는 뿌리가 왕성하게 생장하는 시기에 활발하다.

(3) 생식생장

꽃눈분화 · 발달 : 복숭아나무의 꽃눈은 7월 하순~8월 상순에 신초의 잎겨드랑이(葉腋)에 형성된다. 그 후 화기(花器)가 서서히 발달하여 다음해 봄에 완성된다. 즉 9월에 화기형성이 시작되고 12월 초에는 악편(萼片), 꽃잎(花瓣), 수술(雄蕊), 암술(雌蕊)의 순서로 외측기관으로부터 순차적으로 형성된다. 꽃가루(花粉)나 배주(胚珠)는 개화 2주간 전쯤에 형성된다(그림 2-5).

개화 · 결실 : 꽃눈이 움직이기 시작한 후부터 개화될 때까지의 기간은 30~40일로서 이 기간은 난지보다는 한랭지가 더 길다. 한편 난지에서는 품종에 따라 개화기가 다소 다르고 개화기간도 긴데 반하여, 한랭지에서는 어느 품종이고 일제히 개화한다. 꽃가루가 암술머리(柱頭)에 운반되면 그곳에서 꽃가루는 발아하여 화분관(花粉管)이 암술대(花柱)속으로 신장해서 배주에 도달한 후 수정(受精)되어 결실된다.

과실 비대 · 성숙 : 과실은 3단계로 나누어져 발육하여 2중S자형곡선을 그리며 자라 성숙에 이른다(그림 2-6). 발육 제 1기는 주로 세포분열에 의하여 비대한다. 제 2기는 과실비대는 완만하고 핵(核)의 경화와 배(胚) 발육이 왕성하게 되는 시기로서 이를 경핵기(硬核期)라 부른다. 경핵기는 조생종은 짧고 만생종은 길다. 제 3기는 경핵기 완료 후부터 성숙기까지로서 과실은 세포비대에 의하여 급속히 커진다. 성숙기에 들어가면 과피의 바탕색인 녹색이 소실되고 백색~황색으로 변한다. 이와 동시에 착색이 쉬운 품종은 과피에 안토시아닌 색소가 축적되어 적색

~적갈색으로 된다. 과실 성분은 당이 증가하는 한편(그림 2-7) 산은 감소하고 향기를 띠게 된다. '유명' 이나 '마나미' 같은 경육종 이외의 많은 품종은 과실에서 에틸렌이 발생하고 이어서 연화한다.

3. 생육특성

복숭아나무는 결과년령에 도달하는 것이 빠르고 수명이 짧으며 가지가 개장되기 쉽다. 또한 상처부가 잘 유합되지 않으며, 일소가 발생되기 쉽고, 해거리가 없는 등의 특성이 있다. 또한 정부우세성이 약하므로 가지를 절단하지 않으면 생식생장이 왕성하게 된다. 일조요구량이 강한 한편 내음성(耐陰性)이 약하므로 햇빛이 부족하면 나무 안쪽 가지가 말라죽기 쉽다. 인공수분을 필요로 하는 품종도 있지만 대개는 결실이 잘 된다. 강우와 같은 환경조건, 수세, 기타 재배조건 등에 따라 과실 품질이 크게 달라지는데, 특히 성숙기에 동화양분이 충분히 공급되지 않으면 과실 성분, 육질, 착색 등이 불량하여 품질이 떨어진다. 이러한 특성 때문에 품종 고유의 품질을 유지하면서 안정된 생산을 계속하기가 비교적 어려운 과수이다. 이는 개화부터 성숙까지의 기간이 조생종은 약 80일, 만생종이라도 140여일로 비교적 짧은데, 이 짧은 기간에 과실 크기나 육질이 크게 변하고 과실성숙기와 신초신장기가 중복되기 때문이다. 즉 영양생장 기간 중에 생식생장이 진행되어 과실에 양분공급이 불안정하게 되기 쉬운 과수이다. 특히 이 경향은 조생종일수록 더 강하게 나타난다.

(1) 개화 · 결실

복숭아 꽃눈은 순정화아(純正花芽)로서, 꽃눈과 잎눈이 나누어져 있다. 잎눈은 가늘고 작으며, 꽃눈은 둥글고 크다(그림 2-1). 개화까지는 보통 잎눈보다 꽃눈의 발달이 빠르다. 복숭아꽃은 꽃잎이 큰 화려화(showy flower)(그림 2-2의 상)와 꽃잎이 작은 비화려화(non-showy flower)(그림 2-2의 하)가 있다. 동양계 품종은 화려화가 많은데 반하여 구주계 품종에는 비화려화가 많다. 화려화 품종은 비화려화 품종보다 개화기가 늦다.

꽃눈의 발육단계는 발뢰기(發蕾期), 홍뢰전기(紅蕾前期), 홍뢰기(紅蕾期), 개화시(開花始), 반개화기(半開花期), 만개기(滿開期), 낙화기(落花期) 및 낙화종기(落花終期)로 나누어지는데 약 80%의 꽃이 개화할 때를 만개기라 한다(그림 6-2의 ⑦). 꽃눈이 부풀기 시작하면 결과지와 꽃눈의 각도가 점점 커지면서 꽃눈 선단에 꽃잎이 보이게 되고 이어서 개화한다. 개화기간은 품종이나 해에 따라 다르지만 약 2주간인데 만개기는 대략 그 중간에 해당된다.

꽃의 모양은 그림 6-2의 ⑥ 과 같은데 품종에 따라 꽃잎의 크기, 색의 농담, 암술과 수술의 길이 등이 다르다. 개화 후 과실이 결실되기 위하여서는 수분(受粉)과 수정(受精)이 필요하다. 수분이란 매개곤충 등에 의하여 꽃가루가 암술머리에 옮겨져 부착되는 것을 말한다(그림 6-2의 ⑧). 그 후 암술머리에서 꽃가루가 발아하여 화분관이 신장, 암술대를 통하여 배주에 도달하면 꽃가루의 정핵(精核) 하나와 난핵(卵核)이 융합하고, 다른 하나의 정핵은 극핵(極核)과 융합한다. 이를 수정이라 한다. 수분 · 수정에 요하는 일수는 약 2주간이다.

① 휴면기(3월 31일)

② 최아기(4월 6일, 석회유황합제 살포)

③ 4월 14일(적뢰 시기)

④ 4월 17일(홍뢰기)

⑤ 4월 18일(개화시)

⑥ 4월 19일

⑦ 4월 22일(만개기)

⑧ 4월 24일

⑨ 4월 28일

⑩ 4월 30일(낙화기)

⑪ 5월 7일(낙화종기)

⑫ 5월 12일(예비적과 전)

⑬ 5월 12일(예비적과 후)

⑭ 5월 21일(적과기)

그림 6-2 복숭아 '가납암백도'의 꽃과 과실의 발육과정 (대전, 2006) (李)

(2) 과실의 비대 · 성숙

과실의 비대생장은 전술한 바와 같이 3단계로 나누어 발육하여 2중S자형곡선을 그리며 성숙에 이른다(그림 2-6).

과실발육 제 1기 : 과실 발육 제 1기는 낙화 직후부터 만개 후 40~50일경까지이다. 수정한 과실은 이 기간에 지난해에 축적된 저장양분을 이용하면서 만개 후 약 30일경까지 왕성하게 세포 분열이 일어나고 그 후는 분열한 개개의 세포가 비대하여 과실이 커진다. 이 시기의 과실 모양은 세로방향으로 긴 타원형이다. 이 때 수정된 과실은 녹색을 띠고 있으며 왕성하게 비대한다. 그러나 수정이 안된 과실은 담녹색을 띠며, 비대가 완만하고 개화 2주간 후부터는 낙과가 시작되어 20일 후에는 대부분 낙과된다.

과실발육 제 2기 : 개화 후 45일경부터 과실 비대는 점차 완만하게 된다. 이 시기는 과실 발육 제 2기 또는 경핵기(硬核期)라 하는데 외관에는 큰 변화가 없으나 과실 속에 있는 내과피, 즉 핵(核)이 경화하는 한편 앞으로 종자로 발달할 배(胚)가 충실하게 된다. 경핵기의 길이는 품종에 따라 달라 조생종은 극히 짧은 반면에 중생종은 길고 만생종은 현저하게 길다. 그러므로 조생종일수록 종자가 충실하지 않고, 핵이 완전히 경화되지 않은 채로 과실발육 제 3기로 들어간다. 경핵기에는 생리적 낙과(生理的落果)나 핵할(核割)과 같은 생리적 장해가 발생하기 쉽다. 생리적 낙과나 핵할 모두 영양생장과 생식생장의 불균형으로 일어나는 배의 영양불량이 원인이라 생각하고 있다(제 9장 1. 생리장해와 대책 참조). 이 시기의 핵할은 보통 봉합선을 따라 열개되지만 심한 경우에는 불규칙하게 열개된다. 핵할이 일어나면 배에 양분을 보내주는 유관속이 단절되므로 배가 괴사하고 이어서 낙과한다. 그러나 '일천백봉' 등의 조생종은 핵할이 되더라도 낙과되지 않고 성숙한다. 이와 같은 핵할은 조생종은 경핵기가 짧으므로 내과피의 경화나 배가 충실하게 되지 않은 채로 제 3기에 들어가 과실이 급격하게 비대되기 때문이다. 핵할과는 식미나 육질이 떨어질 뿐만 아니라 열개된 경와부를 통하여 빗물이 과실 속으로 들어가 내부로부터 부패되기도 한다.

경핵기 생장리듬의 유지

경핵기에는 가지생장과 함께 배(胚)의 완성, 배를 보호하는 핵층(核層) 발달이 동시에 이루어져 생리적으로 가장 불안정한 시기이다. 이 때 과도하게 여름전정이나 적과를 하면 생장리듬이 흐트러져 생리적 낙과, 핵할, 변육과 등의 장해가 쉽게 발생한다. 그러므로 경핵기가 언제인가를 알아두는 일은 중요하다. 만개 후 기온이 높은 해에는 경핵기로 들어가는 시기가 빠르고 그 기간도 단축된다.

과실발육 제 3기 : 발육 제 3기는 경핵기 종료 후부터 성숙기까지로서 이 기간에는 과육 세포가 비대하여 과실이 급속히 커진다. 조생종은 배가 충실하게 발육되기 전에 제 3기에 들어가므로 배가 불완전하다. 제 3기의 길이는 조생종은 30일정도 밖에 되지 않지만 이 때 과실 용적의 70%가 비대 된다. 성숙기에 들어가면 과피에 바탕색이 빠지는 한편 안토시아닌색소가 축적되어 과피는 적색~적갈색으로 변한다. 경육종 이외에 대부분 품종은 과실이 성숙되면 에틸렌이 발생(그림 6-3)되고 동시에 수용성 펙틴이 증가하여 과실이 연화되며 특유의 향기를 띠게 된다. 또한 당이 증가하는 한편 산은 감소한다. 복숭아 과실은 과실 발육 제 3기의 비대량이 크고 당축적이 현저하므로 수량이나 품질은 제 3기의 관리를 어떻게 하느냐에 따라 크게 달라진다.

과실 발육 제 3기에는 잎에서 생산된 동화양분이 우선적으로 과실에 보내져 비대와 성숙에 이용되므로 이 때 나무는 과실 무게로 점점 개장되게 된다. 이 시기는 조생종은 6월 중하순, 중 · 만생종은 7월 중순~8월 상순인데 이때까지는 신초신장이 멈출 수 있는 상태의 나무세력이

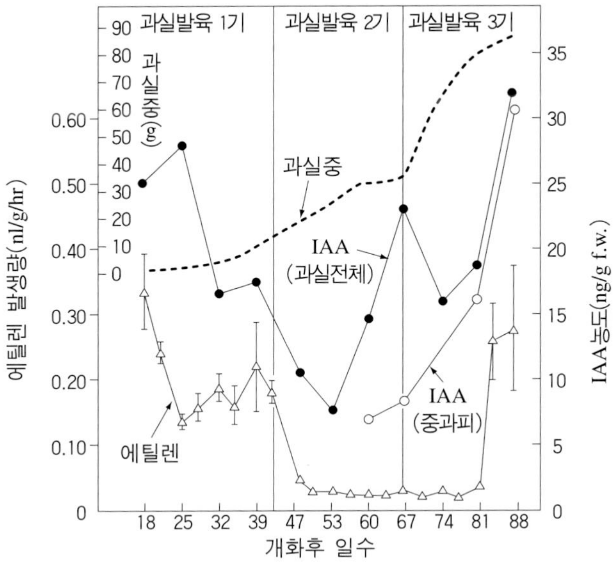

그림 6-3 복숭아 '레드 헤븐' 과실의 발육과 IAA함량 및 에틸렌 발생량의 변화 (Miller 등, 1987)

바람직하다. 이 시기 이후도 신초가 왕성하게 신장하면 수관 내부가 어두워져서 당 함량이 낮아지고 착색이 불량해진다. 그렇기 때문에 이 시기에 나무의 영양이나 기상상태의 양부는 과실 품질에 크게 영향을 미친다. 특히 수확 2주간 전인 착색개시기로부터 수확기까지의 온도, 일조, 강수량 등은 과실 크기, 당도, 착색 등에 크게 영향을 미친다.

(3) 신초생장

복숭아나무의 결과지는 전년에 신장한 1년생 가지이다. 결과지는 그 길이에 따라 장과지, 중과지 및 단과지로 나누는데, 어느 것이건 많은 꽃눈과 잎눈이 달린다. 잎눈은 만개 2~3일 후인 낙화가 시작될 무렵에 제 1엽이 전개된다.

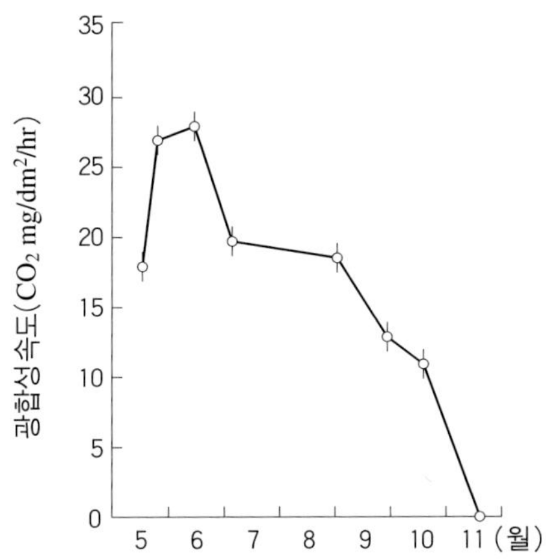

그림 6-4 복숭아 '감조백도'의 광합성 속도의 계절적 변화 (天野, 1989)

복숭아나무의 잎은 전엽 후 4~5주간 후에 성엽이 되며 모양은 타원 내지 장타원상의 피침형(披針形)이다. 잎은 기공을 통하여 흡수한 이산화탄소와 뿌리가 흡수한 물로서 광 에너지를 이용하여 탄수화물을 합성하고 산소를 방출한다. 이를 광합성이라고 하는데 그 능력은 전엽 후부터 약 30일이 되면 제 기능을 다 할 수 있게 되고, 150일이 되면 활성이 떨어지기 시작한다. 광합성의 활성은 5월 하순~6월 중순에 최대로 되고, 그 후 가을철에 접어들면서 저하된다(그림 6-4). 이 기간에 잎에서 생산된 동화물질은 과실, 가지, 잎, 뿌리 등의 생장에 쓰이고 가을철에는 다음해 재생산을 위한 저장양분으로 수체에 축적된다. 그 밖에 잎은 뿌리가 흡수한 물을 증산하여 수체의 온도를 조절한다. 또한 잎은 수체나 과실이 직사일광에 노출되는 것을 막아 일소나 기타 장해를 예방한다.

신초는 만개기에 제 1엽이 전개된 후, 서서히 신장을 계속하다가 동화물질의 생산이 활발하게 되는 만개 후 30일경부터 왕성하게 신장하고 경핵기 경에는 다시 완만하게 된다. 결과지가 충실하면 잎눈의 생육이 고르고 신초신장도 잘 된다. 단과지는 대부분 끝눈(頂芽)에서 한 개의 신초밖에 발생하지 않는데 생육초기부터 왕성하게 자라다가 대부분 6월 중순에 생장이 정지된다. 이에 대하여 장 · 중과지는 단과지와 같이 끝눈에서 한 개의 신초만 발생하는 경우도 있으나 보통의 경우는 2~4개의 신초가 발생하여 중 · 장과지가 된다. 이 가지들은 단과지에서 발생한 신초에 비하여 생장정지시기가 늦어 7월 상순까지 왕성하게 신장한다. 결과지가 충실치 않으면 전엽 3~4매가 되었을 때 신초 신장이 약해지고 잎은 작으며, 잎의 색이 엷게 된다. 이와 같이 생육초기에 신장이 정지된 신초는 동화물질의 생산능력이 떨어지므로 과실생산성이 낮다.

유목과 같이 세력이 강한 나무에서는 전엽은 늦으나, 그 후 왕성하게 자라 성숙기가 되더라도 신장을 계속하여 지나치게 무성하게 자란다. 봄부터 여름까지 신장한 신초는 일시적으로 신장을 멈추었다가 다시 신장을 시작하는 경우도 있다. 또한 세력이 강한 신초는 경핵기 즈음부터 덧가지가 발생하고, 착색기 이후도 왕성하게 신장하여 웃자람가지가 된다. 이와 같이 2차 신장한 신초나 덧가지는 생육 후반까지 신장하므로 이렇게 늦게까지 자란 부분에서는 꽃눈분화나 충실도가 현저히 떨어진다. 그러므로 이와 같은 가지에는 꽃눈이나 잎눈 착생이 적거나 꽃눈이 전혀 달리지 않는다. 또한 이런 가지는 겨울철에 선단부로부터 말라죽는 경우가 많다. 죽지 않고 봄에 생장을 시작하더라도 불완전한 꽃이 많고 잎이 작으며, 전엽 4~5매에서 신장이 정지된다. 따라서 2차 신장한 신초나 덧가지는 생산성이 낮은 결과지가 된다.

(4) 뿌리생장

뿌리는 지상부의 지지, 양수분의 흡수와 수송, 시토키닌과 같은 식물 호르몬의 생산, 양분의 저장 등 중요한 기능을 갖고 있어 지상부 생장, 특히 과실 생산에 중요한 역할을 한다.

복숭아나무의 뿌리는 형태나 구조가 다른 것들이 함께 존재하는데 실제 양수분 흡수의 중요한 역할을 하는 것은 흰색의 새뿌리(新根)이다. 새뿌리는 구조나 기능에 따라 선단으로부터 근관(根冠), 분열부(分裂部), 신장부(伸長部), 미성숙부(未成熟部) 및 성숙부(成熟部)로 나눈다(그림 6-5). 이 중 양수분 흡수에 가장 중요한 것은 신장부와 미성숙부로서 이 부위에 발생한 근모(根毛)가 주로 양수분을 흡수하고 흡수된 양수분은 통도조직을 통하여 지상부로 보내진다. 근모는 표피세포의 일부가 돌기하여 자란 것으로서 토양입자에 밀착해서 그곳으로부터 양분이나 수분을 흡수한다. 근모의 수명은 짧지만 뿌리표면에 무수히 존재하기 때문에 양수분을 흡수하는 면적은 아주 넓다.

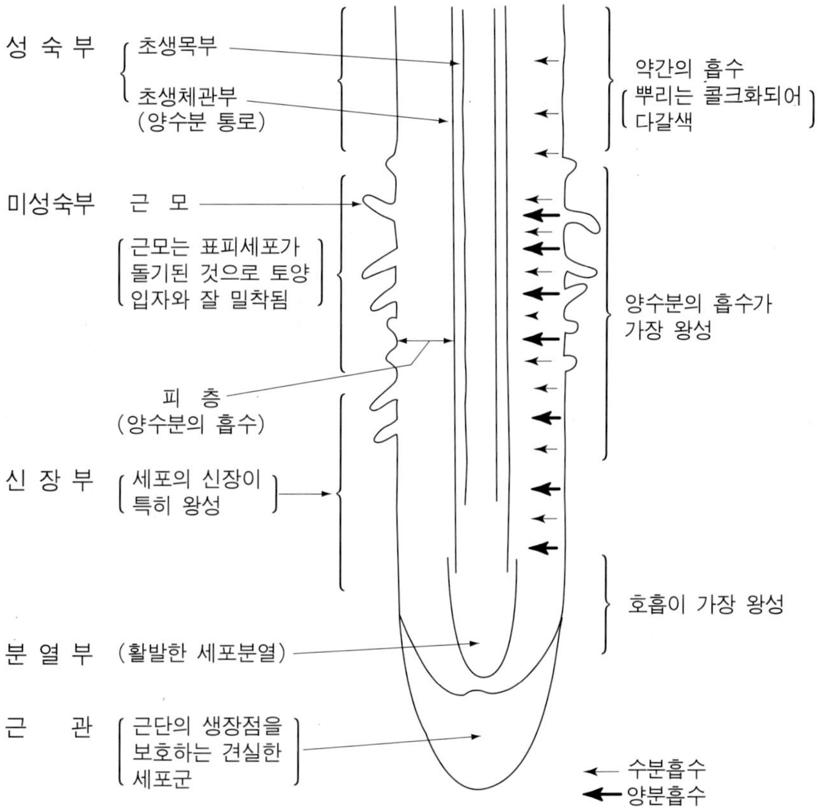

그림 6-5 새뿌리(新根)의 선단부 구조와 기능

근 권(根圈)

근권은 뿌리와 뿌리에 영향을 미치는 토양으로 구성되어 있는데 뿌리로부터 수 mm까지의 범위이다. 이는 작물의 뿌리와 토양사이에 상호작용이 일어나는 장소로서 뿌리 내부를 내부근권, 뿌리표면을 근면(根面), 뿌리표면의 토양을 외부근권이라 한다. 보통 근권토양은 작토의 5~수십%를 점하고 있다. 근권은 뿌리에 의한 양수분과 산소의 흡수, 유기물분비, 탄산가스방출, 조직의 고사, 탈락 등에 따라 비근권에 비하여 무기양분이나 산소가 부족하고 유기물이나 탄산가스가 많은 환경으로 되어 있다. 따라서 근권에는 그 환경에 적응하는 미생물이 다수 생식하므로 비근권과는 다른 미생물로 구성되어 있다. 특정 비료나 유기물을 편중하여 시용하면 근권미생물의 분포가 불균형하게 되기 쉽다.

복숭아나무의 뿌리는 1년에 생장성기가 2회 있다(그림 6-6). 1회째는 발아 40~50일 전인 2월 하순경에 신장을 시작하여 6월 중 · 하순까지 극히 왕성하게 신장한다. 여름철에는 일시적으로 신장이 정체되었다가 과실 수확 후 9월 하순경부터 다시 왕성하게 신장하여 낙엽기까지 계속된다. 뿌리는 토양의 90cm 깊이까지도 신장하지만 그 분포밀도는 낮고 대부분은 토양 깊이 30cm까지에 분포되어 있다. 즉 반경 1m, 깊이 30cm범위 내에 2년생 나무는 전체 뿌리량의 85%가, 7년생 나무는 64~72%가 분포되어 있다고 한다.

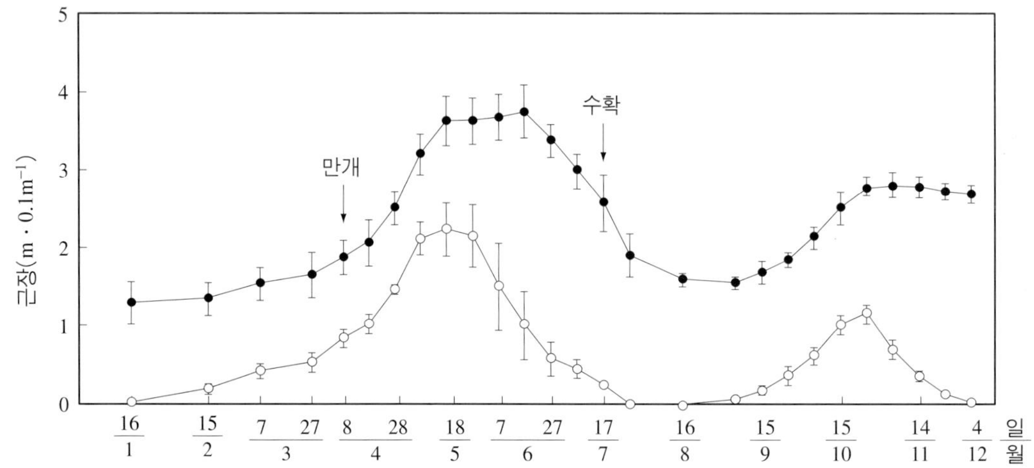

그림 6-6 복숭아 '홍청수'의 전근장(●)과 백근장(○)의 계절적 변화 (高田, 2006)
주 전근장은 백근과 갈변한 뿌리의 합계(40cm×40cm 유리면당 뿌리의 길이), (I)는 표준편차

(5) 저장양분 축적기의 생장

과실 수확 후부터 낙엽까지의 기간은 저장양분 축적기인데 조생종은 4개월여나 되어 개화부터 수확기까지의 기간인 약 3개월보다도 더 길다. 이와 같은 양분축적기간은 조생종일수록 길고 만생종일수록 짧다.

꽃눈분화 : 복숭아나무의 꽃눈분화는 품종, 재배조건, 나무의 세력 등에 따라 다르나 대개 7월 하순에 시작하여 8월 중순에 거의 완료된다. 9월에는 화기가 형성되기 시작하고 12월 초에는 악편, 꽃잎, 수술, 암술이 완성된다. 생장이 왕성한 신초나 덧가지에는 꽃눈분화가 늦지만 가을까지는 분화한다(그림 2-5). 꽃가루나 배주는 개화 2주간 전쯤에 형성된다.

근군의 2차신장 : 체내 저장양분의 축적에 따라 뿌리는 2차 신장을 시작하여 양수분의 흡수범위를 확대해 가면서 다음해 과실 생산을 위한 양분을 축적한다. 뿌리의 신장은 낙엽기까지 계속된다.

신초신장 : 신초신장은 7월 하순에 정지되는 것이 대부분이나 웃자람가지가 많이 발생하는

세력이 강한 나무는 8월 하순이 되어도 신장이 계속된다. 이렇게 늦게까지 신초신장이 계속되면 동화양분이 저장양분으로 축적되지 못하고 필요 없는 신초생장에 소모된다. 이는 지난해 지나치게 강전정을 하였거나 질소비효가 늦게 나타나서 일어나는 현상으로 이런 가지는 충실하게 자라지 못하여 내한성이 약해져서 겨울철에 쉽게 고사한다. 한편 건조 등으로 한 차례 신장이 멈추었던 신초가 8월 중순에 다시 신장하는 경우도 있다. 이를 2차신장이라 하는데 이와 같이 꽃눈분화기 이후에 자란 신초에는 꽃눈이 달리지 않아 다음해 꽃눈이 없는 가지가 된다.

이상적으로 자란 나무는 가을에 지간(枝幹)과 뿌리에 저장양분이 축적되고 그 후 기온이 떨어지면서 낙엽이 되며, 추위에 대한 저항력이 생기고, 눈은 휴면상태로 들어간다.

저장양분의 중요성

수확 후부터 수체에 축적된 저장양분은 이듬해 개화 후 약 1개월까지의 발근, 발아, 개화, 전엽 등 초기생육의 에너지원으로 이용된다. 따라서 저장양분이 부족하면 겨울에 동해를 받기 쉬울뿐만 아니라 세포분열, 세포비대, 신초의 초기생육에 악영향을 미쳐 과실이 작아지고 품질이 떨어진다. 저장양분의 축적은 수확 후부터 이루어지므로 수확 후 과원관리가 중요하다. 저장양분 축적을 위해서는 ① 나무 세력이 약한 경우에는 9월 상순경 속효성 질소비료를 연간 시비량의 10~20% 시용한 후 관수를 한다. ② 가을전정에 의하여 광 환경을 개선해 준다. ③ 9월에 조기낙엽을 일으키는 세균성 구멍병, 복숭아굴나방 등을 철저히 방제하여 낙엽될 때까지 잎을 건전하게 유지한다.

(6) 휴　　면

꽃눈분화가 완료된 복숭아나무의 눈은 9월 중순경부터 서서히 휴면에 들어가 11월경에는 휴면이 가장 깊게 된다. 이와 같은 상태가 되면 눈은 일정기간 저온에 노출되지 않으면 다시 생장을 시작하지 못한다. 이 기간을 자발휴면기(自發休眠期)라 하는데 그 길이는 품종에 따라 다르다. 복숭아나무의 자발휴면 완료에 요하는 시간을 7.2°C이하 저온에 노출된 시간수를 합하면 약 1,000시간인데 그 시기는 1월 중순경이다. 자발휴면이 완료되더라도 외기온도나 수분조건이 충족되지 못하면 눈은 휴면상태로 생장하지 못한다. 이와 같은 자발휴면완료 후의 휴면은 외계의 조건에 따라 좌우되므로 이를 타발휴면(他發休眠)이라 한다.

2월 하순~3월 상순이 되어 기온이나 지온이 상승되면 새 뿌리가 나와 자라서 토양 중의 양수분을 흡수한다. 한편 효소의 활성이 높아져 지난해 가을에 수체 내에 축적되었던 탄수화물이나 단백질이 포도당이나 아미노산으로 분해된다. 이들 포도당이나 아미노산은 꽃눈이나 잎눈으로 전류되어 생장에 이용된다.

4. 정지 · 전정

복숭아나무의 정지법은 2본 또는 3본 원가지의 개심자연형이 일반적이었으나 최근에는 밀식소목재배(密植小木栽培)에 적당한 새로운 정지법이 세계 각국에서 개발되어 이용되고 있다. 예를 들면 오스트레일리아나 뉴질랜드의 타투라(Tatura) 정지법 및 캐나다의 2본 원가지정지법은 덧원가지(副主枝)를 만들지 않고 원가지(主枝)에 직접 곁가지(側枝)를 발생시켜 정지가 쉽고 수형이 쉽게 흐트러지지 않는 수형이다. 또한 이탈리아에서는 개심자연형이나 팔메트형 뿐만 아니라 주간형(主幹形)으로도 재배하고 있다. 이 방법은 수광 태세가 좋으므로 착과위치에 따른 과실 품질의 차가 적고 초기 수량도 많다. 지금 우리나라와 일본에서는 노동력 부족, 재배자의 고령화가 심화되고 있으므로 저수고(低樹高)에 의한 작업의 효율화와 고품질과 생산을 위한 새로운 정지법의 개발이 요구되고 있다. 한편으로는 후술하는 바와 같이 왜성대목을 이용한 왜화재배도 시도되고 있다. 본 항에서는 개심자연형, Y자형 정지법, 주간형에 대한 정지 · 전정의 실제를 기술하고 몇 가지 새로운 정지법의 특징을 소개한다. 정지 · 전정은 복숭아나무의 결과습성과 생장습성을 잘 이해한 후에 실시하여야 한다.

복숭아 나무의 특징

① 결실은 빠르나 천근성이고, 일소나 줄기마름병에 걸리기 쉬우므로 수명이 짧다. ② 유목일 때 신초생육이 왕성하여 수형이 흐트러지기 쉽다. ③ 결과기가 되면 가지가 늘어지기 쉬우므로 원가지, 덧원가지가 아래로 처지지 않도록 주의한다. ④ 윗가지보다 아래가지가 강하게 자라 수형이 흐트러지기 쉬우므로 골격지 형성시 가지의 굵기, 발생각도에 유의하면서 전정한다. ⑤ 자른부위의 유합이 잘 안되고, 재질이 약하여 굵은 가지가 쉽게 열개된다. ⑥ 잠아(潛芽)의 발생이 적으므로 결과부 상승이 쉽다. ⑦ 그늘에서는 신초생장이 불량하므로 수관 내부까지 햇빛이 잘 들어가도록 정지 · 전정한다.

(1) 결과습성

그림 6-7의 결과습성으로 알 수 있는 바와 같이 복숭아나무는 꽃눈(花芽)과 잎눈(葉芽)이 따

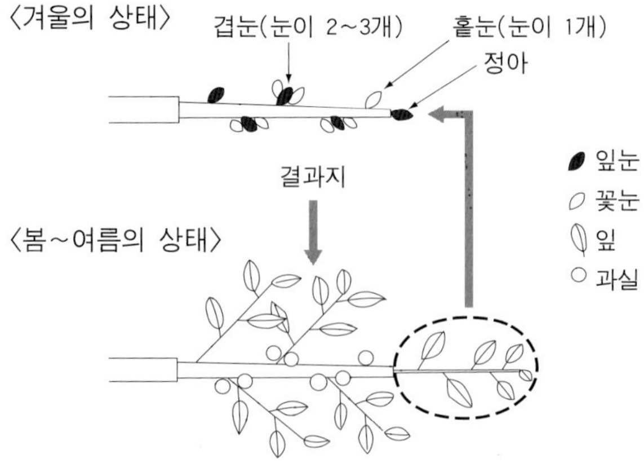

그림 6-7 복숭아의 결과습성 (果樹栽培の基礎, 2004)

[표 6-1] 품종별 품질이 좋은 과실이 달리기 쉬운 결과지의 종류

품　종	결과지의 종류
백　봉	중과지
대화백도	장 · 중 · 단과지
청수백도	중 · 단과지
천중도백도	장 · 중 · 단과지
백　도	중 · 단과지
골든 피치	중 · 단과지

(岡山縣 果樹栽培指針, 2003)

로따로 형성되는 순정꽃눈(純正花芽)으로서 접목 다음해부터 꽃눈이 착생된다. 꽃눈, 잎눈 모두 그 해에 자란 신초의 잎겨드랑이(葉腋)에 형성되는데 가지 선단의 눈, 즉 끝눈(頂芽)은 반드시 잎눈이다. 눈에는 홑눈(單芽)과 겹눈(複芽)이 있다(그림 2-1). 겹눈의 수나 꽃눈과 잎눈의 착생비율은 품종이나 가지의 영양상태에 따라 다르다. 일반적으로는 생육이 왕성한 가지에는 잎눈, 약한 가지에는 꽃눈이 많이 형성된다. 결과지는 그 길이에 따라 장과지, 중과지, 단과지로 나누는데 품질이 좋은 과실이 달리는 결과지는 품종에 따라 다르다(표 6-1).

장과지 : 길이가 30cm이상 되는 결과지를 말한다. 보통, 장과지 기부에는 잎눈인 홑눈이 착생하고, 중간부에는 꽃눈을 포함한 겹눈이 많으며, 상부에는 품종에 따라 잎눈 또는 꽃눈인 홑눈이 착생한다. 장과지에는 잎눈이 많으므로 신초가 많이 발생하고 잎이 많아 과실 발육이 좋다. 기부에 잎눈이 있으므로 결과부의 상승이 적으나 자르면 신초의 생장이 왕성하여 생리적 낙과가 일어나기 쉽다.

그림 6-8 단과지 (李)

중과지 : 10~30cm 길이의 결과지로서 잎눈이 적고 발육이 좋지 않은 경우에는 꽃눈만 달리는 결과지가 많다. 잎눈은 끝눈에만 있는 가지가 많으므로 절대로 자름전정(切斷剪定)을 해서는 안 된다. 따라서 중과지는 결과부의 상승이 심하다.

단과지 : 10cm이하의 결과지를 말하며 끝눈만 잎눈이고 겨드랑눈은 모두 꽃눈인 가지가 많다(그림 6-8). '백도' 에서는 단과지가 중요한 결과지이나 약한 단과지에 결실시키면 고사하기 쉽다. 수령이 오래되어 나무의 세력이 떨어지면 단과지의 발생 비율이 높아지는 경향이 있다.

화속상단과지(花束狀短果枝, 꽃덩이 단과지) : 끝눈만 잎눈이고 겨드랑눈은 모두 꽃눈으로서 마디사이가 짧아 3cm정도 되는 결과지이다. 화속상단과지는 노목에 생기기 쉽고, 중요한 결과지이지만 대부분은 2~3년이 되면 고사한다.

(2) 생장습성

복숭아나무는 생장이 극히 빨라 정식 후 몇 년 지나면 성목이 된다. 꽃눈 착생도 어린나무부터 잘 되어 정식 다음 해부터 결실한다. 반면에 노화도 빨라 경제수령이 5~15년 밖에 되지 않는다. 복숭아나무는 해거리가 거의 없으나 지나치게 결실시키면 나무의 세력이 쉽게 약화되어 수명이 짧아진다. 또한 정부우세성이 적으므로 하부로부터 발생한 가지가 강하게 자라기 쉽다. 덧가지(二番枝)가 잘 발생하는 것도 복숭아나무의 특징이다. 덧가지는 다음해 생장할 겨드랑눈이 자란 것이므로 덧가지가 발생한 마디에는 다음해의 주아(主芽)가 없고, 주아 좌우에 있는 덧눈(副芽)도 덧가지 위의 눈이 되므로 강한 덧가지가 발생한 마디에는 잎눈이 없다. 따라서 원가지의 전정이나 묘목을 절단할 때는 잎눈이 있는지를 확인한 후 실시한다.

복숭아나무는 내음성(耐陰性)이 약하므로 일조가 부족하면 아래쪽의 가지가 고사하기 쉽다. 한편 눈의 발아능력은 1년밖에 되지 않고 부정아(不定芽)나 잠아(潛芽)의 발생도 극히 적으므로 고사한 부위에 다시 곁가지를 만드는 일은 쉽지 않다. 따라서 수관 내부까지 햇빛이 잘 들어가도록 하는 것이 중요하나 한여름에 굵은 가지가 직사광선을 받으면 일소가 발생하기 쉬우므로 주의하여야 한다. 복숭아나무는 일반적으로 개장성이나 개장의 정도는 품종에 따라 달라 '상해수밀도' 계의 품종은 개장성이 강하고, 구주계는 직립성을 보이는 품종이 많다.

약전정이 기본

복숭아는 가지 신장이 왕성한 과수이다. 가지를 자르면 자를수록 왕성하게 신장한다. 약전정을 하면 나무의 세력을 적당히 유지시킬 수 있어 지엽이나 뿌리 등에 양분 전류가 억제되고, 과실에 분배 비율이 높아져 고품질과를 생산할 수 있게 된다. 약전정을 하면 가지가 일시적으로 혼잡하게 되지만 나무의 세력은 조기에 안정된다.

(3) 개심자연형의 정지와 전정

복숭아나무는 정부우세성이 약하므로 가지를 잘라주지 않으면 생식생장만 왕성하게 된다. 또한 내음성이 약하기 때문에 복숭아나무의 정지법은 주로 개심자연형으로 하여 비옥지에서는 2본원가지, 척박지에서는 3본원가지로 키운다. 개심자연형은 원줄기를 축으로 2~3본의 원가지로 세력을 분산시키고 수관 내부에 햇빛이 잘 들어갈 수 있도록 중심부를 열어주어 수관 내부의 수광량을 높이고 동시에 작업효율을 높일 수 있는 수형이다(그림 6-9).

그림 6-9 저수고 개심자연형의 수형 (李)

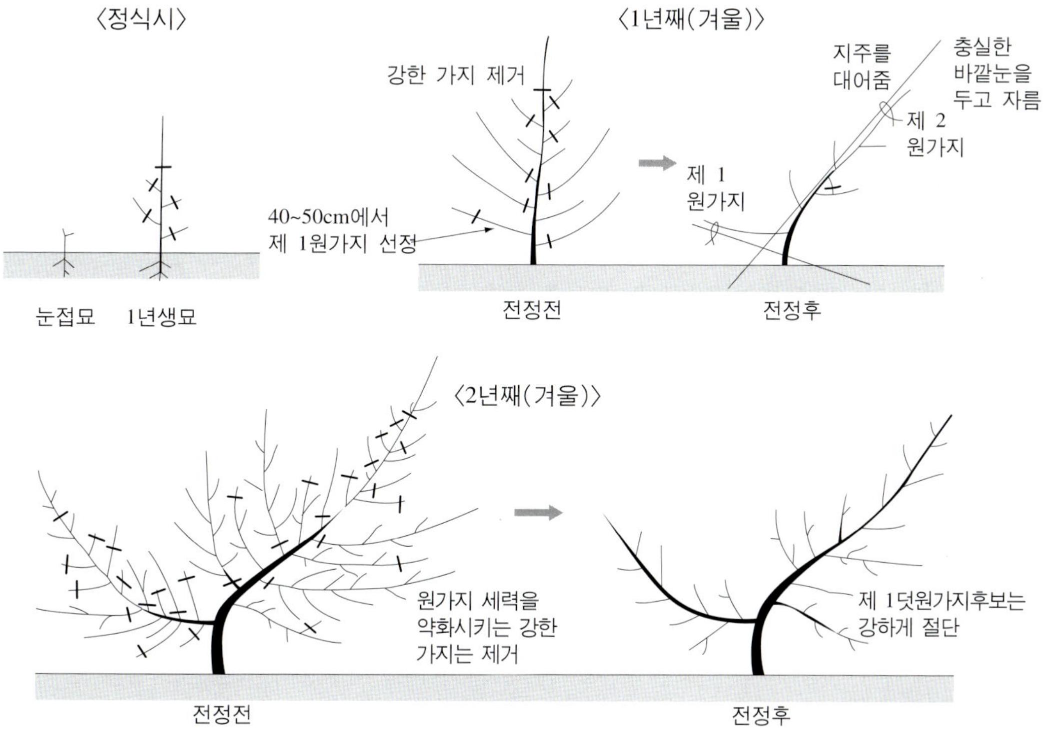

그림 6-10 개심자연형(2본 원가지)의 정지와 전정 (果樹栽培の基礎, 2004)

1) 수형의 구성

원줄기(主幹) : 묘목의 선단을 잘라주어 원줄기로 키운다. 원줄기의 길이는 70cm가 표준이지만 척박지에서는 60cm 이하로, 비옥지에서는 80cm 이상 또는 자르지 않고 그대로 원줄기로 이용한다(그림 6−10).

원가지(主枝) : 원가지는 발생위치가 낮을수록 세력이 강하고, 분지각도가 클수록 가지가 잘 발생하고 쉽게 열개되지 않는다. 2본원가지의 경우(그림 6−11), 주간연장지를 제 2원가지로 하고, 제 1원가지는 지상 40~60cm 높이에서 발생시키며 제 2원가지보다 약한 가지를 택한다. 제 1원가지는 1년 늦추어 키우기도 한다. 원가지의 분지각도는 50도 전후로 하고 제 1원가지는 제 2원가지보다 약간 더 열어준다. 3본원가지의 경우(그림 6−12), 주간연장지를 제 3원가지로 하고 제 1원가지는 지상 30~40cm, 제 2원가지는 지상 60cm부위에 발생시키는데 어느 것이고 제 3원가지보다 약한 가지를 택하여 원가지간의 세력이 균형을 이루도록 한다. 보통 제 1원가지는 40~45도, 제 2원가지는 40도, 제 3원가지는 30~35도로 분지시킨다.

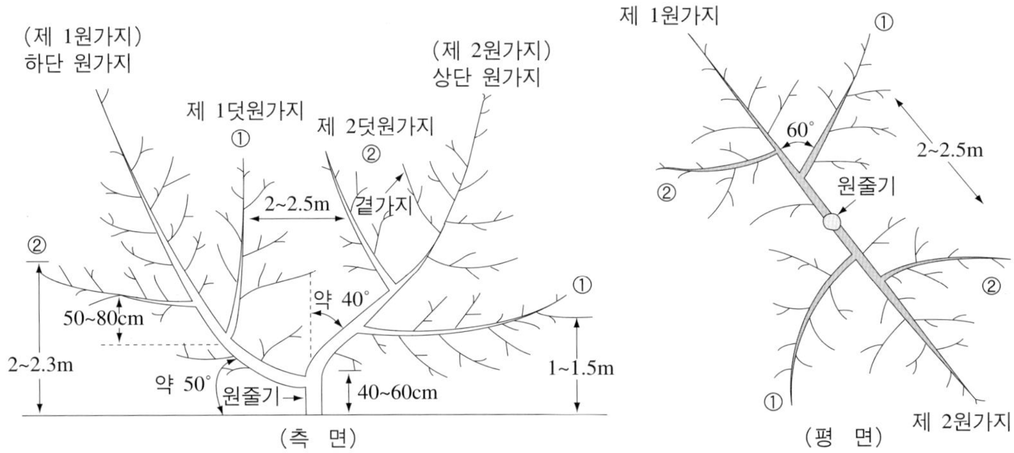

그림 6−11 개심자연형 2본원가지의 목표 수형 (阿部 등, 2001)

① 원가지의 수는 2개로 한다.
② 제 1원가지의 위치는 지상 40~60cm내외로 하고, 제 2원가지는 원줄기의 연장지를 이용한다.
③ 원가지의 사립각도는 수평에 대하여 50도 전후로 하나, 제 1원가지는 제 2원가지보다 약 간 더 열어준다.
④ 각 원가지에는 각각 2개의 덧원가지를 두어, 6개의 골격지로 수관을 구성한다.
⑤ 제 1덧원가지는 지상 1.0~1.5m위치에서 선택하고, 제 2덧원가지는 제 1덧원가지로 부터 50~80cm 높이에서 택한다.
⑥ 덧원가지의 사립각도는 수평에 대하여 40도 전후로 유지하고, 원가지에 대하여 60도 전 후의 방향으로 신장시킨다.
⑦ 수령이 진행되면 가지가 혼잡하게 되기 쉬우므로, 제 2덧원가지는 약간 소형으로 유지하여 가지의 세력이 원줄기 연장지인 제 2원가지 > 제 1원가지 > 제 1덧원가지 > 제 2덧원가지의 순으로 하여 균형이 흐트러지지 않도록 주의한다.

덧원가지(副主枝) : 2본 원가지 수형의 경우, 각 원가지에 2본의 덧원가지를 좌우 교호로 배치한다. 기부쪽의 덧원가지, 즉 제 1덧원가지는 지상으로부터 1.0~1.5m 부근에서 선정하고 제 2덧원가지는 그로부터 50~80cm 높은 위치로부터 발생시킨다. 반대쪽 원가지의 덧원가지와

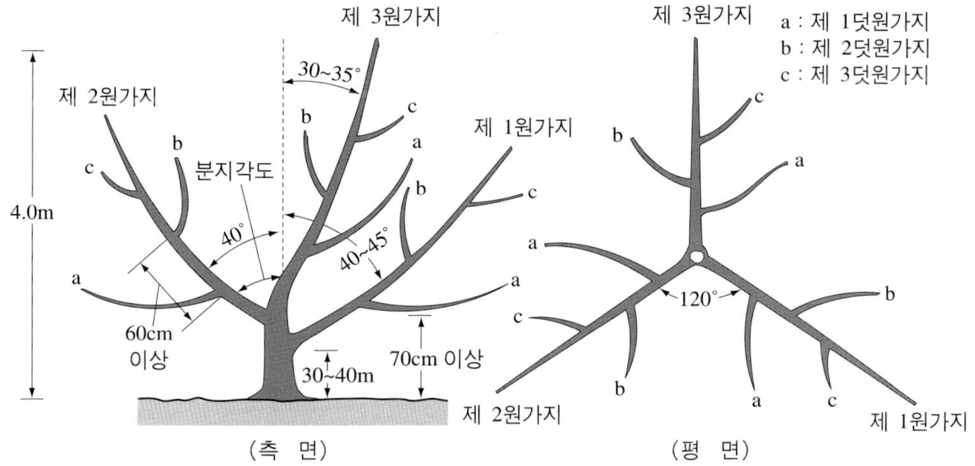

그림 6-12 개심자연형 3본원가지의 목표 수형 (片岡 등, 1984)

같은 방향의 덧원가지 사이가 가까우면 가지가 혼잡하게 되므로 2.0~2.5m 정도 떨어지도록 배치하는 것이 좋다. 덧원가지는 원가지에 측면에서 약간 아래쪽으로 비스듬하게 나온 가지를 선택하여 원하는 방향으로 유인하여 이용한다. 분지각도가 넓은 가지를 선택하여 원가지와의 각도가 60도 정도의 방향으로 자라도록 유도한다. 수령이 높아감에 따라 가지가 혼잡해지기 쉬우므로 제 2덧원가지는 처음부터 작게 키우는 것이 좋다.

곁가지(側枝) : 곁가지는 원가지와 덧원가지에 착생시켜 결과지군을 구성하는 과실 생산의 중심이 되는 가지이다. 곁가지는 50cm 정도의 짧은 것으로부터 2m 이상으로 긴 것 등 다양하다. 채광을 고려하여 원가지나 덧원가지의 기부쪽 곁가지는 약간 크게 키우고 선단으로 갈수록 작게 유지하여 방추형의 모양이 되도록 한다(그림 6-13). 곁가지의 간격은 그림 6-13과 같이 하고, 모든 곁가지는 가지를 분지시키지 말고 단순하게 키워 햇빛을 충분히 받도록 입체적으로

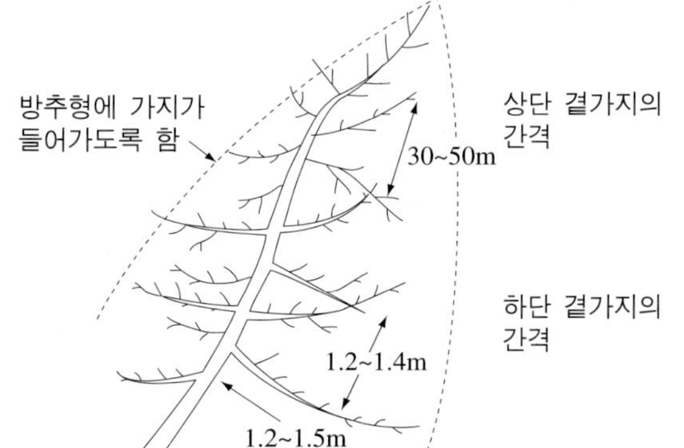

그림 6-13 덧원가지 상의 곁가지 배치 (ももの作業便利帳, 2001)

구성한다. 원가지나 덧원가지의 등에서 나온 곁가지는 되도록 작게 키워 결실시키면서 일소 방지에 이용한다. 곁가지가 오래되면 대형화되고 기부에는 가지가 나오지 않아 비생산적인 가지가 되므로 3~4년을 기준으로 갱신한다. 곁가지에 결과지 배치는 항상 주종관계를 확실하게 하고 단순화시켜 곁가지의 모양이 기부 쪽이 약간 큰 긴 방추형이 되도록 관리한다.

결과지 : 결과지는 길이에 따라 단과지, 중과지, 장과지로 구분한다. 일반적으로 장과지에서는 큰 과실이, 충실한 단과지에서는 품질이 안정된 과실이 달린다. 그러나 세력이 강한 가지에서는 과형이 바르지 않은 과실이 많이 생기고 품종에 따라서는 생리적 낙과, 연육과(軟肉果) 발생이 많다. 그러므로 품종 특성에 따라 단과지, 중과지, 장과지가 적당한 비율로 고루 갖추어지도록 전정한다. '아카쓰키', '백봉' 등은 충실한 중과지에 좋은 과실이 달리고, '유우조라'는 건실한 단과지에 좋은 과실이 달린다. 또한 '천중도백도'는 중~단과지를 주로 이용하나 이들 가지의 비율이 지나치게 높으면 나무가 쉽게 쇠약해지므로 장과지의 비율을 어느 정도 높여 나무의 세력이 적당히 유지되도록 한다. 일반적으로 나무의 세력을 적정하게 유지하기 위해서는 단과지 70~75%, 중~장과지 20~30%정도가 바람직하지만 이를 기준으로 하여 품종, 나무의 세력, 수령 등을 고려하여 결과지의 비율을 결정한다.

2) 재식당년의 전정

1년생 묘를 정식한 경우, 지상으로부터 50~80cm 높이에서 충실한 잎눈을 두고 자른다. 덧가지는 발생각도가 넓은 것이나 세력이 약한 것은 남기고 원줄기와 경쟁이 되는 강한 가지는 기부의 잎눈을 두고 솎아준다.

신초관리 : 원줄기 연장지의 신초는 바람에 부러지거나 휘지 않도록 지주를 세워 유인해 주고, 연장지와 경쟁이 되는 가지는 가지비틀기나 유인하여 세력을 억제한다. 특히 지상 30~50cm에서 발생한 신초는 강하게 자라기 쉬우므로 순지르기를 하거나 여름전정 시 절제한다.

겨울전정 : 제 2원가지가 될 원줄기 연장지는 연장방향으로 향한 충실한 바깥눈을 두고 잘라준다. 자르는 정도는 묘목의 생장상태에 따라 다르나 약하게 자랐을 때는 강하게 자르고, 강하게 자랐을 때에는 약하게 잘라준다. 대개는 연장지의 1/3~1/4정도에서 자른다(그림 6-10). 1년생 가지와 덧가지는 강한 것만 솎아주고 되도록 많이 남겨 원가지가 잘 자라도록 한다. 제 2원가지의 반대쪽에 각도가 넓고, 방향, 세력이 적당한 가지를 제 1원가지 후보지로 택하여 연장방향에 있는 충실한 바깥눈에서 잘라준다. 원가지 생장에 방해되지 않는 가지들은 되도록 많이 남겨 둔다.

3) 재식 2년째

신초관리 : 원가지 선단의 연장지와 경쟁되는 신초는 가지비틀기나 유인하여 세력을 억제시

켜 연장지가 잘 자라도록 한다. 원가지 측면에서 발생한 1년생가지나 덧가지 중에서 덧원가지 후보를 선정하여 키운다. 방향이나 각도가 적당치 않으면 유인하여 조절한다. 원가지 등에서 나온 웃자람가지나 내향지는 순지르기, 가지 비틀기, 유인, 여름전정 등으로 적절히 처리한다.

겨울전정 : 원가지 선단은 전년과 같이 연장방향의 바깥눈을 두고 연장지의 1/3~1/4정도에서 자른다. 수관이 완성될 때까지 제 2원가지가 세력이 약화되지 않도록 제 2원가지위에 가지를 많이 두어 동화량을 증대시켜주는 한편 제 2원가지를 세워 주어 제 1원가지보다 더 강하게 자라도록 한다. 또한 곁가지나 결과지는 원가지나 덧원가지 생장에 방해가 되지 않는 한 많이 두어 초기 수량을 높인다. 구체적인 전정은 그림 6-14 유목의 전정 방법을 참고한다.

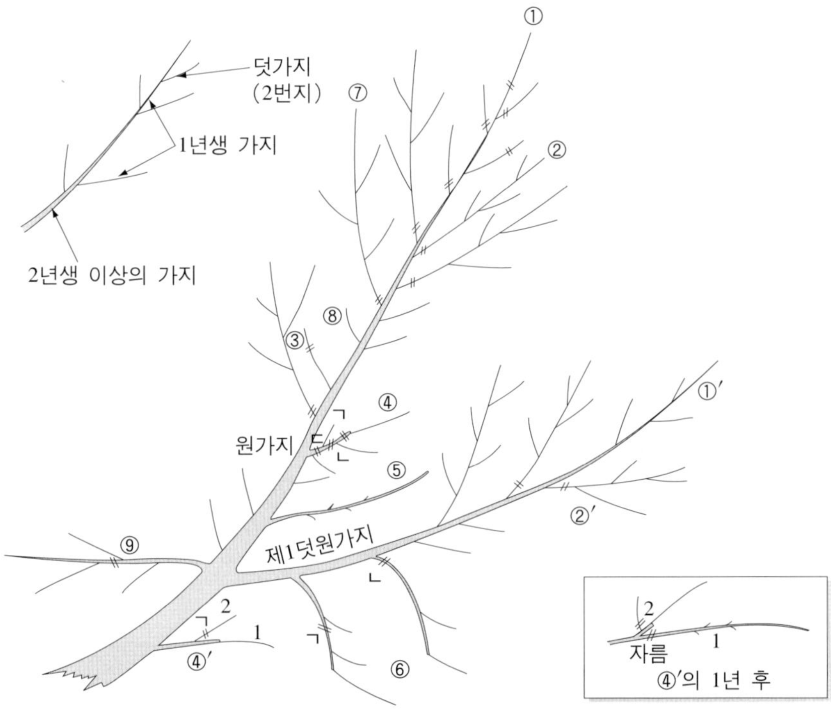

그림 6-14 복숭아 유목의 전정 방법 (佐藤, 1978)

① 원가지의 선단 : 1년생 가지의 선단 1/3~1/4를 자름전정을 한다. 덧가지는 강한 것, 방해되는 것은 잘라준다.
①′ 덧원가지의 연장 : ① 과 동일하게 한다.
② 원가지의 연장지 부근의 가지로서, 같은 세력의 강한 가지는 기부로부터 잘라준다.
②′ ② 와 동일하게 한다.
③ 제 2덧원가지를 이 부근에서 택한다.
④ 결과지가 지나치게 많은 경우 : ㄱ, ㄴ, ㄷ 중 어느 곳에서 자를 것인지, 그대로 두었다가 도중에 가지를 솎아 줄 것인지는 그 부근의 상황, 나무의 세력, 결실예정 수에 따라 판단한다.
④′ 결과지가 지나치게 많을 경우(예비지 만드는 방법) : 비슷한 결과지 1, 2가 있다. 1은 결과지로 과실을 결실시키고, 2는 ㄱ에서 2~3개의 눈을 두고 자른다. 이 가지는 예비지라 한다. 이 가지에서는 결과지가 발생한다.
⑤ 가지의 기부가 약화된 것 : 그대로 두고 선단에 과실을 결실시키면 기부에 결과지가 없게 된다. 자름전정하여 세력이 좋은 가지를 발생시킨다(결과지는 원가지나 덧원가지 가까이에 있도록 한다).

⑥ 하수지 : ㄱ에서 잘라 결과부가 늘어지는 것을 막아주거나 그대로 두어 결실시킨 다음 다음해 ㄴ에서 잘라 솎아준다.
⑦ 원가지 내측에 수직으로 서 있는 가지로서, 세력이 강한 가지는 기부에서 잘라 솎아준다.
⑧ 약소한 가지는 그 부분에 결과부를 만들거나 원가지의 일소를 막아주기 위하여 그대로 남겨둔다. 지나치게 많아 서로 겹치면 솎아준다.
⑨ 내향지 : 원가지 방향에 대하여 역방향의 가지는 크게 자라면 그늘이 생기고, 또한 수형을 흐트러지게 한다. 결과지 몇 개만을 둔다.
⑩ 꽃눈이 크고 마디사이가 짧은 30~40cm 길이의 결과지에 좋은 과실이 결실된다. 이와 같은 가지가 동일 평면 내에 10~15cm 간격으로 있도록 한다.

일반적으로 전정은 약하게 하는 편이 좋다. 웃자람가지 발생이 많은 것은 지나친 강전정이나 질소비료의 과용 때문이다. 반면에 전정을 지나치게 약하게 하면 수관 내부의 가지가 고사하여 결과부가 적어진다.

4) 4~6년생의 전정

원가지, 덧원가지의 선단은 세력이 떨어지거나 늘어지지 않도록 지주를 받쳐준다(그림 6-15). 세력이 떨어질 경우는 강하게 잘라준다. 신장방향이 적절치 않을 때는 유인하여 바로 잡는다. 유인 시기는 수액 유동기인 3~4월에 한다. 목표 수고에 달하면 원가지 선단은 자르지 말고 나무의 세력이 안정되도록 한다.

그림 6-15 지주 세워주기 (岡山縣) (李)
노목인데도 가지를 세워주어 강건하게 자람.

5) 성목의 전정

원가지 덧원가지 전정 : 7년 이후가 되면 수형이 완성되어 성목이 된다. 원가지는 수형이 완성될 때까지 지주를 대어 곧게 자라도록 한다(그림 6-16). 성목기가 되면 곁가지가 커지면 원

그림 6-16 받침대를 대어 원가지는 곧게 키움 (岡山縣) (李)

가지나 덧원가지의 선단부 세력이 약화되기 쉽다. 또한 곁가지가 커지면 수관 안쪽은 그늘이 생겨 안쪽 가지가 고사하게 된다. 한편 큰 곁가지를 자르면 상처부로부터 말라 들어가 원가지나 덧원가지의 수명이 단축되고, 굵은 가지가 햇빛에 노출되어 일소가 발생되기도 한다. 따라서 이와 같은 문제가 일어나지 않도록 유의하면서 전정한다.

선단부의 관리 : 원가지나 덧원가지의 선단부는 항상 강하게 유지하는 것이 중요하다. 선단부가 약화되거나 늘어지면 다른 부위의 곁가지가 크게 자라 수형이 흐트러지므로 선단부에서 발생한 발육지나 웃자람가지를 잘 활용하여 매년 갱신해 줌으로써 세력을 유지시켜준다. 반대로 선단부가 서서 수고가 높아지면 자름전정에 의하여 낮추려하지 말고 가능하면 유인하여 낮추어 주는 것이 좋다.

생장점이 없는 빈가지 : 큰 곁가지를 갱신할 때 기부에 가지가 없으면 곁가지를 통째로 솎아내야 하는 경우가 있는데 이렇게 되면 가지가 없는 공간이 많이 생기게 된다. 그러므로 곁가지는 보통 2m 이내의 범위에서 갱신하여 크게 자라지 않도록 자주 갱신해 주는 것이 좋다. 또한 원가지나 덧원가지에서 나온 신초는 그늘이 문제되지 않을 정도로 기부를 남기고 자름전정(切斷剪定)하여 가지가 없는 공간이 생기지 않도록 하는 것이 중요하다.

일소방지를 위한 전정 : 원가지나 덧원가지의 등이 햇빛에 노출되면 일소가 발생하여 가지가 고사된다. 이들 가지의 등에서 나온 신초는 직사광선을 막아주는 한편 그 부분에 수액 이동이 촉진되어 일소가 예방된다. 따라서 원가지나 덧원가지에서 발생한 가지는 측면으로부터 등까지 그늘이 심하지 않을 정도로 배치하는 것이 중요하다.

곁가지의 갱신 : 곁가지 사용은 3~4년 정도로서 길이는 2m 이내를 기본으로 한다. 공간의 효율적인 이용을 위하여 곁가지를 덧원가지로 사용하기도 한다. 갱신 방법은 곁가지 기부로부터 발생한 가지를 이용하는 방법과 원가지나 덧원가지에서 발생한 발육지를 이용하는 방법이 있다. 또한 품종이나 수령, 곁가지의 크기에 따라 1년생 가지로 갱신하는 경우와 2년생 이상 되는 가지로 갱신하는 경우가 있다. 1년생 가지를 이용할 때는 생육기간 중 곁가지로 이용할 가지를 택하여 웃자라지 않도록 유인해 두는 것이 좋다.

결과지 전정 : 결과지 전정은 세력이 약한 하향지, 직립하여 자라는 강한 장과지, 밀생한 가지 등은 솎아주고 그 이외는 되도록 많이 남긴다. 세력이 강한 나무에서는 신초생장이 왕성하므로 솎음전정을 주로 한다. 세력이 약한 나무는 단과지 비율이 많아지므로 곁가지의 자름전정을 중심으로 하여 신초발생을 촉진시킨다. 결과지의 자름전정은 보통 하지 않으나 장과지가 충실하게 자라지 않았을 때에는 20~30% 정도 자름전정을 한다. 그러나 중 · 단과지는 자름전정을 하지 않는다. 결과지를 솎아줄 때는 곁가지에 빈공간이 생기지 않도록 결과지 기부를 3~5cm정도 남기고 잘라 그곳에서 자란 가지를 다음해 결과지로 이용한다.

6) 여름전정

개심자연형의 경우 세력이 강한 덧원가지나 곁가지를 겨울전정시에 강하게 절단하면 수형이 흐트러지기 쉽다. 또한 웃자람가지가 발생하면 수관 내부에 햇빛이 들어갈 수 없어 일조부족으로 결과지가 충실하게 자라지 못한다. 이를 방지하기 위해서는 눈솎기, 순지르기, 가지비틀기 등의 신초관리를 포함한 여름전정을 해 주어야 한다. 특히 유목일 때는 여름전정이 중요하므로 원가지, 덧원가지 신장에 방해가 될 눈이나 웃자람가지가 될 우려가 되는 눈은 조기에 제거한다. 여름전정의 작업시간은 겨울전정에 비하여 크게 단축된다.

(4) Y자형 정지법의 정지와 전정

복숭아나무는 개심자연형 정지가 기본이나 가지를 입체적으로 배치하므로 수고가 4~5m로 높아져 작업이 불편하다. 이런 문제점을 개선하기 위하여 Y자형 정지법을 개발하였다(그림 6-17). 여러 형태의 Y자형 정지법이 있는데 본 항에서는 야마나시(山梨)현에서 1989년부터 개발해 온 저수고재배법(低樹高栽培法)을 소개한다. 저수고재배의 목표는 ① 1.8m 이하의 사다리로 모든 작업이 가능하고, ② 재배관리가 단순하여 누구라도 간단히 작업을 할 수 있으며, ③ 작업효율이 높아 농기계를 능률적으로 이용할 수 있고, ④ 착과부위에 따른 과실의 품질차이가 적으며 수량이 높고, ⑤ 풍해나 설해에 강하며 안정적인 생산이 가능한 것 등이다.

1) Y자형 정지법의 특징

Y자형 정지법의 특징은 다음과 같다. ① 결과부위의 상한이 3.5m이므로 1.8m의 사다리로 모든 작업이 가능하다. ② 고속분무기 등의 농기계이용이 가능하여 작업효율이 높아 규모를 확대 할 수 있다. ③ 수광태세가 좋아 과실 간 품질차이가 적다. ④ 재식 후 5년이면 성원이 되어

그림 6-17 Y자형 수형 (久保田)

종래의 정지법보다 투자자본 회수가 빠르다. ⑤ 단위면적당 수량이 높고 Y자 덕을 설치하므로 풍해에 강하고 상품화율이 높다.

그러나 저수고의 소형수형이므로 종래의 수형과는 재배관리법이 크게 다르다. 특히 유목부터 적극적으로 나무의 세력을 조절해 주어야 하고 수형구성을 위하여 독특한 방법으로 신초관리나 정지 · 전정을 하여야 한다.

2) 재식 방법

재식거리는 공대묘를 이용할 경우, 열간 6m, 주간 3~4m로 하여 10a 당 40~50주를 심는다. 재식 위치를 교호로 하면 원가지 선단이 서로 겹치지 않는다. 효율적인 수광태세를 위하여 남북열로 재식하는 것이 좋다. 부득이하여 동서열로 재식할 때는 남북 양측으로 원가지가 배치되어 수관아래의 북측 원가지는 수광상태가 불량해지므로 적절하게 분지각도나 곁가지를 조절한다. 따라서 남면 급경사지 포장은 불리하므로 평지나 경사도가 완만한 5~6도의 지형에 적합한 수형이다.

3) Y자 덕의 설치

Y자형 정지법에서는 그림 6-17과 같이 Y자 덕이 필요하므로 다음 사항을 참고하여 설치한다. ① 지표면과 원가지가 이루는 각도, 즉 앙각(仰角)은 대략 50도로 하여 Y자형의 덕을 설치한다. 앙각이 작을수록 수고가 낮아지지만 원가지 등에서 웃자람가지가 발생되기 쉽다. 반대로 앙각을 크게 하면 수고가 높아진다. ② 재식열의 양쪽 끝은 고속분무기나 작업차 등이 이동하기 쉽도록 열어두어 공간을 확보한다. 곁가지 유인용의 지선(支線)은 곁가지의 수와 상하간격에 맞추어 설치하면 유인을 능률적으로 할 수 있다. 앙각을 50도로 하였을 때 기준은 최하단 지선의 높이는 90~100cm, 간격은 70~80cm 정도로 한다. 지선은 유인할 때 장력이나 과실 중

량에 견딜 수 있도록 설계한다.

4) 정지 · 전정

재식당년 : 재식할 때 묘목은 50cm 높이에서 잎눈을 두고 잘라 원줄기로 한다. 덧가지가 있는 묘목은 2개를 택하여 원가지 후보지로 이용할 수 있다. 이용할 덧가지가 없을 때에는 자른 부위로부터 가까이 발생한 곁가지 중에서 발생방향과 세력이 적당한 곁가지를 2개 선정하여 이용하는 방법과, 개심자연형과 같이 연차를 늦추어 제 2원가지를 먼저 키우고 1~2년 늦추어 제 1원가지를 택하는 분지 방법이 있는데 모두 좋은 방법이다. 원가지는 덕 면에 맞추어 앙각을 대략 50도로 하여 유인한다. 원가지로 선정한 가지 이외에 세력이 강한 불필요한 가지는 가지비틀기를 하거나 9월 상순에 자름전정한다. 세력이 약한 묘목은 강하게 잘라 1년 다시 키워 이용한다.

2년째 : 신초를 9월 상순에 제 1~제 2지선에 수평으로 유인하여 곁가지로 키운다. 수관 확대 중에는 선단은 완전히 수평으로 유인하지 말고 다소 세워 세력을 높여준다. 곁가지는 개심자연형의 덧원가지와 같이 크게 키우지 말고 일정한 크기의 곁가지를 양측에 같은 위치에서 택하여 원가지 생장을 억제시킴으로써 수고를 낮추도록 노력한다. 원가지에서 발생한 강한 가지는 가지비틀기를 하거나 순지르기를 한다. 곁가지에서 발생한 가지는 9월 상순에 굵기에 관계없이 모두 20cm길이로 자름전정한다(그림 6-18). 이는 모든 곁가지의 엽면적을 일정하게 하고 결과지를 중과지 중심으로 구성하여 과실품질을 향상시키기 위한 것이다. 이 시기에 전정하면 다음해 웃자람가지 발생이 적고 전정 후에 덧가지도 발생하지 않는다. 이렇게 하면 곁가지에서 발생한 결과지는 햇빛을 잘 받아 충실하게 된다. 웃자람가지는 기부로부터 잘라 버린다.

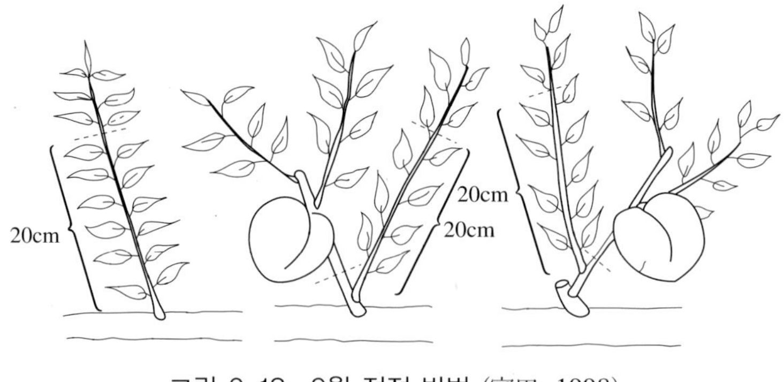

그림 6-18 9월 전정 방법 (富田, 1998)

- 9월에 신초를 20cm 길이로 자름전정한다.
- 다음해 20cm로 잘라준 결과지에서 결실과 함께 3~4개의 신초가 발생한다.
- 9월에 곁가지 기부의 가까운 신초를 남기고 자름전정한다.

3년째 이후 : 9월 상순에 제 3~제 4지선에 신초를 수평으로 유인하여 곁가지로 키운다. 곁가지와 곁가지사이에서 나온 가지는 자름전정하여 작게 유지한다.

수형완성 후의 관리 : 4년째는 5단까지 곁가지가 모두 확보되어 골격이 완성된다. 원가지 연장지는 최상부의 지선에 유인하거나 자름전정한다. 5년째 이후는 수형을 유지해 가면서 모든 곁가지의 길이를 2m가 되도록 관리한다(그림 6-19).

수형완성 후의 결과지 관리 : 일률적으로 20cm로 자른 결과지에서는 다음해 봄 3~4개의 신초가 발생한다. 수확 후 9월에 전정할 때 기부에 가까운 가지를 택하여 20cm로 자르고 나머지 가지는 제거한다(그림 6-18). 이렇게 하여 결과지는 항상 곁가지 가까이에 둔다.

곁가지가 오래되면 생산성이 떨어지므로 곁가지 기부나 원가지에서 발생한 세력이 강한 가지는 수평으로 유인하여 새로운 곁가지로 이용하고 오래된 곁가지는 제거한다. 시기는 9월 상 · 중순이 적당하다.

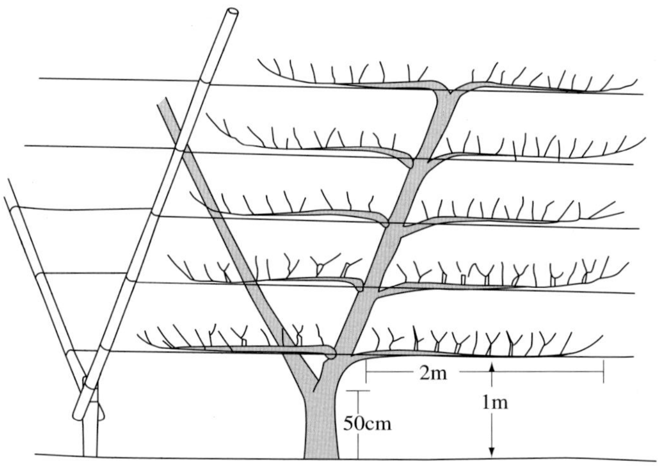

그림 6-19 Y자형 수형의 완성도 (富田, 1998)
(곁가지는 5단의 지선에 수평으로 유인한다. 길이는 2m를 기준으로 하여 주당 곁가지를 20개로 한다.)

(5) 주간형(主幹形)의 정지와 전정

주간형은 저수고화(低樹高化)와 과실품질 향상을 목적으로 개발된 정지법으로서 공대(共臺)를 이용하는 방법과 왜성대목(矮性臺木)을 이용하는 방법이 있으나 후자에 대하여는 11장 특수재배항에서 기술한다. 공대를 이용한 묘목의 주간형 정지 · 전정은 다음과 같이 한다.

1) 재 식

재식거리는 열간 3~4m, 주간 1.5~2m의 울타리식으로 한다. 공대이므로 세력이 지나치게 강하게 자라는 문제점이 있으므로 구덩이를 파지 말고, 시비도 하지 않은 채로 심는다. 발아 후 엽색을 보아 질소 부족증상이 나타나면 소량의 질소비료를 시용한다.

2) 수 형

공대를 이용한 주간형에는 여러 가지 정지법이 있으나 세장방추형(細長紡錘形)이 가장 일반적이다. 그림 6-20과 같이 원줄기는 굵게 키워 직립시키고 수고는 3~3.5m 정도로 하며, 수관폭은 1.5~1.8m로 한다. 곁가지는 크게 키우지 말고 수평으로 70~80cm 길이로 키워 옆 나무와 겹치지 않게 한다. 나무세력이 강하므로 곁가지를 확보하기 위하여 여러 차례 순지르기를 해야 하는 경우도 있다. 결과지는 원줄기와 곁가지로부터 발생시키는데, 특히 초년도에는 신초관리를 잘 하여 가는 결과지를 되도록 많이 확보하도록 한다.

3) 나무의 세력 조절

공대의 주간형 재배의 가장 중요한 것은 수세를 안정시키는 일이다. 수세의 조절은 시비와 전정 방법으로 한다. 화학비료는 전혀 시용하지 않거나 부족증상이 있을 때 소량으로 시용한다. 전정은 가을전정 또는 지연전정을 한다. 가을전정은 수확 후 가지 신장이 정지 되었을 때 실시하는데 조 · 중생 품종은 8월 중순경, 만생종은 8월 하순~9월 상순에 한다. 지연전정은 겨울전정 시 불필요한 가지를 일부 남겨두어 지난해 축적되었던 과잉의 저장 양분을 소모시킨 후에 실시하는 전정으로서 봉지 씌울 때쯤 한다.

그림 6-20 주간형의 수형 (久保田, 徐)
'산양수밀' /공대(좌)와 '가납암백도' /공대(우)

4) 유목기의 전정

① **재식 1년째** : 묘목의 선단을 자르지 않은 채로 심고 지주를 세워준다. 원줄기의 연장지가 20~30cm 자라면 지주에 유인하여 수직으로 키운다. 5~6월에 연장지에서 강한 덧가지가 발생하면 15cm정도 자랐을 때 10cm정도에서 순지르기를 한다. 겨울전정 할 때 원줄기의 연장지는 자름전정을 하지 말고 그대로 키운다. 원줄기에서 발생한 가지 중 강한 가지는 우선 제거하고 나머지는 솎아주는 정도로 가볍게 전정한다. 모든 가지가 세력이 지나치게 강하면 일부는 기부의 2~3눈을 두고 자르고, 일부는 가까이에 있는 가지와 서로 꼬아 수평으로 유인하면(그림 6-21) 세력이 약화되고 통광, 통풍성이 향상된다. 6월 하순 전에 잘라준 가지에서는 1~2개의 덧가지가 발생하여 다음해 결과지로 이용할 수 있다(그림 6-22).

그림 6-21 직립한 신초를 서로 꼬아 수평으로 유인하여 세력을 약화시킨 가지 (李)

그림 6-22 잘라준 신초에서 발생하는 덧가지 (李)

② **재식 2년째** : 생육기에는 원줄기 연장지를 곧게 지주에 유인하고 그 외에 연장지 가까이에 발생한 신초는 가지비틀기를 하거나 지나치게 강한 가지는 잘라버린다. 연장지에 발생한 덧가지 관리는 1년째와 같은 방법으로 한다. 1년째에 원줄기가 2m 이상 자란 나무에는 20~30개 정도의 과실을 결실시킨다. 원줄기의 목표인 3.0~3.5m에 달한 나무는 선단은 물론 모든 곁가지를 겨울철에 자르지 말고, 다음해 결실시켜 가지가 늘어지도록 한 다음 수확 후 가을전정 할 때 지나치게 혼잡한 것은 솎음전정한다. 나무 세력이 지나치게 강한 경우에는 가을전정 할 때 목표 수고에서 자름전정한다.

③ **재식 3년째** : 심은 후 2년째에 준하여 수관을 확대한다. 결과지가 자라 큰 곁가지가 많아지면 솎아주어 10cm 정도의 간격으로 사방에 균등하게 배치한다. 2~3년이면 거의 목표 수형이 완성된다(그림 6-23).

그림 6-23 3년생의 주간형 (李)
('가납암백도' /공대)

5) 성목의 전정

가을전정을 주체로 한다. 전정시기는 과실수확 후 되도록 빠른 시기가 좋으나 가지의 신장이 거의 정지되어 전정 후 2차 신장의 우려가 없는 시기이어야 한다. 그 시기는 조생 · 중생종은 8월 중순, 만생종은 8월 하순~9월 상순이다. 전정의 순서는 우선 굵은 곁가지나 강대한 발육지를 우선 제거하고 그 다음 바퀴살가지(車枝)나 교차지를 제거한다. 중 · 단과지는 그대로 두고 세력이 강한 장과지는 가볍게 자름전정한다.

(6) 기타 정지법

복숭아는 이외에 다음과 같은 여러 가지 정지법이 개발되어 이용되고 있다.

다이토식 정지법(大藤式整枝法) : 약전정으로 재배하는 저수고식 수형으로 경제수령이 길다. 유목부터 나무 세력이 안정되어 양질과를 성목과 같은 정도로 수확할 수 있다. 착과 위치에 따른 과실의 품질 차이가 적고 고품질과 생산을 목표로 하는 수형이다. 상세한 것은 제 11장 특수재배 항에서 기술한다(그림 11-9).

오쿠사식 정지법(大草式整枝法) : 골격지를 낮은 위치부터 분지시키는 저수고정지법으로서 수광태세가 좋고 작업의 안전성이나 효율성이 높다. 비옥한 토양에 적당하고 소식재배이므로 나무가 개장되기 쉬운 특징이 있다. 상세한 것은 제 11장 특수재배 항에서 기술한다(그림 11-10, 11).

사립주간형 정지법(斜立主幹形整枝法) : 1본의 원줄기를 사립시켜 곁가지를 좌우에 배치하는 것으로서 전체적으로 보면 밑변이 넓은 삼각형 모양의 수형이다(그림 11-12). 수광태세가 좋아 고품질과를 생산할 수 있고 수고가 낮으므로 작업성이 우수하며 조기에 성원화하여 다수확을 꾀할 수 있다. 상세한 것은 제 11장 특수재배 항에서 기술한다.

평덕식 정지법(平柵整枝法) : 포도나 배와 같이 2본의 원가지를 덕에 유인하여 결과부위를 평면적으로 구성하는 수형이다(그림 6-24). 과실 간에 품질 차이가 적고 이동작업이 적으므로 화뢰(花蕾)나 적과, 수확시간 등이 단축되며 수고가 높지 않아 작업상 안정성이 높다.

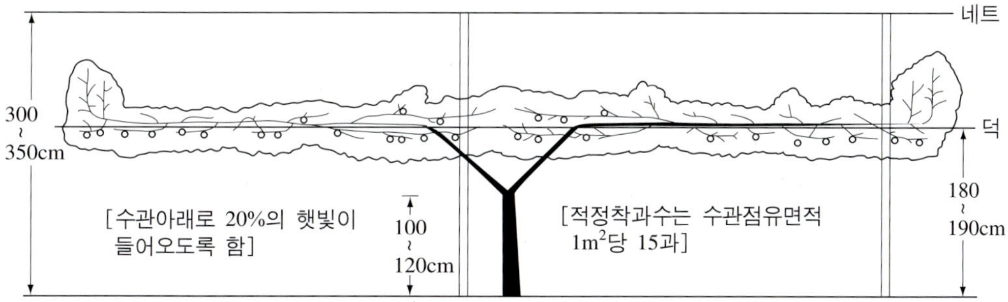

그림 6-24 평덕식 수형의 측면도 (ももの作業便利帳, 2001)

5. 신초관리

신초는 봄부터 여름에 걸쳐 왕성하게 신장하는데 유목일 때 과실이 적게 달리면 웃자람가지가 발생하기 쉽다. 이와 같이 웃자람가지가 많이 발생하면 수관 내부에 햇빛이 잘 들어오지 못하므로 아래쪽의 가지가 말라 죽기 쉽고, 과실의 품질이 저하된다. 신초관리 방법에는 신초를 기부에서부터 제거하는 눈솎기(摘芽), 신초의 선단만을 잘라주는 순지르기(摘心), 신초가 유연한 시기에 비틀어주는 가지비틀기(捻枝), 신초를 끈으로 매어 가지의 신장방향이나 세력을 조절하는 유인(誘引) 등이 있다. 실제의 신초관리는 이상의 방법을 잘 조합하여 실시한다.

과번무의 원인과 대책

초기수량을 높이기 위하여 계획적으로 밀식한 경우, 성과기가 되어 이웃나무와 교차가 되는데도 축벌이나 간벌을 하지 않으면 과번무하게 되므로 이웃나무와의 공간이 1m 정도 되도록 축벌이나 간벌을 한다. 강전정을 하면 나무에 남아 있는 눈 수가 적어, 1눈 당 공급되는 양수분이 과다하게 되어 모든 가지가 왕성하게 자라고 웃자람가지도 다발하여 과번무한다. 질소가 가장 필요한 시기는 과실 제 1비대기부터 제 2비대기 전반이므로 이 시기의 요구량을 충당할 정도의 질소만 공급하여야 한다. 그러나 이 보다 과다한 질소가 공급되거나 초봄에 건조가 계속되어 비효가 과실비대 제 2기 후반이나 제 3기에 늦게 나타나면 엽 중 질소 함량이 높아져 가지가 웃자라고 과실 품질이 저하한다. 따라서 나무의 세력이 강한 경우는 질소시비량을 줄이고, 봄철 건조가 계속되면 관수를 해주어야 한다. 관리가 잘못되어 웃자람가지가 다발하여 과번무하면 눈솎기, 가지비틀기, 순지르기 등의 여름전정을 철저히 한다. 이상적인 신초신장은 만개 후 50일경인 과실 제 1비대기 후반에 신장속도가 완만해지고 만개 후 70일경 경핵기 후반에는 신장이 약화되어 중생종의 경우, 수확 전 10~14일전에는 거의 신장이 정지되는 것이다. 이와 같은 이상적인 가지의 신장상태가 되면 잎에서 생성된 동화양분은 전적으로 과실 생장과 성숙에 이용된다. 그러나 이 시기가 되어도 가지 신장이 계속되면 수관 내부가 어두워지고 웃자람가지가 계속 왕성하게 자라며 덧가지가 많이 발생한다. 결과적으로 동화양분은 대부분 가지생장에 소모되고 과실에는 나머지 일부의 양분만이 공급되어 과실 품질이 떨어진다.

(1) 발아 · 전엽기의 신초관리

봄이 되어 기온이 상승하면 눈이 부풀어 인편이 서로 떨어진다. 따뜻한 지방이나 해에는 꽃이 잎보다 먼저 피고 서늘한 지방에서는 잎이 먼저 발아한다. 잎눈이 발아하면 신초가 되어 잎이 하나하나 전개되면서 왕성하게 자란다. 유목일 때는 나무의 골격을 만들고 수형을 바르게 구성하기 위하여 눈솎기를 하고 불필요한 눈을 제거해 주지만 성목에서는 그럴 필요가 없다.

(2) 비대기의 신초관리

이 시기는 과실의 비대나 신초의 신장이 왕성하므로 신초와 과실 간에 양분경쟁이 생기기 쉽고 생리적 낙과도 일어나기 쉽다. 또한 6월 하순부터는 장마철이 되므로 신초가 웃자라서 수관내부가 지나치게 번무하여 일조부족이 되기 쉽다. 따라서 이 시기의 신초관리는 다음과 같은 것을 목표로 실시한다. ① 수관 내부까지 햇빛이 잘 들어가도록 하여 광합성 능력을 높인다. ② 동화양분의 낭비를 억제하여 과실비대를 촉진함과 동시에 생리적 낙과를 경감시킨다. ③ 웃자람가지를 제거함으로써 수형의 흐트러짐을 막아준다. 구체적으로는 눈솎기, 가지비틀기 및 순지르기를 잘 조합하여 수관 내부까지 햇빛이 잘 들어가도록 한다. 단, 굵은 가지의 햇빛 받는 쪽은 일소 발생이 쉬우므로 그 방지책을 병행한다.

눈솎기 · 가지비틀기 · 순지르기

눈솎기(摘芽)는 신초를 생장초기에 솎아주는 것으로 그 시기가 늦으면 가지의 선단부가 약해지므로 신초가 15cm이하일 때 솎아준다. 원줄기, 원가지 및 덧원가지에 발생한 강세한 신초는 조기에 솎아주고, 성목의 굵은 가지의 등에서 나온 약한 가지는 남겨 두어 일소를 막아 준다.

가지비틀기(捻枝)는 신초가 목질화되기 전 5월 하순~6월 상순에 가지를 비틀어주어 신장을 억제하는 작업이다. 원가지, 덧원가지의 등에서 발생한 신초 중 일소방지에 필요한 가지, 골격 형성기에 연장지와 경쟁이 되는 가지, 세력이 지나치게 강한 가지 등을 대상으로 가지 비틀기를 해준다. 방법은 신초의 기부를 한손으로 잡고 다른 한손으로 위쪽을 잡아 서서히 비틀어준다.

순지르기(摘心)는 앞으로 웃자람가지가 될 신초의 생장점을 제거해 주는 작업이다. 보통 20cm를 남기고 순지르기를 하는데, 꽃눈분화 전 6월 중순 이전에 4~5매의 잎이 나왔을 때 2매의 잎을 두고 순지르기하면 덧가지가 나와 다음해 결과지로 이용 할 수 있다.

(3) 성숙기의 신초관리

이 시기에는 원내가 밝아야 착색이 잘 되고 상품성이 높은 과실을 생산할 수 있으므로 웃자라는 신초가 너무 많으면 수관 전체에 햇빛이 잘 들어가도록 신초를 솎아준다. 단, 일소 발생이 쉬운 굵은 가지에 발생한 신초는 20cm 정도 남기고 잘라준다. 수관 아래쪽의 밝기 기준은 햇빛의 약 20%가 투과할 정도가 좋다. 그러나 신초를 지나치게 제거하면 2차 신장, 과실비대 불량, 열과 등의 우려가 있으므로 주의한다.

순지르기는 앞으로 웃자람가지가 될 신초에 대하여 실시한다. 원가지나 덧원가지의 등(背面)에서 발생한 신초는 거의 웃자람가지가 되므로 신초생장이 왕성한 6~7월에 순지르기를 해 준다. 신초의 끝을 손톱이나 가위로 잘라주는데 한 번에 너무 많이 순지르기를 하면 그 때까지 적당히 잘 자라던 다른 신초까지 왕성하게 자라게 되므로 주의한다. 순지르기는 신초의 기부로부터 20cm 정도를 남기고 잘라주는데 전정가위의 길이를 기준으로 하면 좋다.

굵은 가지의 경우 햇빛 비치는 쪽에서 발생한 가지는 웃자라기 쉬워 나무의 세력을 흐트러지게 하므로 조기에 가지비틀기를 해 준다. 원가지나 덧원가지의 햇빛 비치는 쪽의 가지를 모두 제거하면 일소나 새로운 신초의 발생을 유발하므로 순지르기와 가지비틀기를 잘 조합하여 실시한다. 가지비틀기는 가지의 세력을 억제하는 방법으로서 순지르기에 비하면 엽면적의 감소가 적으므로 유목의 신초관리에 많이 이용된다.

(4) 수확 후의 신초관리 및 간벌

신초관리 : 수확을 마치면 신초나 덧가지가 다시 왕성하게 자란다. 특히 조생종이나 유목은 웃자람가지가 많이 발생하여 수관 내부가 지나치게 어두워지기 쉽다. 이렇게 되면 결과지나 꽃눈이 충실하게 자라지 못하여 다음해 과실 생장에 나쁜 영향을 미친다. 겨울전정은 지난해 가을 잎에 있던 양분이 모두 수체에 축적된 후에 하는 전정이므로 영양과다로 다음해 신초가 지

나치게 왕성하게 자라기 쉽다. 한편 9월 상 · 중순에 가을 전정을 하면 양분이 모두 축적되기 전에 신초를 제거함으로써 남은 가지가 적당히 자랄 수 있을 정도의 양분만이 축적되어 다음해 신초가 웃자라지 않고 적당히 자란다. 가을전정은 수관 내부의 웃자람가지나, 가지가 서로 겹쳐 수관 내부에 그늘을 만드는 부위를 중심으로 하여 아래가지까지 햇빛이 잘 들어가도록 하는 것이다. 유목에서는 원가지나 덧원가지의 생장에 방해되는 가지를 솎아주는 정도로 한다. 그러나 세력이 약한 나무의 가을 전정은 더욱 세력을 약화시키므로 하지 않는 것이 좋다. 가을전정은 강세한 나무의 세력을 안정시키는 데 좋을 뿐만 아니라 다음과 같은 효과도 있다. ① 수관 하부의 밝기나 나무의 세력을 확인하면서 전정을 할 수 있다. ② 생육기간 중에 전정하므로 가지가 유연하여 유인이나 전정이 쉽다. ③ 가지가 완전히 비대하기 전에 전정하므로 잘린 부분이 작아 상처부 유합이 잘 된다. ④ 9월 이후는 휴면도입기이므로 전정 후 덧가지 발생이 적다. ⑤ 수관 전체에 햇빛이 잘 들어가므로 꽃눈, 잎눈과 함께 가지가 충실하게 자란다.

축벌 · 간벌 : 초기수량을 올리기 위하여 밀식한 과원에서는 수관이 확대되면 옆 나무와 가지가 서로 겹쳐 원내가 어두워진다. 이렇게 되면 수관 내부에 햇빛 투과량이 적어져서 과실은 비대가 잘 안되고, 당도가 떨어지며, 착색이 불량하게 되어 품질이 저하된다. 또한 아래가지가 충실하게 자라지 못하거나 고사하여 결과부위가 수관 상부나 선단부에만 형성되므로 수고가 높아진다. 결과적으로 수관 면적에 비하여 수량이 올라가지 않고, 작업효율이 떨어지며, 약제 살포가 고르게 되지 않으므로 병해충 발생도 많아진다. 따라서 축벌이나 간벌을 하여 과원 내부의 광 환경을 개선해 주어야 한다. 축벌과 간벌은 수관의 확장 상태를 보아가면서 시기를 잃지 않도록 적기에 실시한다. 이웃한 나무와의 간격을 1m를 기준으로 하여 4~5년생부터 적절히 실시한다. 시기는 과원 내의 밝기가 충분히 확인될 수 있는 생육기에 하는 것이 바람직한데 축벌은 가을전정과 함께 9월 상순에 하고, 간벌은 수확 직후에 하는 것이 좋다.

6. 결실관리

(1) 적뢰 · 적화

결실성이 좋은 품종은 결실량을 조절해서 과실 품질을 향상시키기 위하여 적뢰(摘蕾, 꽃봉오리솎기)나 적화(摘花, 꽃솎기)를 해준다. 이는 필요 없는 화뢰(花蕾, 꽃봉오리)발달이나 개화, 결실에 따른 저장양분의 소모를 막아 신초생장이나 과실발육이 잘되도록 하기 위한 것이다. 즉 적뢰를 해주면 초기의 신초생장이 순조롭게 되어 영양전환기와 신초정지기가 10일 정도 빨라져서 과실이 더 커지고 품질이 향상된다. 반대로 적과가 늦어지면 갑자기 양분의 소비처가 급격히 감소하므로 신초생장이 왕성하게 되어 변육과나 핵할이 많이 생기고 심하면 생리적 낙과가 일어난다.

영양전환기

나무의 세력이 적당한 '백봉' 을 보면 6월 하순 경에 신초 신장이 완만하게 되는데 이 시기를 영양전환기라 한다. 그러나 강전정이나 질소를 과용하여 나무의 세력이 강해지면 **영양전환기**가 2주간정도 늦어져 비대기에 있는 과실과 양수분 경쟁이 일어난다. 이렇게 되면 과실비대와 당도가 저하되고 변육과가 생기며 심하면 생리적 낙과가 일어난다.

질소과용과 **강전정**은 같은 결과를 가져온다. 즉 강전정을 하면 뿌리로부터의 질소흡수량은 동일한데 그를 이용할 눈, 신초, 과실의 수는 현저히 적어지므로 결과적으로 질소과다 조건이 된다. 따라서 질소비료를 너무 많이 시용하고 강전정을 하면 그 부작용은 상승적으로 커진다.

1) 적　　뢰

꽃눈의 수는 전정함에 따라 상당히 줄어들지만 그래도 남은 꽃눈 수는 필요한 착과량에 20배 이상이 된다. 복숭아의 개화 · 결실기까지의 영양은 저장양분에 의하여 이루어지므로 남은 꽃눈을 그대로 개화 · 결실시키면 저장양분이 낭비되어 초기의 과실비대나 신초생장에 대해 악영향을 미친다. 따라서 저장양분의 쓸데없는 소모를 막아 좋은 과실을 생산하기 위해서 불필요한 화뢰를 따주는 것이 좋다. 이는 결실 후 실시하는 적과작업도 크게 줄여준다.

적뢰의 시기 : 적뢰는 저장양분 소모를 막는 것이 목적이므로 조기에 하는 것이 좋으나 너무 이르면 화뢰가 잘 떨어지지 않고 꽃눈이 잘 보이지 않으므로 빠트리는 경우가 많다. 또한 조기에 너무 강하게 적뢰를 하면 결실량이 부족하게 될 우려도 있다. 따라서 적뢰의 시기는 그해의 기후나 품종에 따라 조절할 필요가 있다. 보통은 3월 중순경부터 개화기에 실시하나 화뢰가 부풀어 그 정단에 붉은 기가 보이기 시작하는 개화 4~5일전이 화뢰가 잘 떨어지므로 가장 효율적인 시기이다(그림 6-2의 ③). 개화직전이 되면 화뢰는 다시 잘 떨어지지 않으며 자라기 시작한 잎눈에도 상처를 주기 쉽다. 또한 극히 약한 전정과 극히 강한 적뢰를 조합하여 실시하는 다이토식 정지법(大藤式整枝法)에서는 11월경부터 적뢰를 시작하는데 이에 대하여는 11장 특수재배 항에서 기술한다.

적뢰의 방법 : 적뢰는 원칙적으로 꽃가루가 있는 품종을 대상으로 하는데 잎눈이 있는 부위에 화뢰를 남긴다. 방법은 장과지는 한손으로 가지 끝을 잡고 다른 한손으로는 가지 끝으로부터 기부를 향하여 훑어 내려 불필요한 화뢰를 제거하고, 단과지는 손가락 끝으로 비비는 것 같이 하여 화뢰를 떨어트리면 효율적이다. 장과지는 중앙부에, 중과지는 중앙부로부터 약간 선단부에, 단과지는 선단부의 화뢰를 남긴다. 위치는 결과지에 아래쪽이나 옆에 달린 화뢰를 남기고 위쪽의 화뢰를 솎아준다. 즉 봉지씌우기, 일소, 병해충 방제 등을 고려하여 가지 위쪽의 화뢰를 중심으로 솎아주는 것이 좋다. 약제 살포기의 수압을 이용하여 적뢰를 하는 경우도 있지만 보통은 손으로 한다.

적뢰의 정도 : 남길 화뢰의 수는 품종, 수령, 나무의 세력, 전정 정도에 따라 다르므로 적뢰의 정도는 각각의 조건에 따라서 실시한다(표 6-2).

[표 6-2] 적뢰(화) 정도의 기준

(山梨縣果樹園藝會, 2004)

강하게 함 (화뢰수를 적게 함)	←	적뢰(화) 정도	→	약하게 함 (화뢰를 많이 남김)
노 목	←	수 령	→	유 목
약 함	←	나무의 세력	→	강 함
약 함	←	전정 정도	→	강 함
적 음	←	핵할, 변형과, 생리적 낙과	→	많 음
적 음	←	시비량	→	많 음
낮 음	←	동상해 위험성	→	높 음

기본적으로 30cm 이상의 장과지에는 4~6개, 10~30cm의 중과지에는 2~3개, 10cm 이하의 단과지에는 1~2개의 화뢰를 남긴다. 또한 수관 상부에는 약간 많이 남기고 하부에는 적게 둔다. 원가지나 덧원가지 등 계속 신장시킬 가지 선단에는 생장 촉진을 위하여 화뢰를 모두 솎아준다. 단과지가 많은 가지에는 3~4개의 단과지 중 1개 정도 비율로 화뢰를 남긴다. 웃자람성 가지에는 선단부와 어느 정도 강한 덧가지에 2~3개의 화뢰를 남기고 솎아준다. 또한 '일천백봉'과 같은 핵할이 심한 품종은 가볍게 솎아주고, 낙뢰증(落蕾症)이 발생한 나무에는 실시하지 않는다. 꽃가루가 없는 품종을 솎아 줄 때는 눈높이로부터 아래에 있는 가지에 한하여 가지 윗부분의 화뢰 중심으로 가볍게 솎아준다.

2) 적 화

그림 6-25 적화 후의 상태 (岡山縣) (李)

적화는 적뢰에 이어서 실시하는데 그 정도는 적뢰와 동일하게 하며 잎눈이 상하지 않도록 주의를 기울여 한다(그림 6-25). 보통은 개화기에 손으로 꽃을 솎아주나 최근에는 재배면적이 큰 과원에서는 약제 살포기를 이용하여 실시하기도 한다. 즉 동력분무기와 피스톨분구(pistol 噴口)를 이용하여 가지 상부에 달린 꽃을 대상으로 약 2m 떨어진 위치로부터 가지 선단부로부터 기부를 향하여 물을 분사하여 꽃을 제거한다. 방법은 만개기에 분구 압력 25kg/cm²로 물을 분사하면 39.3%의 적화 효과를 볼 수 있고, 작업시간을 수작업의 1/3~1/4로 경감시킬 수 있다(표 6-3).

[표 6-3] 물 분사에 의한 적화시 수압 및 처리시기별 적화율

(山梨縣, 2003)

처 리 별	적 화 율(%)			잎눈의 결손율(%)		
	50% 개화기	만개기	만개 3일후	50% 개화기	만개기	만개 3일후
분구부 압력 25kg/cm²	43.5	39.3	50.3	4.5	1.0	0.0
분구부 압력 35kg/cm²	46.3	50.3	51.8	8.5	7.8	8.8
관행 수작업	51.3	47.3	52.0	0.0	0.0`	0.0

(2) 결실의 확보

복숭아는 자가결실성이므로 꽃가루가 있는 품종이라면 일반적으로 결실이 잘 되어 50% 이상의 결실을 확보할 수 있다. 하지만 다음과 같은 경우에는 결실 확보를 위하여 대책을 세워야 한다. 즉 ① '사자조생', '천간백도', '대화백도' '백도', '천중도백도' 등과 같이 꽃가루가 없거나 적은 품종(표 6-4)을 재배할 경우, ② 개화기에 저온, 강우, 강풍 등 기상조건이 좋지 않을 경우, ③ 개화기에 방화곤충의 활동이 활발하지 않은 경우 등이다.

[표 6-4] 복숭아 품종의 꽃가루 유무

꽃가루의 유무	품 종
꽃가루가 없거나 적은 품종	대화백도, 백도, 백약도, 사자조생, 서미골드, 아키조라, 용성황도, 월봉조생, 일궁백도, 천간백도, 천중도백도
꽃가루가 있는 품종	가납암백도, 골든 피치, 대구보, 마사히메, 무정백봉, 백려, 백미조생, 백봉, 백향, 사오토메, 수미, 아카쓰키, 용황백도, 월미복숭아, 유명, 유우조라, 일천백봉, 장택백봉, 장호원황도, 지요히메, 진미, 천곡, 천도류, 청수백도, 팔번백봉, 홍청수

1) 수분수의 혼식

꽃가루가 없는 품종이 주품종일 때에는 수분수를 20~30%의 비율로 혼식하여야 한다. 수분수는 개화기가 거의 같거나 약간 빠르고 꽃가루가 많은 '백봉', '아카쓰키', '장택백봉' 등을 주로 이용한다. 또한 수분수는 주품종과 숙기가 같아 병해충 방제나 시비 등의 작업체계가 동일한 품종을 택하는 것이 유리하다. 혼식 방법은 곤충에 의한 꽃가루의 매개가 쉽게 이루어지도록 주품종 1~2줄씩 걸러 수분수를 심는다.

수분수를 혼식한 과원이라도 개화기에 꿀벌 등의 곤충을 방사하면 결실률을 높일 수 있다.

2) 인공수분

인공수분 방법 : 수분수를 혼식하고 개화기에 방화곤충을 방사하더라도 11°C 이하의 저온이거나 비가 내려 곤충이 활발하게 활동할 수 없으면 인공수분을 해 주어야 한다. 인공수분 방법은 개화 2일 전부터 개화직후에 꽃을 따서 직접 수분하는 방법, 꽃가루를 채취하여 모사나 솜을 묶어 만든 수분기구나 붓으로 수분하는 방법, 꽃가루에 증량제를 넣어 희석하여 동력살포기로 수분하는 방법 등이 있다.

꽃가루 채취 : 꽃가루가 많은 '백봉', '대구보' 천도 등의 건전한 나무로부터 채취한다. 그림 6-26에서 보는 바와 같이 나무 밑에 시트를 깔거나 우산을 이용하여 꽃과 꽃봉오리를 따서 떨어뜨리는 방법이 효율적이다. 꽃은 개화직전에 풍선상의 꽃봉오리로부터 되도록 개약되지 않

그림 6-26 수분용 꽃 채취 방법 (久保田, 李)
(좌 : 나무 밑에 시트를 이용, 우 : 우산 이용)

그림 6-27 개화직전의 꽃 (李)

은 개화직전의 것을 채취한다(그림 6–27).

너무 일찍 채취하면 개약이 균일하게 되지 않고 꽃가루의 발아율이 떨어지며 꽃가루의 양이 적다. 한편 너무 늦으면 발아율은 높으나 이미 개약된 꽃이 많으므로 꽃가루의 양이 적다. 꽃은 되도록 젖지 않은 것을 채취해서 통기가 잘되는 평평한 용기에 넣어 서늘한 장소에 보관한다. 수분기구나 붓 등으로 수분할 경우 필요한 꽃은 10a당 2~3kg이다. 꽃을 채취하여 개약시켜 꽃가루를 얻기 위해서는 3일정도가 소요되므로 되도록 개화가 빠른 품종이나 과원에서 채취한다.

채약 · 개약 : 다음과 같이 약(葯)을 채취하여 개약(開葯)시킨다. ① 채취한 꽃이나 꽃봉오리를 2~3mm 눈금의 체 또는 철망에 문질러 약을 채취하거나 전동 채약기에 넣어 약, 꽃잎, 화사를 분리한다. 이 때 꽃이 젖어 있으면 먼저 건조시킨 후에 채약한다. 채약기를 이용할 때 요하는 시간은 1회에 5~6초 정도이다. ② 채약 후에는 꽃잎이나 화사를 잘 제거하여 꽃가루를 정제한다. ③ 자연 개약시키거나 개약기를 이용한다. 자연개약은 종이 위에 꽃가루를 엷게 펼친 후 햇빛이 직접 닿지 않는 바람이 불지 않는 장소에 둔다. 개약기를 사용할 때는 약을 팔레트에 엷게 펼친 후 개약기에 넣어 온도는 20~25℃, 습도는 65~80% 정도로 하여 개약시킨다. 거의 전면이 황색으로 되면 개약을 마친다. 개약에 요하는 시간은 개약기에서는 0.5~1일 정도, 자연개약은 1~2일 정도이다.

꽃가루 저장 : 꽃가루는 고온, 다습하면 발아율이 쉽게 저하되므로 직사광선이 비치지 않는 서늘한 장소에 저장한다. 꽃가루를 한 번에 필요량만큼 나누어 약 포장지나 파라핀지로 싸서 커피병과 같은 밀폐 용기에 넣어 냉장고에 저장하면 1주일 정도 보존이 가능하다. 이렇게 하면 필요량만 조금씩 꺼내어 사용할 수 있다. 상온에서 저장하는 경우에는 5일 이내에 사용하도록 한다. 증량제를 섞으면 발아율 저하가 빠르므로 조기에 이용하도록 한다. 꽃가루를 약 포장지로 싸서 건조제인 실리카겔과 함께 밀폐가 가능한 용기에 넣어 테이프로 완전 밀봉한 후 냉동고에 저장하면 다음해에도 사용할 수 있다. 장기 저장한 꽃가루를 사용할 때는 사용 2일 전쯤 필요량만큼 꺼내어 4시간 이상 종이 위에 얇게 펼쳐 순화시킨다. 순화시킨 꽃가루는 발아율을 확인한 다음 사용한다. 발아율이 현저히 낮은 꽃가루는 증량제 대용으로 이용한다.

발아율 조사는 한천 1g, 설탕 10g를 비이커에 넣고, 물을 넣어 100㎖로 채운다. 이를 유리막대로 저으면서 가온하여 한천이 잘 녹으면 가온을 마친다. 녹은 한천배양액을 슬라이드 글라스에 한 방울씩 떨어트려 4~5℃ 냉장고에 넣어두었다가 필요할 때 마다 꺼내어 이용한다. 슬라이드 글라스를 냉장고에서 꺼내어 실온으로 온도를 높인 다음 그 위에 꽃가루를 붓끝에 약간 묻혀 균일하게 파종한다. 샤알레에 거즈를 깔고 약간에 물을 넣어 그 위에 슬라이드 글라스를 놓고 뚜껑을 닿는다. 샤알레를 25℃ 항온기에 넣어 4~5시간 후, 현미경이나 루페를 이용하여 발아율을 조사한다. 발아율이 81%이상이면 꽃가루와 석송자(石松子)나 탈지분유의 비율을 1:4, 80~70%일 때는 1:3, 70~50%일 때는 1:2, 40%일 때는 1:1, 30%일 때는 증량제를 섞지 않고 사용한다.

수분작업 : 암술의 수정 능력은 개화부터 4일 정도인데 암술머리에 점액이 분비되고 광택이 있을 때 수정이 잘 된다. 일찍 핀 꽃이 결실이 잘되고 과실 비대도 좋으므로 수분적기는 한 나무에서 60~70%가 개화된 시기이다. 암술은 개화직후에는 엷은 녹색을 띠나 일수가 지남에 따라 갈변하여 시들어 수정 능력이 저하된다. 또한 개화기에 고온이 계속되면 수정 가능기간이 짧아지므로 기상상태에 유의하여야 한다. 수분작업은 이슬이 마르고 바람이 없으며 온도가 15℃ 이상 되는 오전 9시~오후 4시에 하는 것이 좋다. 수분 후 3시간 이내에 비가 내리면 다시 수분한다. 개화기에 비가 많이 내리거나 저온이 계속되면 수분 횟수를 늘릴 필요가 있다. 털이나 솜을 뭉쳐 만든 수분용구로 수분할 때는(그림 6-28, 좌), 적당히 희석한 꽃가루를 묻혀 결실시키고자하는 부위의 꽃에 가볍게 문질러준다. 꽃가루 1회 부착으로 60~80개 꽃의 수분이 가능하다. 이렇게 수분하면 10a당 100㎖ 정도의 꽃가루가 필요하다. 수분용구를 계속하여 이용하면 끈적끈적하게 되므로 4~5개를 준비하여 바꾸어가면서 사용한다. 사용한 수분용구는 중성세제로 씻어낸 후 건조시켜 다음날 이용한다. 동력 살포기에 의한 수분(그림 6-28, 우)은 약이나 화사를 제거한 정제 꽃가루에 증량제를 넣어 약 10배로 희석하여 사용한다. 증량제를 넣은 꽃가루는 당일에 사용을 마친다. 이렇게 수분하면 10a당 약 30㎖의 정제한 꽃가루가 필요하다. 살포할 때 엔진 회전수나 셔터의 열림 정도에 따라 꽃가루 토출량이 크게 변하므로 주의한다. 바람이 강한 날에는 사용하지 않는다.

그림 6-28 수분용구(좌)와 동력 살포기(우)에 의한 수분작업 (李)

(3) 적 과

적과(摘果, 과실솎기)는 지나친 착과에 의한 양수분의 소모를 막고 남긴 과실의 비대나 품질 향상을 위하여 실시한다. 착과량이 지나치게 많으면 당해의 과실 품질이 떨어질 뿐만 아니라 나무의 세력이 약해져서 다음해 과실 생산에도 악영향을 미친다. 반대로 착과량이 극단적으로 적은 경우에는 과실 비대는 좋으나 핵할, 생리적 낙과, 변형과 등의 발생이 조장되어 수량이 감소한다. 따라서 상품성이 높은 과실을 생산하기 위해서는 적과하여 착과량을 적당히 조절해 주어야 한다.

적과의 시기와 정도 : 적과 시기는 빠를수록 과실 비대는 잘 되지만 핵할이나 생리적 낙과의 위험성이 높아진다. 한편 적과 시기가 늦어지면 양수분의 소모로 과실 비대가 억제되고 품질이 떨어진다. 그러므로 적과는 개화 후 일수, 과실크기, 착과정도, 나무세력 등을 기준으로 하여 예비적과, 정리적과, 수정적과 등으로 몇 차례 나누어서 실시한다(표 6-5).

[표 6-5] 결과지별 착과량의 기준

(田尻, 2002)

결 과 지(cm)	예비적과(과실수)	정리적과(과실수)
장과지(30~50)	2~3	1~2
중과지(10~30)	1~2	1
단과지(10이하)	2~3개 중 1	5~6개 중 1
화속상단과지(3이하)	4~개 중1	6~10개 중 1

예비적과 : 수정이 되지 않은 과실이 확실히 구별되는 만개 후 2~3주 사이에 실시한다. 예비적과의 정도는 목표로 하는 최종 착과량의 1.5~2배를 남기고 한다(그림 6-29). 예비적과는 적뢰나 적화를 충분히 하였을 때, 결실이 적은 경우, 불수정과의 판단이 어려운 경우 등에는 생략하거나 시기를 늦추어도 좋다. 그러나 꽃가루가 있는 품종으로서 적뢰나 적화를 하지 않고 결실량이 많은 경우에는 조기에 실시하여야 한다. 예비적과를 할 단계에서는 과형의 양부를 판단하기 어려우므로 상향과나 상처가 있는 과실을 우선적으로 솎아준다.

그림 6-29 예비적과 전(좌)과 적과 후(우) (李)

정리적과 : 조생종은 만개 후 40일경까지, 중~극만생종은 만개 후 50일경까지 한다. 중~극만생종의 경우 만개 후 50일경은 5월 하순~6월 상순으로서 봉지씌우기 직전이다. 이 시기가 되면 과형, 쌍배과, 변형과 등이 구별되므로 과형이 바르며 길이가 길고 편평한 과실로서 병해충의 피해나 상처가 없는 건전한 과실을 남긴다. 정리적과의 정도는 나무의 세력(표 6-6), 품종, 착과부위 등과 지력이나 기상상태 등의 재배환경을 종합적으로 판단하여 결정한다. 1과당 엽수는 조생종은 20~30매, 중생종은 25~35매, 만생종은 30~40매이나 실제로는 결과지의 길이를 기준으로 하여 판단하는 경우가 많다. 이러한 기준으로 적과한 후 10a당 성목원의 경우

[표 6-6] 나무의 세력과 착과정도의 기준

(もも の作業便利帳, 2001)

나무의 세력	예비적과	정리적과	수정적과	최종 착과량
강	200	120	2~3회 나누어	110~120
중	150	110	발육불량과, 변형과,	100
약	120	105	병충해 피해과 등을 제거	80~90

注 적정한 나무 세력의 최종 착과수를 100으로 할 때.

최종 착과수는 조생종은 15,000~18,000개, 중생종은 13,000~16,000개, 만생종은 11,000~14,000개이다. 잎의 동화능력은 수관 상부는 높고 하부는 낮으므로 착과 위치에 따라 착과량을 조정할 필요가 있다. 눈높이의 착과량을 100으로 할 때, 수관 상부는 110~120, 수관 내부나 하부는 80~90정도로 한다.

봉지를 씌울 경우는 가지 위쪽에 달린 과실은 바람에 떨어지기 쉬우므로 아래쪽이나 측면에 달린 과실을 남긴다. 적과 순서는 결실이 잘 되고, 핵할과, 쌍배과, 변형과, 생리적 낙과가 적은 품종부터 시작한다. 변형과나 생리적 낙과가 발생하기 쉬운 품종은 마무리 적과를 늦춘다.

수정적과 : 만개 후 60일 이후에 실시한다. 수시로 원내를 둘러보면서 변형과, 병해충 피해과, 마무리 적과할 때 빠트린 과실 등을 솎아준다. 또한 신초신장이나 엽색 등을 보아 나무 세력이 약하다고 생각되는 경우에는 좀 더 솎아 주어 착과수를 줄여준다.

적과 정도로 과실의 크기 결정

결실량으로 과실 크기를 조절할 수 있다. 바이어가 요구하는 '장호원황도'의 과실 크기인 15~17과/4.5kg(280~320g)의 과실을 생산하기 위한 적과정도에 관한 실험 결과는 다음 표 6-7과 같다. 즉 관행 착과기준인 20cm간격을 15cm간격으로 하였을 때 수출규격과율을 관행의 경우 15.3%에서 29.3%로 향상시킬 수 있었다. 또한 주당 웃자람가지의 수도 18.4개에서 11.7개로 줄일 수 있었다.

[표 6-7] '장호원황도' 착과수준별 과실품질 및 수량

(원예연구소, 2004)

착과수준 (cm)	과 중	당 도(°Brix)	수출규격과율 (%)	수 량 (kg/10a)	웃자람가지수 (개/주)
20	408.8	12.8	15.3	2,409	18.4
15	306.1	12.8	29.3	3,651	11.7
10	240.3	12.9	20.0	5,493	6.3

(4) 생리적 낙과

복숭아는 과실발육기간 중 상당수의 과실이 떨어진다. 이를 생리적 낙과라고 하는데 낙과의

파상은 3회에 걸쳐 온다(그림 9-3).

1회째 : 개화 직후~2주간 후에 발생한다. 불완전화의 낙화로서 저장양분 부족이나 개화전의 저온이 원인이다.

2회째 : 개화 3~4주간 후에 발생한다. 불수정에 의하여 낙과되는 것으로(그림 6-30), 꽃가루가 없는 품종에서 많이 발생한다. 과실에 과경이 붙어있는 채로 떨어진다.

3회째 : 6월에 발생하므로 준 드롭(6월 낙과)이라고 하는데 경핵기 중기경부터 발생한다. '청수백도' 나 '백도' 에서 발생이 심한데, 이때의 낙과는 봉지 씌운 후에 낙과이므로 피해가 크다. 과실간 또는 과실 · 신초간에 양분 경쟁으로 배 발육이 정지되기 때문에 일어나는 낙과이다. 비가 많이 내리거나 핵할이 발생하면 낙과를 일으키거나 조장한다.

그림 6-30 수정과(상)와 불수정과(하) (久保田)

(5) 유대재배와 무대재배

복숭아재배는 지역이나 품종에 따라 과실봉지를 씌워 재배하는 유대재배(有袋栽培)와 씌우지 않고 재배하는 무대재배(無袋栽培)가 있는데 각각의 장 · 단점이 있다.

1) 유대재배

봉지를 씌우는 목적은 상품성이 높은 과실을 생산하는 데 있다. 중생종이나 만생종은 병해충의 피해를 받기 쉬운데, 특히 심식충류의 발생이 심한 지역에서 봉지씌우기는 필수적인 작업이다. 또한 흡즙나방류의 방제를 위하여 방충망이나 방아등(防蛾燈)을 설치하는 경우도 있지만 봉지를 씌워 재배하는 것이 안전하다. 봉지씌우기는 검은별무늬병(黑星病), 잿빛무늬병(灰星病) 등의 피해와 농약 오염방지에도 효과적이다. 봉지를 씌우면 봉지가 차광을 해주어 엽록소가 조기에 퇴화되고 그 후 착색이 되므로 색택이 선명하여 외관이 미려하다. 열과가 쉬운 품종은 봉지를 씌워 재배하면 과면의 표피조직이 유연하게 생장하므로 착색기가 되어 봉지를 벗기더라도 열과가 적다. 통조림용 품종은 과육의 착색이 방지된다. 무대재배에 비하여 숙기가 빨라진다. 한편 최종 착과량이 파악되어 결실과다를 방지할 수 있다. 이와 같이 장점이 많은 반면 봉지씌우기와 봉지를 벗길 때 많은 노력과 과실봉지의 자재비가 소요되며, 착색 촉진을 위하여 봉지를 벗겨줄 경우 적기에 노동력을 확보하여야 하는 등의 단점도 있다.

봉지의 종류 : 과실봉지는 재질이나 크기가 다른 여러 종류가 있다. 즉 차광률이 다른 것, 크기가 다른 것, 밑이 닫혀있는 유저(有底)와 열려있는 무저(無底) 등의 봉지가 있다. 어느 종류의 봉지를 사용할 것인가는 산지, 품종, 봉지벗기기 여부 등에 따라 다르고, 또한 과피의 착색정도를 어떻게 할 것인가에 따라 봉지를 달리 하여야하므로 목적에 맞추어 택한다. 착색증진봉지는 차광률이 높아 이를 이용하면 바탕색이 조기에 소실되어 좀 더 선명하게 착색되므로 착색이 잘

그림 6-31 착색촉진을 위한 봉지벗기기 (久保田)

안 되는 품종에 적당하다.

2중 봉지는 바깥 것은 착색증진용, 안쪽 것은 발수봉지(拔水袋) 또는 왁스봉지로서 한 겹 봉지나 왁스봉지에 비하여 착색이 선명하고 과면 장해의 방지 효과가 높아 외관이 미려하게 된다. 봉지를 벗길 때에는 바깥 봉지만을 벗기므로 작업이 간단하다(그림 6-31). 안쪽 봉지는 그대로 남겨두므로 한겹의 착색증진봉지보다 4~5일 먼저 바깥봉지를 벗긴다. 왁스봉지는 반투명의 왁스를 처리한 봉지로서 햇빛이 잘 통한다. 이 봉지는 과면이 거칠어지는 것은 방지되지 않으나 봉지 속에서도 착색이 잘 되어 봉지벗기기를 생략할 수 있으므로 부패과를 방지할 수 있다. 왁스봉지는 천도에 주로 이용하나 '백봉' 이후에 성숙하는 착색이 잘 되는 복숭아 품종에 사용하기도 한다. 또한 밑이 막혀 과실을 밀폐상태로 유지하는 봉지, 밑이 열려있는 봉지, 봉지 밑 중앙 1개소만 붙여놓아 과실이 커짐에 따라 열리는 봉지 등이 있다(그림 6-32).

그림 6-32 무저(無底)봉지(좌)와 중간만 접착시킨 봉지(우) (李)

실제로 이용하는 봉지는 산지에 따라 달라 동일본에서는 착색촉진에 유효한 봉지를 이용하고, 서일본에서는 과피가 유백색인 과실을 생산하기 위하여 광선 투과력이 낮은 봉지를 이용한다. 햇빛이 잘 투과되는 봉지는 생리적 낙과가 적고 과즙 당도가 높아지며 착색이 진하게 된다. 일반적으로 조생종은 진하게 착색시켜 판매하므로 백색계통의 봉지 또는 무저의 길이가 짧은 오렌지색계통의 봉지를 이용하고, 만생종은 착색이 억제되는 유저의 오렌지색계통 봉지를 사용한다. 극만생종은 유저의 두꺼운 봉지를 사용한다. 광투과량이 적은 봉지는 과실자체의 광합성 작용이 억제되므로 생리적 낙과가 증가한다. 따라서 생리적 낙과가 쉬운 품종은 되도록 햇빛 투과량이 많은 봉지를 사용한다. 복숭아 과실의 색소인 안토시아닌 발현에 유효한 자외선(紫外線)은 백색이나 황색을 잘 투과하므로 이런 색의 봉지는 착색이 잘 된다. 한편 과면의 광

봉지씌우기 전 병해충 방제

봉지씌우기 전 과실에 침입한 병충해는 봉지 속에서 왕성하게 번식하여 큰 피해를 준다. 이 때 방제하여야 할 병해충은 검은별무늬병, 세균성구멍병, 복숭아순나방 등으로, 봉지씌우기 전에 이들 병해충 방제를 철저히 한 다음 봉지를 씌워야 한다.

택은 햇빛 투과량이 적은 봉지를 씌울 때 향상된다. 따라서 착색과 생산에는 백색~크림색의 봉지를, 광택이 좋은 과실 생산에는 오렌지색 봉지를 사용하는 것이 좋다. 봉지의 크기는 과실크기에 맞는 봉지를 사용하나 흡즙나방류의 피해방지에는 약간 큰 것이 좋다.

봉지씌우기의 시기와 방법 : 봉지씌우기는 정리적과를 마치는 대로 5월 하순~6월 상순까지 한다. 그러나 생리적 낙과가 많은 품종은 과형을 보아 낙과 판별이 가능한 시기까지 마무리적과를 늦추어야 하므로 봉지씌우기도 그 만큼 늦어진다. 봉지의 입구를 미리 물로서 축축하게

그림 6-33 봉지씌위기 방법 (李)
(좌 : 봉지를 벌려 부풀림, 우 : 가지 위로 봉지를 접어모아 철핀으로 고정)

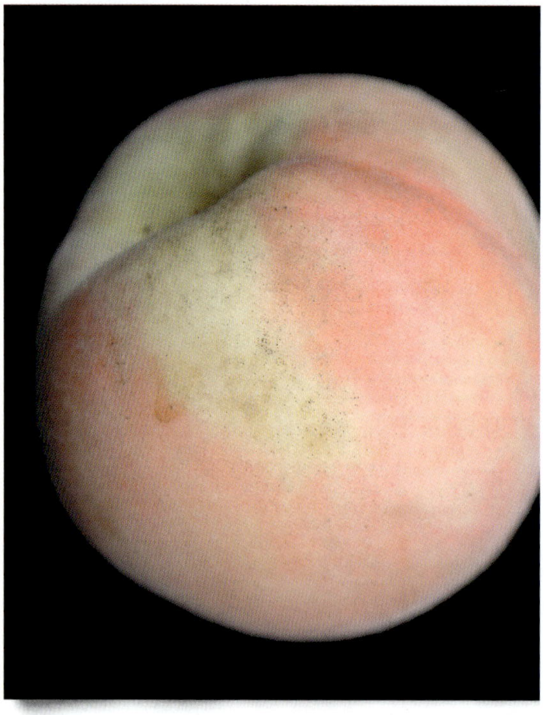

그림 6-34 봉지 속에 잎이 들어가 엽흔이 생긴 과실 (李)

해 두었다가 하거나, 고무코팅을 한 장갑을 끼고 봉지를 벌려 부풀린 다음 과실이 봉지에 중앙부에 위치하도록 하고 봉지의 입구를 접어 모아 가지에 철핀으로 고정시킨다(그림 6-33). 고정방법이 잘 못되면 병해충의 침해, 바람에 의한 봉지의 파손, 낙과 등이 일어 날 수 있다. 또한 봉지씌울 때 봉지 속에 잎이 들어가면 햇빛을 가려 그림 6-34과 같이 잎의 흔적이 생기므로 주의한다. 능률적이고 빠트리지 않고 봉지를 씌우기 위해서는 원가지나 덧원가지의 끝으로부터 씌워 내려가는 것이 좋다. 또한 봉지씌우기 전에는 과실을 중심으로 약제살포를 철저히 하여야 한다.

2) 무대재배

무대재배는 생산비를 경감시킬 수 있고, 당 함량이 1~2% 높아지며, 비타민 C 함량이 증가하고, 과피가 두꺼워져 수송력이 강화되는 등 과실의 질적 품질을 향상시킬 수 있다. 그러나 과피가 거칠어지거나 착색이 유대과와 같이 선명하게 되지 않아 외관적인 품질은 저하된다. 뿐만 아니라 병해충의 피해를 보기 쉬우므로 약제살포 횟수를 늘려야 하는 불편함이 있다. 따라서 다음과 같은 점을 고려하여 무대재배를 한다.

품종의 선택 : 만생종은 병해충의 피해가 많고 과면장해도 많이 생기므로 조 · 중생종 중에서 열과가 적은 '창방조생', '사자조생', '백봉' 계 품종 등을 대상으로 무대재배 한다.

병해충방제 : 검은별무늬병, 잿빛무늬병, 심식충류, 흡즙나방 등의 방제를 철저히 한다.

적 과 : 유대재배의 경우는 봉지수로 착과수를 확인할 수 있지만 무대재배에서는 봉지와 같은 지표가 없으므로 과잉 착과가 되기 쉽다. 그러므로 적어도 2~3회에 걸쳐 빠짐없이 적과한다. 햇빛을 잘 받는 수관 외부의 과실은 지나치게 착색이 되거나 일소의 피해를 받기 쉬우므로 하향과를 남기고, 햇빛이 잘 닿지 않는 수관 내부나 하부의 과실은 성숙기에도 착색이 불균일하여 외관이 떨어지므로 되도록 상향과를 남기어 착색이 잘 되도록 한다.

(6) 착색관리

복숭아 과실의 색소는 안토시아닌이나 그 생성에는 햇빛, 특히 자외선이 필요하므로 자외선을 많이 받으면 착색이 잘 된다. 착색관리의 방법은 산지에 따라 크게 달라 서일본에서는 과피를 유백색이 되도록 관리하는데 반하여, 동일본에서는 착색촉진을 위하여 수확 1~2주간 전에 봉지를 벗기거나, 봉지 밑을 열어주고, 과실 주변의 잎을 따주어 착색을 촉진시킨다.

봉지 벗기는 시기 : 봉지 벗기는 시기는 품종의 착색 난이나 봉지 종류에 따라 다르다(표 6-8). 착색기 중 기상상태에 따라서도 그 시기를 달리하여야 한다. 평상의 날씨로 맑은 날이 계속되면 기준시기에 맞추어 벗기지만, 고온 건조하여 조기에 바탕색이 빠지면 1~2일 앞당겨 벗겨준다. 또한 구름이나 비가 예상되면 착색불량이 되지 않도록 기준보다 1~2일 먼저 벗겨준

다. 봉지벗기기의 적기는 봉합선과 과경부 이외의 과실 표면이 모두 바탕색이 빠져서 담황백색으로 변하는 무렵이다. 너무 일찍 벗겨주면 바탕색이 다시 되돌아와 선홍색으로 착색되지 않고, 너무 늦으면 충분히 착색이 되지 않은 채로 성숙되어 상품성이 떨어지므로 적기를 놓치지 않도록 유의하여야 한다. 과실에 일소 발생이 우려되면 봉지벗기기 2~3일전에 봉지 밑을 찢어 외기에 순응시킨 후 벗겨준다. 2중봉지는 바탕색의 소실이 빠르므로 바깥봉지만을 수관 상부는 수확 개시 12~15일전에, 수관 하부는 10~13일 전에 벗겨준다.

[표 6-8] 착색의 난이와 봉지 벗기는 시기

착색의 난이	품 종	제대시기
착색이 쉬운 품종	창방조생, 대구보, 천중도백봉, 암킹	수확 4~7일전
중간인 품종	백봉, 천중도백도, 천간백도, 수봉, 흥진, 유명	수확 7~10일전
착색이 어려운 품종	애지백도, 고양백도, 백도, 중진백도, 지하백도	수확 10~14일전

적 엽 : 복숭아는 과실에 직접 햇빛을 받지 않으면 착색이 잘 안되므로 과실에 접해 있는 잎은 녹색의 바탕색이 빠져 백록색으로 변할 때에 따준다. 이를 적엽이라 하는데 적엽 전에 신초관리를 잘해주고 늘어진 가지는 지주를 받쳐 들어 올려 햇빛이 수관 안으로 잘 들어오도록 해주어야 한다. 적엽을 너무 일찍 하거나 극단으로 너무 많은 잎을 따주면 일소가 조장되거나 과실비대가 나빠진다.

반사필름 : 반사필름을 나무아래에 깔아주어 수관 내부에 과실을 중심으로 착색을 증진시킨다. 그러나 밀식으로 과원 내가 어두우면 반사필름 효과를 충분히 얻을 수 없으므로 과원 내가 밝게 유지되도록 웃자람가지를 정리하고 지주를 세워 늘어진 가지를 세워준 다음 깔아준다. 반사필름을 깔아주는 시기는 착색의 난이나 과실봉지의 유무에 따라 다르다. 무대재배할 때는 수확 7~10일전을 기준으로 깔아준다. 유대재배의 경우는 무대재배보다 적은 일수로 충분하므로 수확 4~5일 전을 기준으로 착색의 난이에 따라 조절한다. 즉 착색이 쉬운 품종은 수확개시 2~3일전에, 중간정도의 품종은 4~5일전에, 어려운 품종은 5~7일 전에 깔아준다. 또한 구름이나 비가 예상되는 경우는 그 보다 약간 빨리 깔아준다. 착색이 되면 반사필름은 철거하여 선홍색이 되도록 한다. 지나치게 오래 깔아두면 과피가 암적색으로 되거나 열과가 되기도 하므로 주의한다.

7. 토양관리

(1) 시 비

복숭아나무가 정상적으로 자라 매년 안정적인 과실을 생산하기 위해서는 16종의 원소가 필요하다. 그 중 유기영양의 기초인 탄수화물 생성에 필요한 탄소, 수소, 산소는 공기와 물로부터 얻을 수 있으나 무기영양의 기초인 나머지 13종의 원소는 주로 토양으로부터 뿌리가 흡수하여 이용한다. 복숭아는 다른 과수에 비하여 잎 속에 각종 원소를 많이 함유하고 있는데 과원에 따라 그 함량의 변이가 크다. 이는 복숭아나무는 토양조건이나 비료요소에 대한 반응이 예민하고 수령에 따라 나무의 세력이 크게 변하는 특성이 있기 때문이다. 그러므로 복숭아를 재배할 때에는 시비량과 시비시기에 특히 주의할 필요가 있다. 토양 산도가 지나치게 낮으면 질소의 비효가 늦게 나타나고 마그네슘이 쉽게 유실되는데 토양개량으로 토양의 물리 · 화학성을 개선해 주면 비효가 잘 나타나므로 시비할 때 이런 점도 유의할 필요가 있다.

1) 필수원소의 종류와 작용

무기영양의 기초인 13종의 필수원소는 생장에 필요한 상대적 양의 차이에 따라 6종의 다량원소와 7종의 미량원소로 나뉜다.

다량원소 : 질소비료(N)는 질산태 질소(NO_3–N)와 암모니아태 질소(NH_4–N)가 있으나 후자는 토양 중에서 질산태 질소로 변한다. 복숭아나무의 뿌리는 어느 형태라도 흡수가 가능하나 보통은 질산태 질소를 많이 흡수한다. 흡수된 질소는 아미노산이나 단백질로 전환되어 엽록소, 효소, 호르몬 등의 중요한 물질의 구성성분이 된다. 질소는 영양생장을 촉진하므로 엽비(葉肥)라고도 한다. 인(P)은 토양 중에서 칼슘이나 철과 결합되어 있으므로 가용성 인은 많지 않다. 체내에 흡수된 인은 에너지 전환에 중요한 역할을 하고 효소나 핵산의 구성요소로서 특히 초기 생장이나 꽃눈 형성 등에 중요한 요소이다. 수체에서 쉽게 이동하므로 결핍증상은 기부 잎부터 나타난다. 칼륨(K)은 토양 중에서는 불용성이고 수체에서는 이온의 형태로 존재한다. 당의 전류나 전분 합성에 관여하고 잎의 기공 개폐에도 관계한다. 다른 원소에 비하여 과실에 축적되는 비율이 높으므로 실비(實肥)라고도 한다. 이상의 질소, 인, 칼륨은 다량요소 중에서도 수체 영양생리에 특히 중요하므로 비료의 3요소라 부른다. 칼슘(Ca)은 토양 중에 풍부히 존재하므로 결핍되는 경우는 적으나 토양산도의 교정을 위해서 시용하는 경우가 많다. 세포벽의 구성성분으로서 새로운 세포 생성에 꼭 필요한 원소이다. 수체 내에서 이동이 어려우므로 결핍증상은 어린 조직부터 나타난다. 마그네슘(Mg)은 토양 중에 다량 존재하나 양이온의 교환능력이 낮은 토양이나 마그네슘에 길항적으로 작용하는 칼륨이 많은 토양에서는 결핍증상이 나타나기 쉽다. 엽록소의 구성성분이므로 광합성에 특히 중요한 원소이다. 여러 효소의 활성화에도 필요하다. 결핍증상은 오래된 잎부터 나타난다. 단백질합성에 관계하는 유황(S)도 다량원소이다.

미량원소 : 망간(Mn), 아연(Zn), 붕소(B), 철(Fe), 몰리브덴(Mo), 동(Cu) 및 염소(Cl)는 수체에 극히 미량으로 존재하나 대부분의 원소가 각종 효소반응에 관계하므로 나무가 정상적으로 생장하는 데 꼭 필요한 원소들이다. 미량원소는 수체 내 함량이 적을 뿐만 아니라 적정농도 범위도 좁으므로 실제 시용에 있어서는 과잉이 되지 않도록 특히 주의하여야 한다. 또한 미량원소는 대부분 토양 산도에 따라 불가급태(不可給態)로 되기 쉽다.

2) 수체의 영양진단

시비할 때는 미리 나무의 영양상태를 진단할 필요가 있다. 진단은 나무의 외관으로부터 판단하는 방법과 나무조직을 화학적으로 분석하는 방법이 있다.

외관에 의한 진단 : 생육에 필요한 원소가 결핍 또는 과잉이 되면 신초나 과실의 생장 뿐만 아니라 그 모양이나 색택에 특유한 증상이 나타나므로 각 원소의 과부족을 판단할 수 있다. 그러나 실제로는 특정원소로 기인되는 증상이 나타나기 훨씬 전부터 그 원소의 적정범위 이하 또는 이상이 되는 경우가 많으므로 그 원소의 잠재적인 결핍이나 과잉을 외관으로부터 판단하는 일은 극히 어렵다.

화학분석에 의한 진단 : 잎이나 과실 등 수체의 일부를 채취해서 각종 무기원소 함량을 측정하여 영양상태를 추정하는 방법으로서 잎이나 잎자루(葉柄)를 분석하는 엽분석이나 엽병분석이 일반적이다. 분석하여 얻은 수치를 이미 알고 있는 분석결과나 정상개체의 분석치와 비교하여 원소의 과부족을 판단한다. 영양생장과 관계가 깊은 질소 함량은 엽록소 함량과 상관관계가 있으므로 엽록소를 간단히 측정하여 질소수준을 어느 정도 추정할 수 있다. 엽록소는 엽색기준표나 엽록소계를 이용하면 비파괴적으로 측정이 가능하다.

3) 시 비 량

이론적인 시비량은 "비료요소의 흡수량-천연공급량/비료요소의 흡수이용률" 로 산출한다. 농촌진흥청에서 제시한 시비기준은 표 6-9와 같으나 이는 토양조건, 품종, 나무의 세력, 결과량 등에 따라 크게 달라진다. 즉 유목에서는 적게 시용하고 결실이 되면서부터는 결과량에 맞추어 증시한다. 따라서 적정한 시비량은 나무의 생육상태, 토양, 품종, 기타 조건 등을 고려하여 결정하여야 한다(그림 6-10).

시비량을 결정하는 한 가지 방법으로 복숭아나무의 연간 양분흡수량을 근거로 계산하는 방법이 있다. 예를 들면 성목인 '백봉' 은 과실 3톤을 생산하는데 대개 질소 15kg, 인산 6kg, 칼륨 21kg, 칼슘 27kg, 마그네슘 4.5kg을 필요로 한다.

질소가 결핍되면 나무의 세력이 현저하게 떨어지고, 과잉이 되면 신초가 웃자라거나 늦게까지 신장하며 생리적 낙과가 유발되고 과실 품질이 저하되므로 시비할 때 특히 주의하여야 한

[표 6-9] 복숭아의 시비기준 (단위 : kg/10a)

(농촌진흥청)

수 령(년생)	질 소	인 산	칼 륨	퇴 비
	비옥지~척박지	비옥지~척박지	비옥지~척박지	
1~2	2	1	1	300
3~4	3~5	2~3	2~4	1,000
5~10	7~11	4~6	6~9	2,000
11이상	13~18	7~10	10~15	2,000

[표 6-10] 시비량 증감의 기준

(香川縣 果樹栽培指導指針)

증 비		시 비 량		감 비
밭	←←	원 지	→→	논
사 질	←←	토 성	→→	점 질
노 목	←←	수 령	→→	유 목
약	←←	나무의 세력	→→	강
적 음	←←	생리적 낙과	→→	많 음
만 생	←←	품 종	→→	조 생

다. 인산은 흡수량은 적으나 부족하면 뿌리나 신초생장이 잘 되지 않는다. 질소에 비하여 칼륨은 흡수량은 많으나 흡수량의 약 반 정도가 과실에 함유되어 있으므로 그 시용량은 결실량의 다소에 따라 달라진다. 3요소 이외에 칼슘, 마그네슘과 미량요소의 붕소는 토양 pH나 나무의 생육상태를 보면서 시용한다. 복숭아는 칼슘의 흡수량이 많은 특징이 있다. 충적층사토에는 칼슘이 부족되기 쉬우므로 석회질 비료를 시용하여야 한다. 과습한 토양이나 pH가 6이상인 과원에서는 망간의 결핍이 일어나기 쉽고 건조하기 쉬운 사토나 경사지에서는 붕소가 결핍되기 쉬우므로 주의한다. 단 이들 미량원소는 절대로 과잉으로 시용해서는 안 된다.

4) 시비시기

복숭아나무의 뿌리는 발아 전 2월 하순경부터 신장을 시작하여 5~6월에 가장 왕성하게 신장하고 여름철 고온기에는 활동이 둔화되었다가 9~10월에 다시 왕성하게 신장한다. 시비 시기는 이와 같이 뿌리의 활동 주기나 지상부의 생육 주기, 토양 중의 양분 이동 등을 기초로 결정하지만 실제로는 새뿌리가 발생하지 않는 시기에도 양분을 흡수한다. 복숭아 재배는 밑거름이 주체이고 기타 웃거름이나 예비를 시용하나 비료 종류에 따라 시용 방법이 다르다(표 6-11).

[표 6-11] 분시비율 및 시기

(농촌진흥청, 1995)

구 분	질 소	인 산	칼 륨	석회 및 마그네슘	시 기
밑 거 름	70(%)	100(%)	60(%)	100(%)	휴 면 기
웃 거 름	10	-	40	-	5월 하순~6월 상순
가을거름	20	-	-	-	8월 하순~9월 상순

밑거름 : 밑거름(基肥)은 11~12월에 질소는 연간 시비량의 70~80%, 인산은 100%, 칼륨은 60%를 시용한다. 복숭아는 신초생장이 왕성한 시기에 비효가 나타나기 시작하면 생리적 낙과가 증가하고 과실 품질이 저하되므로 되도록 비효가 이른 시기에 나타나도록 하는 것이 좋다. 분해가 늦은 유기질 비료는 초가을에 시용하여 지온이 비교적 높은 연내에 분해 · 흡수되도록 한다. 화학비료는 낙엽 후부터 12월에 걸쳐 시용한다. 발아 전 2~3월에 발아촉진을 위하여 소

량의 비료를 주기도 한다.

웃거름 : 웃거름(追肥)은 5월 하순~6월 상순에 시용하며 칼륨을 주체로 하고 속효성의 질소를 소량 준다. 성목에서는 질소 비효가 경핵기에 지나치게 나타나면 생리적 낙과가 일어나기 쉽고, 성숙기에 지나치게 나타나면 성숙이 지연되고 품질이 떨어지기 쉬우므로 웃거름을 주지 않아도 좋을 정도로 비배관리를 하는 것이 좋다. 즉 양분의 유실이 심한 사질토, 비옥도가 현저히 낮은 유목원이나 나무의 세력이 극단적으로 약한 경우를 제외하고는 원칙적으로 시용하지 않는 것이 좋다.

예 비 : 예비(禮肥, 秋肥)는 수확 후 나무의 세력을 회복시키고 다음해 신초신장이나 과실생산에 필요한 저장양분을 증대시키기 위한 비료로서 9월 상순경에 시용한다. 수확기가 빨라 수확 후 낙엽까지의 기간이 긴 조생종은 질소를 주체로 하는 예비의 효과가 크다. 복숭아의 꽃눈 분화기는 7월 하순~8월 상순이나 꽃눈이 충실하게 자라는 것은 그 후의 동화양분에 의하여 이루어진다. 그러므로 수확 후에도 잎의 광합성 작용을 향상시켜 수체 내에 탄수화물을 풍부하게 해주면 다음해 결실을 위한 꽃눈이 충실하게 된다. 속효성과 완효성의 성분이 적당한 비율로 들어 있는 비료를 연간 시비량의 10~20% 시용한다. 그러나 유목이나 결과량이 적어 왕성하게 자라는 나무에는 시용하지 않는다. 시용시기가 늦으면 오히려 가지의 충실도가 떨어져 동해를 받기 쉬우므로 주의한다.

5) 시비 방법

시비 방법은 토양시비와 엽면시비가 있으나 복숭아는 대개의 경우 토양시비이다. 유목은 뿌리의 분포 상태에 따라서 원줄기를 중심으로 윤상(輪狀) 또는 방사상(放射狀)으로 고랑을 파고 시용한다. 성목은 과원전체에 시비한 후, 가볍게 경운하는 방법을 주로 이용하나 이 방법은 근군이 낮아져서 건조피해나 한해(寒害)를 입기 쉽다. 그러므로 구덩이 또는 주입기를 이용한 심층시비(深層施肥)나 나무와 나무 사이에 고랑을 파고 시비하는 조구시비(條溝施肥)를 하는 것이 좋다.

(2) 수분관리

복숭아는 내건성(耐乾性)은 강하나 내수성(耐水性)이 약한 과수이다. 특히 내수성이 약한 특성은 나무의 세력을 저하시키는 큰 원인이 된다. 장마기에 비가 많이 내리면 핵할이 발생하고 과실 품질이 떨어지므로 빗물이 과원 내로 유입되지 않도록 하고 동시에 배수를 철저히 하여 토양 중에 과잉의 수분이 장기간 체류하지 않도록 한다. 한편 토양의 지나친 건조는 비료 흡수를 저해하여 신초생장이나 과실비대에 악영향을 미치므로 건조할 때에는 관수를 해 주어야 한다. 특히 과실이 달린 나무는 토양수분이 부족하면 과실 내의 수분이 지엽으로 전류되어 이용되므로 모르는 사이에 과실은 수분 스트레스를 받게 된다. 그림 6-35는 크기가 비슷한 과실이 있는 가지와 과실이 없는 가지를 절제하여 24시간 방치한 후의 결과이다. 과실이 달린 가지는 과실내의 수분이 잎으로 전류되어 과실이 없는 가지에 비하여 위조증상이 현저히 적은 것을 볼 수 있다. 이런 상태가 되면 과실은 수분을 잎에게 뺏겨 외관적인 증상은 보이지 않아도 생리적으로는 수분이 부족한 상태가 되어 스트레스를 받는다. 따라서 관수시기가 늦어 과실이 수분 스트레스를 받지 않도록 주의 하여야 한다. 관수량은 원지의 조건에 따라 다르나 1회에 20~35mm가 적당하다(표 6-12).

그림 6-35 과실 유무에 따른 잎의 수분 스트레스 반응 (李)
㊟ 과실이 달린 가지는 과실 중의 수분이 잎으로 전류되어 잎이 덜 시들었음.

[표 6-12] 복숭아과원의 1회 관수량과 관수 간격 (長野縣 果樹指導指針, 1991)

토 양	1회 관수량(mm)	관수 간격(일)	비 고
조립질(사질토)	20	4	토층은 30cm이고, 수관아래는 멀칭을 하며 수간에는 초생재배를 할 경우
중립질(양토)	30	7	
세립질(점토)	35	9	

밑거름 시용기~발아기 : 복숭아 뿌리는 발아 전에도 양수분을 흡수하는데 건조가 장기간 계속되면 비료의 분해, 이동뿐만 아니라 흡수가 저해된다. 따라서 이 기간에도 비가 적게 내리면 관수가 필요하다.

발아기~유과기 : 발아기부터 유과기까지의 관수는 신초나 과실의 초기생장을 도와주는 한편 질소분의 비효가 늦게 나타나는 것을 막아준다. 신초가 자라 엽면적이 증가하면 토양수분의 다소는 지상부 생육에 크게 영향을 미친다. 특히 장마가 끝난 후 한발이 계속되면 만생종은 이 시기가 과실비대 최성기이므로 다량의 수분이 필요한 때이므로 수분 부족의 영향이 크다. 또한 이 시기는 장마로 인하여 뿌리 기능이 저하되어 있는 상태이어서 더욱 건조 피해를 받기 쉽다. 따라서 토양이 건조하기 전에 관수를 시작하여 4~9일 간격으로 관수한다. 보수성이 좋지 않은 과원에서는 1회 관수량을 줄이고 횟수를 늘린다.

유과기~성숙기 : 수확기까지 관수를 계속하면 과실비대는 좋으나 당 함량이 올라가지 않아 과실 품질이 떨어진다. 한편 이 시기에 토양이 지나치게 건조하면 과실에 떫은 맛이 생긴다. 따라서 수확기가 가까워짐에 따라 관수량을 줄이고, 적어도 수확 3~5일전에는 관수를 멈춘다.

수확 후~밑거름 시용기 : 이 기간은 가을 뿌리가 신장하는 시기이고, 나무의 세력 회복과 다음해 과실 생산을 위한 예비(禮肥)를 주는 시기이다. 따라서 뿌리 생장을 촉진시키고 예비의 원활한 분해와 흡수를 위하여 적절히 관수한다.

배수불량의 피해와 대책

비가 많이 내릴 때 물이 정체되는 과원에서는 나무가 쇠약해지고 수량이 떨어진다. 이는 토양 중 산소 농도가 저하되어 뿌리의 호흡이 저해되기 때문이다. 복숭아 뿌리는 산소부족에 매우 약하여, 습해를 받으면 엽색이 부분적으로 퇴색되고 신초생장이 정지되며, 심하면 낙엽, 고사하게 된다. 중점토, 지하수위가 높은 곳, 답전환 저습지에서는 습해뿐만 아니라 근군이 확대되지 않고 뿌리의 활력이 떨어지므로 배수대책과 함께 심토파쇄나 심경을 해 주어야 한다. 또한 저습지에서는 나무를 두렁을 높이 만들어 심어 지표면으로부터의 증발산을 촉진시키고, 낮은 통로부를 통하여 배수가 잘 되도록 한다.

(3) 토양관리

1) 토양개량

복숭아 과실의 품질은 토양깊이 50cm까지에 존재하는 세근 비율이 높을수록 우수하므로 토양개량은 이 층을 중심으로 한다. 표 6-13에 보인 토양의 물리성과 화학성을 목표로 심경과 동시에 유기물을 넣어 토양을 단립화(團粒化)시킨다. 이렇게 하여 배수성, 통기성, 보수성, 비효성 등이 향상되면 세근량이 증가된다. 복숭아는 통기성이 불량하면 나무의 세력이 떨어지므로, 특히 점토질의 배수 불량과원에서는 심경, 유기물 투입, 암거배수가 중요하다. 척박지에서는 유기질 비료를 시용하여 지력향상을 도모한다.

심 경 : 과실 수량은 세근이나 작은 뿌리의 양과 밀접한 관계가 있어 수량을 높이기 위해서는 토양을 30~50cm 깊이로 파주어 물리성을 개선하여 근권환경을 향상시킨다. 이 때 유기물을 함께 시용하면 세근이나 작은 뿌리가 증가하여 나무의 세력이 유지되고 과실 품질이 향상된

[표 6-13] 복숭아과원 토양의 물리성과 화학성의 개량목표

(岡山縣 果樹栽培指針, 2003)

항 목	목 표 치
[물리성]	
유효토층의 깊이	50cm이상
지하수위	지표밑 100cm
치 밀 도(山中式경도계)	20mm이하
기 상 률	15~25%
투 수 성	10-4cm/sec이상
[화학성]	
pH (H_2O)	5.5~6.0
pH (KCl)	5.0~5.8
가 급 태 P_2O_5	20~35mg/건토±100g
치 환 성 K	20~35mg/건토±100g
치 환 성 Ca	150~200mg/건토±100g
치 환 성 Mg	25~50mg/건토±100g
부식 함량	1~2%정도

다. 심경 방법은 조구식(條溝式, 도랑식)과 구덩이식이 있다(그림 6-36). 조구식은 트렌처를 이용하여 원줄기로부터 약간 떨어져 뿌리가 적은 위치에 직선적으로 고랑을 파는 방법으로 뿌리의 확장이 적은 유목원에서 한다. 구덩이식은 뿌리가 전원에 확장된 성목원에서 하는 방법으로 드릴식의 심경기를 이용하여 원줄기로부터 방사상으로 직경 20~50cm, 깊이 50cm의 구덩이를 판다. 와카야마(和歌山)현에서는 50 × 50cm 구덩이에 완숙퇴비 7kg, 펄라이트 3kg, 고토석회 200g, 용성인비 100g을 흙과 잘 섞어 다시 메운다. 어느 방식이고 심경위치를 매년 바꾸어

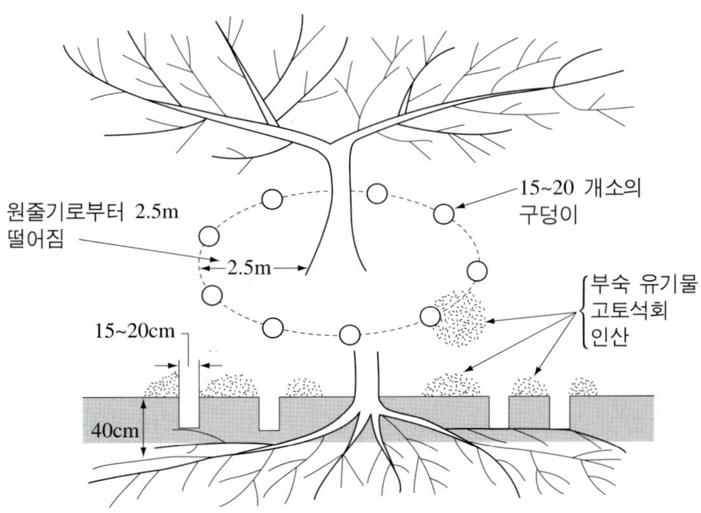

그림 6-36 구덩이식 심경 방법 (ももの作業便利帳, 2001)

3~4년에 한 바퀴 돌 수 있도록 계획적으로 한다. 배수불량원에서는 심경한 구덩이에 물이 고이기 쉬우므로 암거배수 등의 대책을 세운다. 심경 후에는 일시적으로 나무의 세력이 강해지므로 질소를 중심으로 시비량을 20~30% 줄인다.

유기물시용 : 유기물시용은 토양의 화학, 물리 및 생물학적 환경을 개선시켜주므로 여러 면으로 복숭아나무 생장을 도와준다. 즉 유기물은 각종 영양분을 함유하고 있으므로 그것이 분해되면 복숭아나무가 흡수 이용할 수 있는 여러 종류의 양분이 되며, 토양의 완충능도 높여주어 토양산도의 급격한 변화를 완화시켜준다. 또한 유기물을 시용하면 부식 함량을 증가시켜 토양을 부드럽게 해주고 단립화(團粒化)를 촉진시켜 투수성과 통기성을 향상시켜주므로 뿌리의 활력이 향상된다. 보수력도 좋아져서 건조에 잘 견디는 근권환경이 된다. 즉 토양의 단립구조(團粒構造)는 단립과 단립사이를 통하여 중력수가 배수되고 단립 내부의 토양간극은 유효수를 보유하는 역할을 하기 때문이다. 또한 유기물은 유용 토양미생물의 양분이 되어 그 활동을 활발하게 해 주는 역할도 한다. 근년 여러 종류의 토양개량자제가 시판되고 있는데 제품에 따라 탄소율(C/N율)이나 성분이 크게 다르므로 유기자재를 투입한 후에는 그에 맞추어 시비량을 조절해 준다. 또한 미숙한 유기물을 시용하면 일시적으로 질소가 부족한 상태가 되고 슬러지와 같은 도시의 인조비료에는 카드뮴, 비소 등의 유해물질이 함유되어 있는 경우도 있으므로 주의한다.

유기물의 특성 : 가축분 퇴비는 가축 분을 짚, 톱밥, 나무껍질 등과 혼합한 것으로서 부숙이 잘 된 것을 사용한다. 우분퇴비는 질소 함량은 적으나 토양물리성의 개량에는 효과적이다. 돈분 퇴비는 3요소의 함량이 높아 비료로서의 효과가 높다. 계분퇴비는 원료를 천일 건조한 것과 발효처리 후 건조한 것이 있는데 어느 것이고 3요소, 특히 질소 함량이 많아 비효가 높다. 나무껍질퇴비는 물리성 개선을 목적으로 주로 이용하는데 복숭아에는 질소 함량이 1.0~2.5%의 것이 적당하다. 하수침전물 퇴비는 하수도의 오수처리시설에서 생산된 침전물에 톱밥을 넣어 퇴비화 한 것으로서 질소, 인산의 함량이 높다. 톱밥퇴비는 질소 함량이 적어 비료로서의 효과는 낮다.

2) 표토관리

경사지의 과원은 빗물에 의한 토양침식이 심하여 때에 따라서는 나무가 도복되는 경우도 있다. 또한 비옥도가 높은 표토가 쉽게 유실되어 나무 생장에 악영향을 미친다. 토양유실은 경사각도가 큰 과원이나 유목원에서 심하다. 따라서 경사지에서는 배수구(排水溝)를 설치하고 초생재배하여 토양을 피복하는 것이 좋다. 토양관리는 토양유실 방지뿐만 아니고 양분의 공급, 유기물 보급, 토양의 단립화(團粒化) 등을 목적으로 한다. 여기에는 중경이나 제초 등을 주체로 하는 청경법, 원줄기 주위를 짚 등으로 깔아주는 멀칭법, 잡초나 목초 등을 파종하여 이용하는 초생법이 있는데 각각 장단점이 있다.

청경법 : 청경법은 잡초를 제거하므로 병해충의 발생을 억제할 수 있으나 유지 관리에 많은 노력이 소요된다. 또한 유기물이 부족하게 되기 쉽고 토양유실이 심하다.

멀칭법 : 멀칭법은 볏짚, 풀, 왕겨, 톱밥 등을 지표면에 덮어주는 방법이다. 멀칭법은 토양침식방지, 유기물 공급, 잡초생육저지, 토양수분 유지 등에는 효과적이나 이른 봄에는 약간 온도가 저하되어 동해가 발생하기 쉽고 장마기에는 습해가 일어나기 쉽다. 따라서 장마가 끝난 직후에 멀칭한 다음, 밑거름을 줄 때 함께 갈아엎고 그 이후에는 청경재배로 관리하는 것이 바람직하다. 최근에는 잡초방제용 개량부직포가 개발되어 이용되고 있는데 이는 수분과 공기 유통이 잘 되고 사용하기 편리하며 멀칭한 위에 시비를 할 수 있는 장점이 있다(그림 6-37).

그림 6-37 개량부직포 '위드스톱' 멀칭 재배 (李)

초생법 : 근년 환경보전형 농업의 일환으로 초생재배의 관심이 높아가고 있다. 초생재배를 하면 초생부에 시비한 질소는 초생이 대부분 흡수하고 나머지 일부, 그리고 예초한 초생으로부터 무기화된 질소가 연중 서서히 복숭아나무에 공급된다. 초생재배의 이점으로는 ① 빗물이나 바람에 의한 토양침식방지, ② 과원 내에서 유기물의 생산과 보급, ③ 작업성의 향상, ④ 비료성분의 유실방지 및 지효성 향상으로 효율적인 양분공급 등이 있다. 반면 결점으로는 ① 병해충의 잠복처 제공, ② 초생과 복숭아나무와의 양수분의 경쟁, ③ 예초 경비의 소요 등이다. 일반적으로 초생재배를 하는 과원에서는 원줄기 주위는 청경이나 멀칭을 하고 기타 부분은 초생으로 하는 부분초생법을 이용한다(그림 6-37).

초생의 종류와 특성 : 가장 간편한 초생법은 자연적으로 발생하는 잡초를 이용하는 잡초초생이나 최근에는 벼과의 초종을 중심으로 하는 관리초생법이 증가하고 있다. 호밀초생은 유기

그림 6-38 나기나타가야(좌), 헤어리베치(우) (久保田)

물 생산이 많은 특징이 있다. 9월 하순~10월 상순에 파종하면 2월 하순까지는 초장이 5cm 전후로 자라 지표면을 덮어준다. 3월 이후부터는 왕성하게 자라므로 4~5월에 2~3회에 걸쳐 베어준다. 복숭아의 신초생장기까지는 대부분 베어주게 되므로 그 이후에는 양분 경쟁이 적다. 나기나타가야(그림 6-38의 좌)는 일본에서 이용하는 초생으로서 초장이 20~30cm로 자라는데 5월 출수기 이후에 도복시켜 지표면을 덮어주면 그 이후에는 잡초발생이 거의 없다. 유기물 생산량이 많고 잡초억제와 유기물의 보급 면으로 유리하므로 일본에서는 보급면적이 증가하고 있으나 들쥐의 피해를 받기 쉬운 단점이 있다.

콩과 초생은 클로버나 헤어리베치(그림 6-38의 우)를 이용하는데 지표면이 매트 상으로 덮여지므로 잡초의 억제 효과가 크다. 예초한 초생 중에는 4~5%의 질소가 함유되어 있어 지력증진에도 효과적이다. 그러나 총채벌레류의 기생이 많으므로 가해시기인 착색기에는 예초를 하고 약제를 살포하는 것이 안전하다. 목초초생은 유기물 생산, 관리의 생력화, 경관조성 등의 목적으로 오차드그래스나 이탈리안 라이그래스 같은 초종을 이용한다.

Chapter 7

수확 · 선별 · 출하

1. 수　　확

(1) 성숙특성과 수확숙도

성숙특성 : 복숭아 과실은 성숙기에 접근하면서 단기간에 비대가 급속도로 진행되고 과피의 바탕색이 소실되면서 착색이 시작된다. 또한 에틸렌 생성이 급증하며 과육의 경도가 떨어지고 당 함량, 특히 자당(蔗糖, sucrose)이 현저히 증가하면서(그림 2-7) 특유의 향기를 띠게 된다. 바탕색은 엽록소가 소실되면서 함께 있던 황색의 카로티노이드 색소가 뚜렷하게 나타나 백육종은 황백색으로, 황육종은 등황색(橙黃色)으로 변한다. 이런 변화와 함께 과피에는 안토시아닌 색소가 축적되어 품종 특유의 색을 나타낸다. 과실을 너무 빨리 수확하면 수량이 떨어질 뿐만 아니라 외관과 품질도 좋지 않다. 반대로 수확기가 너무 늦어지면 숙도 진행이 빠르므로 보구력이 현저히 떨어져 출하과정에서 쉽게 손상을 받는다.

수확숙도 : 수확 숙도는 과실의 크기, 경도, 과피색, 향기의 발산 정도 등으로 판정한다. 그러나 일반적으로는 손의 감촉으로 과실의 경도를 살피거나 과피의 바탕색을 보고 판단한다. 주요 품종의 숙기는 표 4-3에서와 같은데 숙기는 같은 품종이라도 생산지역, 나무의 생장상태, 결과부위에 따라 다르다. 또한 유대재배와 무대재배에 따라서도 다른데 유대재배의 경우는 녹색의 바탕색이 거의 소실되고 과경부에 담황녹색이 약간 남아 있는 정도의 과실이 수확 숙도이다. 경험이 쌓이면 봉지 위를 잡아보기만 해도 숙도 판정이 가능하나 그렇지 못한 경우에는 시험적으로 손가락으로 가볍게 눌렀을 때 그 흔적이 생기지 않을 정도의 경도를 지녔을 때가 적당한 숙도이다. 무대재배의 경우도 유대재배와 거의 차이가 없으나 일조 조건이 좋은 과실일수록 착색이 빨라지므로 너무 조기에 수확하지 않도록 주의 한다. 특히 출하조건(출하시장과의

거리, 수출, 또는 단기저장 등)을 살펴 수확숙도를 결정하는 것이 중요하다.

과실 품질을 좌우하는 조건

착색상태가 좋고 큰 과실일수록 당도가 높으나 같은 조건이라도 햇빛이 잘 비치는 윗가지에 달린 과실이 아래가지의 과실보다 당도가 높다. 반사필름멀칭을 하면 아래가지에 달린 과실도 착색은 향상되지만 당도는 그 만큼 상승되지 않아 착색에 비하여 당도가 낮은 과실이 된다. 장 · 중과지 선단의 과실은 당도가 높으며 잎이 없는 곳에 달린 과실은 당도의 차이는 없으나 직사광으로 일소가 생기거나 과실 표면이 거칠어지기 쉽다. 나무의 세력이 강하면 숙기가 늦어지는 경향이 있고 과실은 비교적 크지만 착색이 불량하고 당도는 낮으며 품질의 균일성도 떨어진다. 나무의 세력이 약하면 착색이 잘되고 당도가 높으나 과실이 작아 수량이 떨어진다. 수확 약 2주간전의 기상은 과실 품질에 크게 영향을 미친다. 맑은 날이 계속되면 당도가 높아지고 낮 온도가 약 30℃의 고온이면 감미가 높아질 뿐만 아니라 연화가 억제되어 보구력이 좋아진다. 또한 밤 온도가 20℃전후로 떨어지면 착색이 잘된다. 반대로 비가 계속 내리면 착색이 불량하고 당도가 올라가지 않으며 연육과, 부패과가 많이 발생하여 품질이 낮아진다. 밤 기온이 높을 때와 같이 바탕색이 소실되지 않은 상태에서 과육이 연화되어 '과육선숙형' 이 되기 쉽다. 이런 경우에는 당도가 어느 정도 상승할 때까지 기다려 수확하고 연화억제를 위하여 예냉하여 출하하는 것이 좋다.

(2) 수확시기와 방법

수확시기 : 식미로 보았을 때는 완숙에 가까운 과실을 수확하는 것이 바람직하지만 실제로는 선과방법, 시장까지의 수송거리와 방법, 품종에 따른 보구력 수준 등을 고려하여 결정한다. 기계로 선과하여 먼 곳으로 수송할 경우는 약간 조기에 수확하고, 손으로 선과하여 가까운 곳으로 수송할 경우에는 잘 성숙한 과실을 수확한다. 백육계 품종에 있어서 과실 바탕색과 과육경도로 본 수확 적기는 표 7-1과 같다. 과육 경도의 기준은 손으로 선과할 때 2~5kg/cm²이 적합한데 비하여 기계선과의 경우는 5~9kg/cm²이다. 항공 수송할 경우에는 수송시간이 단축되므로 완숙에 가까운 과실의 수확이 가능하다.

[표 7-1] 과실 바탕색과 과육 경도로 본 복숭아(백도계) 수확적기

(岡山縣 果樹栽培指針, 2003)

재배방법	선과방법	과실바탕색	과육경도(kg/cm^2)
유 대	인력선과	녹색이 거의 빠지고, 담황담녹색으로 변한 시기로서 과숙되어 연화되지 않은 시기	2.0~5.0
유 대	기계선과	과경부 주변에 녹색이 약간 남아 있고, 그 이외의 부분은 담황담녹색으로 되고 과실이 쉽게 손상되지 않은 시기	5.0~9.0
무 대	기계선과	과경부 주변에 녹색이 엷어져 녹백색으로 된 시기	5.0~9.0

주 과실경도 : 원두형 침투경도계로 측정

복숭아 과실은 같은 나무라도 결과부위에 따라 숙기는 7~10일 정도의 차이가 있다. 일반적으로 원가지와 덧원가지의 정부로부터 그리고 햇빛이 잘 비치는 쪽으로부터 성숙이 시작하여 수관 내부로 향하며 익는다. 따라서 원가지, 덧원가지의 정단부에 있는 과실이 익기 시작할 때부터 수확을 시작한다. 한 과실의 수확적기 폭은 1~2일정도 밖에 되지 않으므로 1~2일 간격으로 수확하는 것이 좋다.

기상조건과 수확시기 : 복숭아 수확은 6월 하순부터 9월 하순까지 계속되는데 이 기간은 장마기, 장마 후 한여름의 고온기 또는 초가을에 해당되므로 과실은 이와 같은 다양한 기상상태에 영향을 받아 품종에 따라 성숙 양상이 달라진다. 그러므로 다음 사항을 유의하여 수확한다. ① 수확기에 날씨가 흐리거나 비가 계속 내리면 착색이 늦어지므로 착색되기를 기다려 수확하면 과육이 지나치게 연화된다. 이런 경우에는 과실 경도를 기준하여 수확시기를 판단한다. ② 수확기에 고온이면 성숙이 촉진되므로 수확기가 늦지 않도록 유의한다. ③ 밤 온도가 높은 경우는 착색이 늦어져 과육선숙형으로 되기 쉬우므로 과실 경도에 유의하면서 수확한다.

수확방법 : 복숭아는 육질이 유연, 다즙하여 보구력이 극히 약하므로 일반적으로 적숙 1~2일전에 수확한다. 수확할 때는 상처가 나기 쉬운 과정부나 봉합선부위가 상처받지 않도록 과실을 손바닥으로 감싸 잡아 가볍게 밀어 올리면서 돌려 수확한다. 수확할 때 과실이 가지나 손가락의 압상을 받지 않도록 주의한다. 높은 부위의 과실은 수확기를 이용하여 수확하면 편리하다(그림 7-1). 수확용기는 과실을 한층만 넣을 수 있는 높이가 낮은 용기에 우레탄이나 스폰지 같은 완충제를 깔아 과실이 압상을 받지 않도록 주의한다(그림 7-2). 그림 7-3과 같은 용기를 이용하면 밑에 있는 과실은 압상을 면할 수 없다. 수확은 과실 온도가 낮은 이른 아침부터 9~10시경까지 하는 것이 좋다. 온도가 높은 한낮에 수확한 과실은 품질이나 보구력이 떨어진다. 부득이 이와 같은 시간대에 수확한 과실은 예조(豫措)하여 과실 온도를 내린 후 출하한다.

그림 7-1 수확기 (李)

그림 7-2 일본 오카야마현에서 이용하는 수확상자 (李)

그림 7-3 수확 용기로 적당하지 않은 용기 (黃)

또한 저녁에 수확할 때는 기온이 떨어진 후에 하며, 예냉시설이 있는 경우는 속히 입고하여 과실 온도를 낮추어 준다. 수확한 과실은 밭에서도 나무그늘에 놓아 과실 온도가 올라가지 않도록 하며 수확 상자는 직사광 아래 쌓아두지 말고 통풍이 잘 되는 서늘하고 그늘진 곳에 옮겨 과실 온도를 내려준다.

2. 선과 · 출하 · 저장

(1) 선 과

선 별 : 수확 후는 곧 기형과, 변형과, 병해충 피해과나 생리적인 장해과 등을 가능한 한 정

성껏 주의를 기울여 골라내고 출하용기에 우레탄 등을 깔고 과실을 넣은 다음 그늘진 곳으로 옮겨 과실온도의 상승을 막아주고 되도록 빨리 선과장에 반입하여 예냉 또는 선별작업을 실시한다. 선과장 시설을 이용할 수 없는 지역에서는 인력이나 소형 중량선과기를 이용하여 선별한다. 선과는 1년간 기울인 노력의 결실을 최종적으로 상품화하는 일이므로 최선을 다하여 정성껏 바르게 한다.

오카야마현의 한 선과장에는 그림 7-4와 같은 주의사항이 벽면 초입부터 끝까지 그리고 선과장 내부까지 이어져 부착되어 있다. 최근에 문제되는 적육과, 수침상과육갈변증 및 취급 중 생긴 압상과를 철저히 가려 상품의 신뢰도를 높이기 위하여 최선을 다하는 것이다.

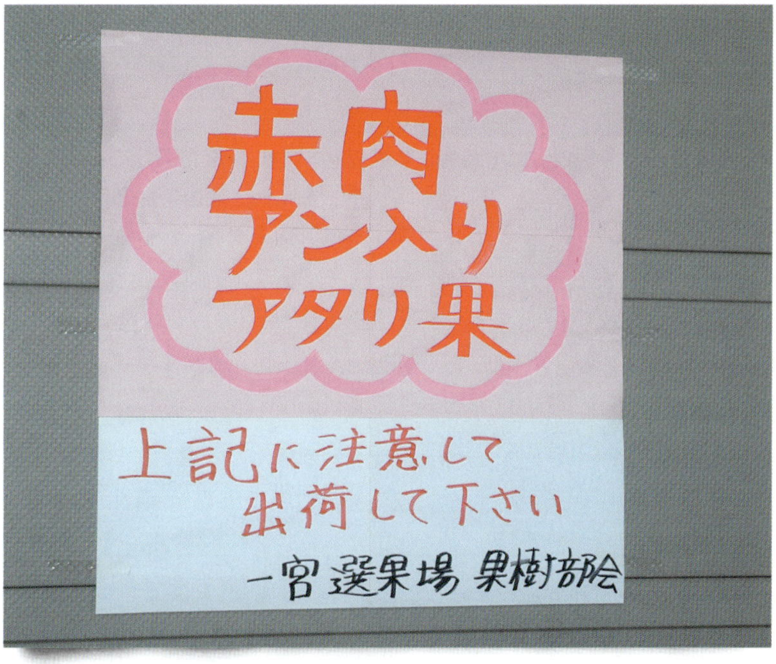

그림 7-4 선과장의 주의 사항 (李)

㈜ 적육과, 수침상과육갈변증, 압상과를 철저히 가려 출하하여 주십시오.

예 냉 : 복숭아 과실은 호흡량이 많아 호흡열로 과실온도가 상승하여 쉽게 연화되어 상품성이 떨어진다. 과실류는 과실 온도가 5°C 상승함에 따라 품질의 저하 속도는 2~3배가 된다. 그러므로 가능하다면 수확 직후에 예냉을 하여 단시간 내에 과실 온도를 낮춘 다음 보냉차나 냉장차를 이용하여 출하하는 것이 좋다. 예냉 방법은 강제통풍냉각, 차압통풍냉각, 진공냉각, 냉수냉각 등의 방식이 있으나 복숭아는 차압냉각방식을 택하는 것이 좋다. 차압예냉고의 예냉온도와 예냉시간은 백도계는 5~8°C에서 3시간, 황도계는 4~5°C에서 4시간이다. 그러나 예냉한 과실을 상온으로 출하하게 되면 과실 표면에 물방울이 맺혀 부패하거나 품질이 떨어지는 경우가 있으므로 출하지역으로 수송할 때의 기상조건을 살펴 예냉 여부와 냉각 목표온도를 결정한다. 물방울은 과실 온도가 기온보다 5°C 정도 낮을 때 발생하기 쉬우며, 특히 날씨가 흐리고

습도가 높은 날에는 심하므로 주의한다.

등급규격 : 상품규격은 생산자와 소비자 간의 신뢰를 위하여 과실의 등급규격을 정하는데 그 규격은 나라에 따라 다르다. 우리나라의 국립농산물품질관리원에서 제시한 복숭아 출하규격(표 7-2)과 과실 무게에 따른 구분(표 7-3)은 다음과 같다.

즉 과실 품위 등급은 균일도, 착색정도, 당도, 형상, 상처, 열과, 핵할, 일소, 병반의 유무 등에 따라 특, 상 및 보통의 3 등급으로 구분한다. 등급 선별에는 객관적 기준 설정이 어려운 면이 있으나 최근 광센서나 형상 측정기를 장착하여 객관적 선별이 가능한 자동선과기 도입이 진

[표 7-2] 복숭아 출하 규격

(국립농산물품질관리원)

항목 \ 등급	특	상	보 통
고르기	무게 구분표에서 무게가 다른 것이 섞이지 않은 것	무게 구분표에서 무게가 다른 것이 5% 이하인 것. 단, 무게 구분표의 해당 무게에서 1단계를 초과할 수 없음.	「특」이나 「상」에 미달하는 것
무 게	무게 구분표에서 「대」 이상인 것	무게 구분표에서 「중」 이상인 것	적용하지 않음.
색 택	품종 고유의 색택이 뛰어난 것	품종 고유의 색택이 양호한 것	「특」이나 「상」에 미달하는 것
당 도	- 13°Bx 이상 : '서미골드', '진미' 및 이와 유사한 품종 - 12°Bx 이상 : '지요마루', '유명', '장호원황도', '천홍', '천중도백도' 및 이와 유사한 품종 - 11°Bx 이상 : '백도', '선광', '수봉', '미백도' 및 이와 유사한 품종 - 10°Bx 이상 : '포목조생', '창방조생', '대구보', '선프레', '암킹' 및 이와 유사한 품종	- 10°Bx 이상 : '서미골드', '진미', '지요마루', '유명', '장호원황도', '천홍', '천중도백도' 및 이와 유사한 품종 - 9°Bx 이상 : '백도', '선광', '수봉', '미백도' 및 이와 유사한 품종 - 8°Bx 이상 : '포목조생', '창방조생', '대구보', '선프레', '암킹' 및 이와 유사한 품종	적용하지 않음.
중 결점과	없는 것	없는 것	5% 이하인 것(부패 · 변질과 제외)
경 결점과	없는 것	5% 이하인 것	20% 이하인 것

주 ① 고르기는 포장 단위별로 전체 과실 중 무게 구분표에서 무게가 다른 것의 비율을 말하고, 당도는 낱개의 당도를 말한다. 결점과 혼입률은 포장 단위별로 전체 과실에 대한 결점과의 비율을 말한다.

② 중 결점과는 이품종과, 부패, 변질된 과실, 미숙과, 과숙과, 병충해과, 상해과(경미한 과실 제외) 등이 포함되고, 경 결점과는 품종 고유의 모양이 아닌 것, 외관상 핵할이 경미한 것, 병해충의 피해가 과피에 그친 것, 경미한 일소, 약해, 찰상 등으로 외관이 떨어지는 것 및 기타 결점의 정도가 경미한 것이 포함된다.

[표 7-3] 복숭아 무게구분

(국립농산물품질관리원)

품종 \ 구분		특 대	대	중	소
1개의 무게(g)	'유명', '장호원황도', '천중도백도', '서미골드' 및 이와 유사한 품종	375이상	300이상 375미만	250이상 300미만	210이상 250미만
	'백도', '천홍', '사자조생', '창방조생', '대구보', '진미', '미백도' 및 이와 유사한 품종	250이상	215이상 250미만	188이상 215미만	150이상 188미만
	'포목조생', '선광', '수봉' 및 이와 유사한 품종	210이상	180이상 210미만	150이상 180미만	120이상 150미만
	'백미조생', '지요마루', '선프레', '암킹' 및 이와 유사한 품종	180이상	150이상 180미만	125이상 150미만	100이상 125미만

㈜ 「소」이하는 「특소」로 표시할 수 있다.

행되고 있다. 과실 무게에 따른 구분은 품종군에 따라 달리하여 특대, 대, 중, 소 등으로 분류한다.

비파괴 품질 측정장치 : 최근에는 과실 품질을 평가하는 요소로서 과실의 내적성분도 고려하여 선별할 수 있게 되었다. 주요 복숭아 산지에서는 근적외광(近赤外光)을 이용한 광센서로 과실의 당도를 비파괴적으로 측정하는 선과기 도입이 진행되고 있다(그림 7-5). 이는 근적외선 영역에서 당이나 수분이 특이적인 흡수극대(吸收極大)를 보이는 특성을 이용한 것이다. 그림 7-6에서 볼 수 있는 바와 같이 근적외광을 조사하여 그 반사광을 이용한 당도의 추정치와 종래의 방법으로 구한 실측치와의 사이에 극히 높은 정의 상관이 있음을 알 수 있다. 이와 같은 장치에 의한 선과는 판매할 때 부가가치를 높일 수 있을 뿐만 아니라, 얻어진 수치를 생산 현장에 피드백 함으로써 재배기술 개선에도 크게 도움이 된다. 최근에는 과실의 당 함량 뿐만 아니고 떫은 맛의 다소나 과육에 나타난 장해발생의 유무 판별이 가능한 선과기 개발도 진행되고 있다.

그림 7-5 오카야마현의 광센서를 이용한 비파괴 선과기(좌)와 수동식 비파괴 당도 측정기(우) (李, 久保田)

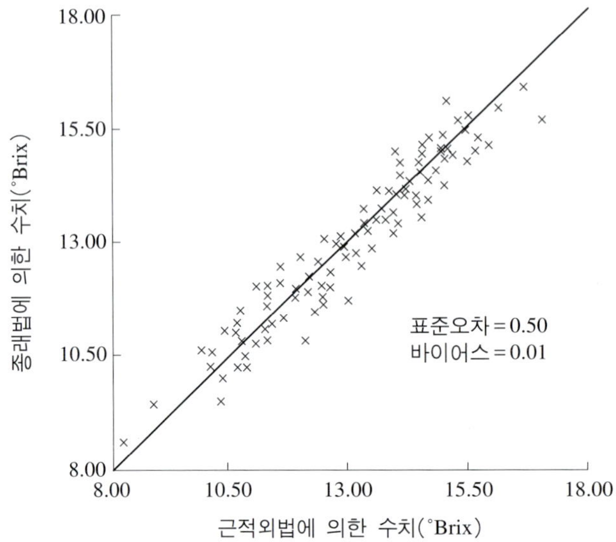

그림 7-6 복숭아 과실 당도의 근적외법에 의한 측정치와 종래법에 의한 측정치와의 관계 (Kawano 등, 1992)

그림 7-7 선과 및 포장 (李)
(상 : 선과 모습(좌), 택배용 소포장(우), 하 : 완충용 쿠션(좌), 과실사이에 쿠션을 넣어 포장(우))

(2) 포　　장

선별이 끝난 과실은 소비자에게 안전하고 신선한 상태로 전달될 수 있도록 조심스럽게 정성껏 포장한다. 또한 포장은 취급의 편의성, 상품성의 향상, 소비자의 구매의욕 촉진 등을 고려하여 함으로써 소비확대에 노력한다. 포장용기는 5, 10, 15kg 들이 골판지 상자가 흔히 이용되고 있으나 최근에는 거래처의 요구에 따라 포장규격이 다변화되고 있다. 그림 7-7(상의 좌)은 일본의 선과장인데 정성을 다하여 포장하는 모습을 엿볼 수 있다. 내포장은 PE몰드 트레이, 발포 PE망(그림 7-8), 종이 등을 이용하는데 택배용 포장은 특히 스폰지를 그림 7-7(상의 우)과 같이 밑에 깔고 덮으며 과실 한 개 한 개를 종이로 포장하여 넣어 공산품과 같이 안전하게 포장한다. 택배위주로 판매하는 농가에서는 그림 7-7(하의 좌)과 같이 작은 완충용 쿠션을 만들어 과실사이에 하나하나 끼워 넣어 포장(그림 7-7 하의 우)을 하기도 한다.

(3) 출하 · 저장

1) 출하 · 판매

등급과 크기에 따라 분류하여 포장한 과실은 상자 측면에 품종명, 등급 등을 표시한다. 시장 출하는 시장 간에 가격차가 있으므로 가격 동향을 조사한 후 판로를 결정한다. 선물용 복숭아 생산이 많은 산지에서는 개별 선과하여 상자에 포장한 후 주문을 받아 소비자에게 직접 발송하는 경우가 많다(그림 7-8). 품질 보증을 위하여 일본에서는 비파괴 당도 측정기가 부착된 탁상 선과기를 이용하는 경우도 있다. 판매증진의 최대조건은 출하규격에 정확하게 맞추어 선과, 포장함으로써 시장에서의 신뢰도를 높이는 일이다. 과실의 크기나 숙도가 균일한 것은 물론이고, 고품질이 요구되는 최근에는 맛이 좋은 과실을 출하하는 것이 중요하다. 현대의 유리한 판매조건의 하나는 생산자단체나 농협 등에서 시장 판매체제를 손쉽게 할 수 있도록 거래 생산지역을 확대하여 계획적으로 연속해서 출하하는 것이다.

그림 7-8　오카야마현의 골판지 상자의 택배용 포장(좌)과 매장의 복숭아(우) (李)

2) 저　　장

복숭아 과실의 저장력은 품종에 따라 차이가 있으나 장기저장은 권장하지 않는다. 저장적온은 백도계는 8~10°C, 황도 및 천도계는 5~8°C이다. 종류별 저장온도 및 저온장해 한계온도는 표 7-4와 같다. 적온 유지가 어려우면 10°C정도로 관리하는 것이 좋다. 적정 상대습도는 85~95%이다. 상대습도는 보통 바닥에 물을 뿌려 유지하지만 가습기를 이용하는 것이 바람직하다. 이상의 적온과 적당한 습도조건에서 저장하면 품종에 따라 2~4주 저장이 가능하다. 그러나 저장기간이 길어지면 생리적 장해와 병해 발생의 우려가 높아지므로 주의하여야 한다. 저장할 때는 다소 미숙상태의 과실로 한다.

[표 7-4] 복숭아 종류별 저장온도 및 저온장해 한계온도

(농림부, 농협, 2007)

구 분	유통(저장) 적온	유통(저장) 한계일	저온장해 한계온도	저온장해 한계기간
백 도 계	8~10°C	상온 : 2~5일 저온 : 1~2주	2~3°C	1주
황 도 계	5~8°C	상온 : 4~7일 저온 : 3~4주	1~2°C	2주
천 도 계	5~8°C	상온 : 5~10일 저온 : 2~3주	1~3°C	1주

(4) 수확 후 병해와 생리적 장해

병해로는 잿빛무늬병, 잿빛곰팡이병, 검은곰팡이병 등이 흔히 발생하는데 그 방제법은 제10장 병해충 항을 참고한다. 복숭아에서 발생하는 생리적 장해는 물리적 손상 또는 저온장해로 유기되는 과피장해, 과육갈변, 노화조직의 붕괴, 풍미상실 등이 있다.

Chapter 8

이용 · 가공

1. 과실의 이용

(1) 생 식

과실은 주로 생식용으로 이용하고 일부가 통조림이나 주스로 가공하여 이용된다. 생식용은 일반적으로 과육이 연하고 과즙이 많으며 당 함량이 높은 것이 좋으나 기호성은 지역이나 개성에 따라 조금씩 다르다. 즉 사람에 따라서는 성숙이 되어도 과육이 단단한 경육과를 좋아하는 사람도 있다. 구미에서는 황색으로 풍미가 강하고 무모의 천도나 과육과 핵이 잘 분리되는 이핵성(離核性, free stone)의 과실을 선호한다.

(2) 복숭아의 맛

복숭아는 과실에 따라 맛의 차이가 아주 큰 과실이다. 맛이 아주 좋은 과실이 있는 반면에 맛이 없는 과실도 있다. 맛은 과실의 당과 산 함량에 의하여 크게 좌우되는데 복숭아의 당 함량은 기상조건이나 재배조건에 따라 쉽게 변한다. 그러므로 한 나무에서도 광 조건이 좋은 수관 외부에 달린 과실과 내부에 달린 과실은 당 함량이 크게 다르다. 근년 복숭아 재배에서 과실에 떫은 맛이 생겨 문제가 되는 경우가 많다. 떫은 맛은 미뢰세포(味蕾細胞)가 느끼는 감미(甘味), 산미(酸味), 염미(鹽味), 고미(苦味) 등과는 달리 미각신경이 마비됨으로써 느끼는 맛이다. 복숭아 과실에 함유되어 있는 떫은 맛의 본체는 폴리페놀인데 그 생성에는 대목의 종류, 지간(枝幹)에 발생한 장해 등과 같은 재배조건과 토양수분이나 온도 등의 환경조건이 크게 영향을 미친다. 떫은 맛이 생기는 것은 품종에 따라 다른데, '백도' '골든 피치' 등의 품종에서 잘 발생되고, 조생종이나 '청수백도', '천중도백도' 등에서는 잘 발생되지 않는다(그림 8-1).

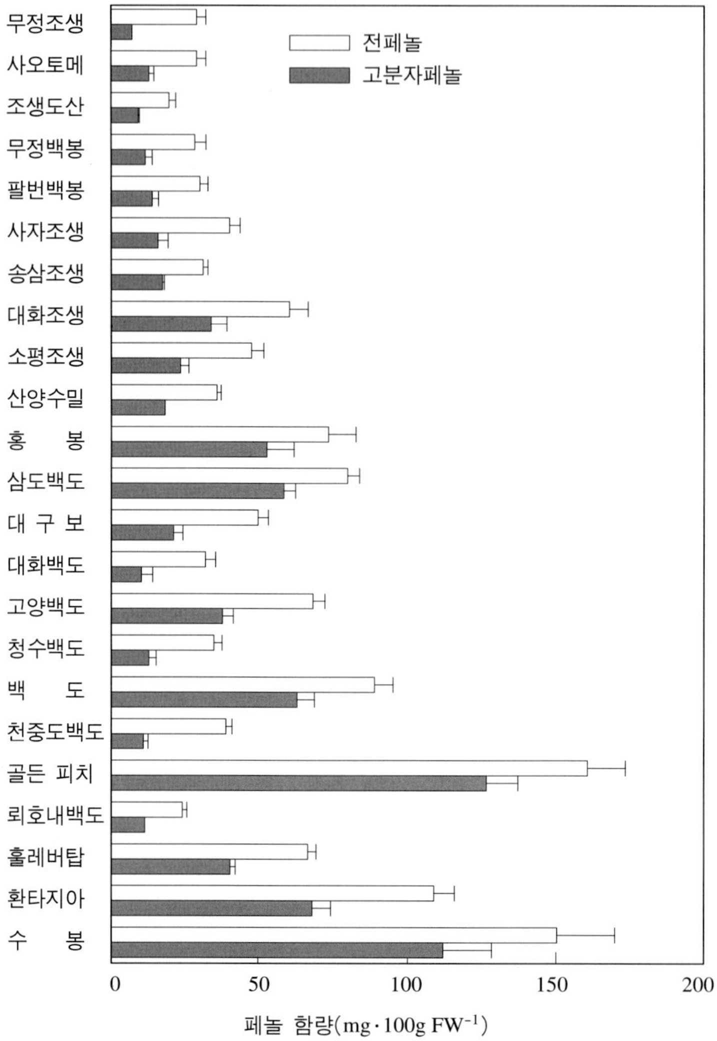

그림 8-1 복숭아 성숙과의 페놀 함량 (Kubota 등, 2000)

(3) 복숭아 맛있게 먹는 방법

모양이 바르고 전체적으로 부드러움을 느낄 수 있는 과실이 좋다. 유대재배 과실은 표면에 녹색이 없어져 유백색으로 변하고, 무대재배 과실은 과경부의 푸른 기가 없어지고 특유의 향이 생기며 과실 전체가 유연하게 된 시기가 먹기에 알맞은 때이다. 미숙한 과실은 과피에 푸른 기가 남아 있으므로 실온에서 1~2일 두었다 먹는다. 냉장고에 넣으면 3~4일은 견디나 그 이상이 되면 수분이 소실되어 과피가 잘 벗겨지지 않는다. 복숭아는 과정부가 가장 달고 다음이 외측의 과피 부근이며 종자에 가까울수록 당분이 적다(그림 8-2). 상온의 과실보다 적당히 시원한 것이 맛이 있으나 너무 차지 않도록 한다. 먹기 전에 2시간 정도 냉장고에 넣거나 찬물에 담가 과실 온도를 내려 먹는 것이 좋다.

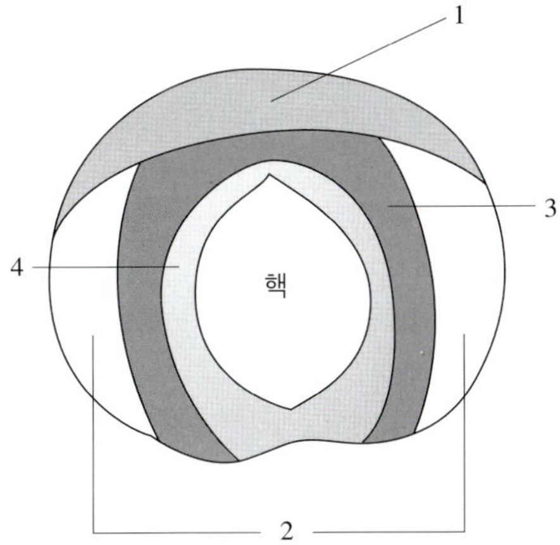

그림 8-2 복숭아 과실의 당도 분포(1이 가장 높음)

2. 과실 이외의 이용

복숭아는 과실 이외에 부위도 여러 가지 목적으로 오래전부터 이용하였다. 즉 화뢰나 꽃은 건조시켜 이뇨제나 변비제로, 종자는 달여 구충제로 이용하였다. 잎은 땀띠, 염증, 습진 등을

그림 8-3 관상용 꽃 복숭아 (久保田)

그림 8-4 꽃 복숭아보다 더 화려한 경관의 복숭아 과원 (카라)

예방하는데, 특히 목욕물에 넣어 사용하면 그 효과가 크다고 알려져 있다. 관상용으로 꽃 복숭아(그림 8-3)를 이용하기도 하지만 복숭아과원은 꽃 복숭아 이상으로 경관이 좋아 사진작가들이 즐겨 찾는 작품의 대상이 되기도 한다(그림 8-4).

3. 가　　공

(1) 가공적성

가공, 특히 통조림용은 과육이 곱고, 쉽게 갈변되지 않으며, 적색소가 생기지 않는 품종이 좋다. 또한 불용질이나 경육질이어서 가열하더라도 육질이 잘 붕괴되지 않고 핵에서 과육이 쉽

그림 8-5 복숭아 가공품(좌 : 술, 우 : 천일 건조한 건과, 하 : 각종 가공품) (李, 久保田, 카라)

게 떨어지지 않는 점핵성이며, 핵은 작고 원형으로서 핵할이 없는 품종이 좋다. 특히 과육에 착색이 안 되는 품종이 좋으므로 '대구보'와 같이 착색이 쉬운 품종을 가공용으로 재배할 때는 봉지를 씌워 착색을 억제시킨다.

(2) 가 공 품

1) 가공품의 종류

가공품으로서는 통조림이 가장 많고 그 밖에 주스, 양조, 넥타, 과자류, 냉동과, 잼 등이 있다. 건조한 지역인 미국 캘리포니아 주에서는 과육을 건조시킨 다음, 얇게 썰어 다른 건과와 함께 먹거나 케이크에 넣어 이용한다(그림 8-5).

2) 통조림 · 병조림의 가공

복숭아 통조림이나 병조림의 제조 공정은 원료처리, 선별 · 충전(充塡) 및 탈기 · 살균의 과정으로 이루어진다.

원료처리 : 통조림 원료는 생식용의 숙도보다 2~3일 조기에 수확한 후, 통풍이 잘 되는 서늘한 곳에 보존하여 미숙과를 추숙시켜 세척한다. 제핵은 봉합선에 따라 과실을 2분한 후, 제핵칼이나 제핵기를 이용하여 핵을 제거한다. 점핵종(粘核種, cling stone)보다 이핵종(離核種, free stone)이 제핵하기 쉬우나, 이핵종은 제품으로 만들 때 섬유가 많이 유리되고 외관이 좋지 않으므로 주의를 기울여야 한다. 제핵 후에는 산화방지를 위해 맑은 샘물이나 3%의 식염수에 담근다. 박피는 여러 가지 방법이 있으나 육질이 용질성인 품종은 열탕박피, 불용질성의 품종은 알칼리박피가 일반적이다. 열탕박피는 원료를 95°C이상의 열탕에 5분 내외 담근 후 흐르는 물에 냉각시키면서 박피한다. 알칼리박피(lye peeling)는 90~95°C의 1~3% 가성소다액에 1~2분 동안 담갔다가 물로 씻으면서 박피한다. 다시 염산액 중에 담가 잔존 알칼리를 중화한 다음 수세하고 데치기를 한다. 데치기 시간은 육질의 경도에 따라 다르나 과실이 한번 가라 앉았다가 떠오를 정도면 된다.

선별 · 담기 : 과육이 붕괴된 것은 제외하고 과육의 절단면을 가지런하게 한 후 크기별로 담는다. 당액은 원료의 당도에 따라 37~40%의 설탕액을 만들어 주입한다.

탈기 · 살균 : 내용물을 통 또는 병에 넣은 다음 탈기, 밀봉, 살균 및 냉각을 한다. 즉 가권체(假卷締)한 다음 탈기함에 넣고 95~100°C로 5~10분간 통과시켜 탈기하여 권체하든가 진공권체기로 밀봉한다. 살균은 4호관의 경우 90~95°C에서 15분 이상 한다.

岡山特産
桃
マスカット
¥6000
¥3700
桃・マスカット
¥4700
マスカット
¥5300
現品
限り
清水白桃
¥2900
清水白桃
¥4500
清水白桃
¥2300
SALE
特価
清水白桃

여러 가지 포장 (李)

Chapter 9

생리장해 · 기상재해 · 조수해

1. 생리장해와 대책

(1) 기 지(연작 장해)

제 5 장 개원과 재식의 5. 개식 참조

(2) 일 소

지간(枝幹)의 수피가 고온으로 괴사하는 현상으로 여름철 직사광선에 노출된 원줄기나 굵은

그림 9-1 일소 피해를 받은 나무 (李)

가지의 온도가 너무 상승하여 일어나는 현상이다(그림 9-1). 노목이나 세력이 약한 나무, 원가지가 심하게 개장된 나무에서 발생하기 쉽다. 겨울철 밤에 저온으로 동결되었던 조직이 낮에 직사광선으로 급격히 온도가 상승할 때 원줄기나 원가지의 남쪽 수피가 괴사하는 것도 일소(日燒)의 하나이다. 과실의 일소는 위쪽으로 향한 과실에 잘 발생하는데 햇빛 비치는 쪽이 화상을 입은 것 같이 되며 장해부위는 전혀 착색되지 않는다. 특히 봉지를 벗긴 직후 강한 햇빛을 받으면 심한 일소가 발생한다.

방지대책으로는 나무의 세력을 회복시켜 주고, 햇빛이 직접 지간(枝幹)에 비치지 않도록 전정이나 신초관리를 하며, 백도제를 처리한다. 백도제는 외장용 백색 수성페인트를 물과 1 : 1로 희석하여 이용한다. 토양의 과습이나 지나친 건조도 일소 발생을 조장하므로 장마기에 배수나 장마가 끝난 후 수분관리에 주의한다. 과실은 적과할 때 위쪽으로 향한 과실은 우선 솎아준다.

(3) 수 지 병

전염성, 비전염성과 관계없이 지간(枝幹)에서 수지가 나오는 증상을 총칭하여 수지병(樹脂病)이라 한다. 생리적 원인에 의한 수지병의 초기 증상은 수피가 부풀고 그 속에는 엿색의 수지가 채워져 있다. 그 후 수지는 밖으로 나와 갈색~암갈색으로 변하고(그림 9-2) 비가 내리면 연화되어 흘러내린다. 심하면 나무 세력이 약화되어 고사한다. 원인은 질소과다, 강전정, 배수불량, 지나친 건조, 동상해, 일소, 복숭아 유리나방의 피해(그림 10-24) 등과 같이 비전염성인 것과 사마귀수피병이나 동고병 등과 같이 전염성 병원에 의한 것이 있다. 수지 분비는 수액 유동이 시작될 무렵부터 보인다.

방제법은 강전정을 피한다. 또한 토양조건을 정비하고 비배관리를 적절히 한다. 특히 지하수위가 높은 과원에서는 배수대책을 철저히 한다.

그림 9-2 수지병(좌)과 수지병으로 고사된 부위가 배수처리로 회복되는 과정(우) (李)

(4) 생리적 낙과

복숭아는 발육기간 중 병해충의 피해가 없어도 많은 과실이 떨어진다. 이를 생리적 낙과(生理的落果)라 하는데 그 발생은 3회에 걸쳐 심하게 일어난다(그림 9-3).

① 1회 째 : 개화직후~2주간 후에 발생한다. 이는 암술이 불완전하여 수정이 이루어지지 않았기 때문에 일어나는 낙과로서 저장양분부족이나 개화 전 저온이 원인이다.

② 2회 째 : 만개 3~4주간 후에 낙과한다. 이는 불수정에 의한 낙과로서 꽃가루가 없는 품종에서 주로 일어난다. 과실은 과실자루가 붙은 채로 떨어진다(그림 9-4).

③ 3회 째 : 6월에 발생하므로 6월 낙과(June drop)라 하는데, 만개 60~90일경에 발생한다. 그 정도는 품종에 따라 달라 '청수백도', '백도', 천도류 등에 많이 발생한다. 이때는 봉

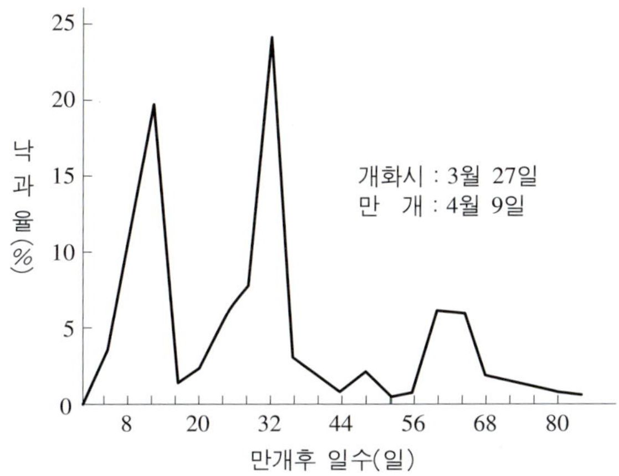

그림 9-3 꿀벌이 매개한 '대구보' 품종의 낙과 파상 (黑田, 1975)

그림 9-4 불수정으로 낙과될 유과(왼쪽)와 정상과(오른쪽)

지를 씌운 후의 낙과이므로 손실이 크다. 원인은 과실 상호간의 양분경쟁, 과실 · 신초간의 양분경쟁, 과실 내에서 배와 과육과의 양분경쟁, 그리고 건조나 다우에 의한 일조부족 등으로 배(胚) 발육이 도중에 정지되는 것이 원인이다.

방제법은 ① 인공수분 및 적뢰와 적과를 한다. 낙과가 심한 품종은 정리적과나 봉지씌우기를 늦추고 햇빛 투과가 잘되는 봉지를 이용한다. 경핵기 중에는 적과를 피하여 과실이 급격하게 자라지 않도록 관리한다. ② 배수가 잘되도록 하여 토양수분의 급격한 변화를 피한다. ③ 밀식, 강전정, 질소과용을 피하여 나무의 세력을 적당하게 유지한다. 적당한 나무 세력의 기준은 8월 상순에 성숙되는 중생종인 경우 7월 중순 경까지 80%정도의 신초가 생장이 정지되는 상태이다. ④ 신초관리에 유의하여 수관 내부까지 햇빛이 잘 들어가도록 한다. ⑤ 조기낙엽이 되지 않도록 관리하여 저장양분 축적을 도모한다.

기타 만개 후 111일 이후에 성숙하는 품종은 성숙 2주전 무렵부터 낙과되는 경우가 있다. 이를 수확전 낙과라 하는데, 줄무늬모양의 착색과나 과경부선숙과 등이 낙과되기 쉽다. 낙과한 과실은 작고, 맛이 없으며 정상적으로 성숙하지 않는다.

(5) 핵　할

핵할(核割)은 과실발육 도중에 내과피(內果皮)인 핵이 파괴되는 현상으로 '일천백봉' 과 같은 조생종에서 발생이 심하다. 핵할과는 봉합선을 중심으로 양측으로 벌어져 외관적으로도 증상이 나타난다(그림 9-5).

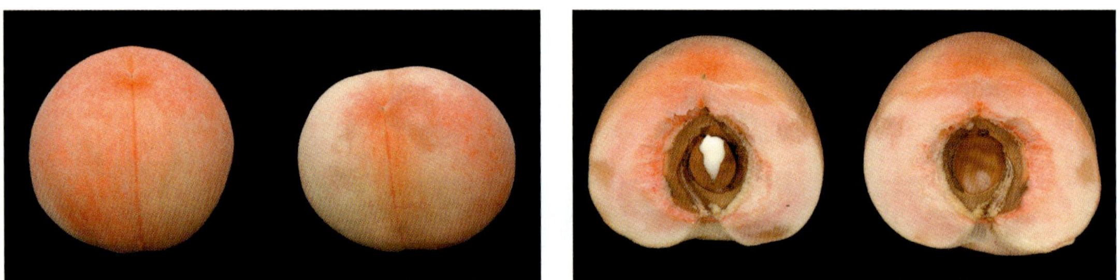

그림 9-5　좌 : 왼쪽 정상과, 오른쪽 핵할과, 우 : 핵할로 분리된 핵 (李)

중 · 만생 품종에서 핵할이 발생하면 생리적 낙과가 일어난다. 핵할의 발생은 3회에 걸쳐 일어난다. 1회째 핵할은 5월 상 · 중순 유과기에 일어나는데 나중에 거의 유합된다. 이 때 핵할로 인하여 생긴 변형과는 정리적과 할 때 제거할 수 있으므로 큰 피해는 없다. 2회째 핵할은 경핵기가 시작될 때부터 약 1개월간 발생하는데 이때는 낙과도 많이 되고, 핵할로 인하여 생긴 변형과도 솎아 줄 수 없으므로 손실이 크다. 2회째 핵할 중 경핵기 초기의 핵할은 핵벽이 1~수개소가 여러 모양으로 쪼개지고, 경핵기 개시 10일 정도 후에 발생하는 핵할은 봉합선을 따라 세로로 쪼개져 유관속이 절단된다. 3회째 핵할은 2회째 세로로 쪼개졌다가 다시 유합된 것이 성숙 전에 과실이 비대하면서 유합된 부위가 다시 쪼개지는 것으로 생각하고 있다. 이때는 핵할 부위로부터 에틸렌이 발생하므로 성숙이 빨라지고, 보구력이 약화되며, 봉합선선숙과나 수침상과육갈변과 같은 과육장해가 일어나기 쉽다. 핵할은 과실비대가 왕성할 때 잘 발생한다. 과실비대를 촉진하는 요인 중 하나는 착과수가 적은 것이다. 따라서 적과를 강하게 하여 착과수가 적으면 남은 과실에 양수분이 집중되므로 핵할이 쉽게 일어난다. 그러므로 6월 상순에 신초신장이 완만해지는 세력이 약한 나무라도 결실수가 적으면 일시적으로 과실에 양분이 집중되어 경핵기 초기에 과실비대가 촉진되므로 핵할이 쉽게 일어난다. 또한 토양건조가 계속된 후에 다량의 비가 내리면 갑자기 과실로 수분이 유입되어 과실비대가 촉진되므로 핵할이 일어나기 쉽다.

핵할 발생을 경감시키기 위해서는 정리적과 시 약간 과실을 많이 두었다가 수정적과할 때 솎아준다. 신초생장이 조기에 정지하면 핵할이 증가하므로 유과기에 적당히 관수하여 신초 생장이 정체되지 않도록 한다. 핵할과는 조숙하므로 핵할과가 많을 때에는 수확이 늦지 않도록 주의한다.

(6) 열피 · 열과

과피에 균열이 생겨 열개되는 현상(그림 9-6)으로 조생품종인 '가납암백도'와 '팔번백도', 중생종인 '천간백도', 만생종인 '천중도백도', 천도인 '수봉' 등에 발생이 많다.

성숙 전에 과육은 급격히 비대하는데 과피신장은 제한되어 일어나는 현상이다. 주로 과정부의 햇빛 비치는 쪽을 중심으로 열개된다. 성숙 전 비가 많이 내리거나 과실비대가 왕성한 해에 심하다. 나무의 세력이 쇠약하여 신초생장이 떨어지고 생장이 조기에 정지되는 나무에서는 과피조직의 발달이 불충분하고, 과실은 쉽게 직사광선을 받게 되므로 열과(裂果)가 생기기 쉽다. 열과를 경감시키기 위해서는 나무의 세력이 잘 유지되도록 노력한다. 열과가 쉬운 품종은 봉지를 씌워 재배한다. 봉지를 씌우면 과실 표피조직이 유연하게 되어 착색기에 봉지를 벗겨주더라도 강우의 영향을 적게 받는다. 밑이 닫힌 봉지가 열과 예방에 더 효과적이다.

그림 9-6 '가납암백도'의 열과 (李)

(7) 과육장해

적육증 : 적육증(赤肉症)은 성숙한 과실의 과육에 안토시아닌 색소가 축적되어 과육색이 도적색(桃赤色)을 띠는 현상이다(그림 9-7 중).

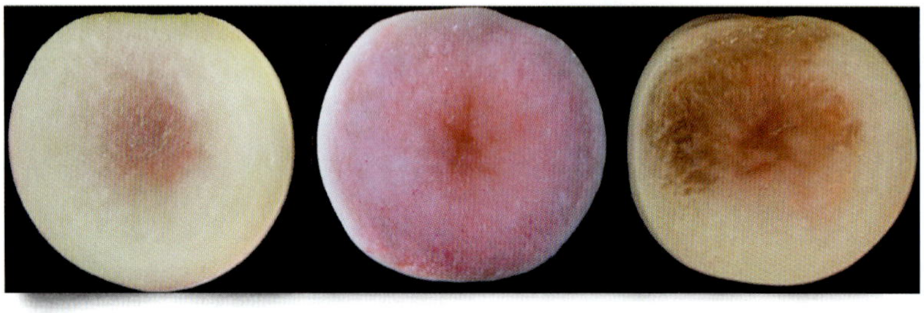

그림 9-7 '홍청수'의 과육장해 (久保田)
(좌 : 정상과, 중 : 적육과, 우 : 수침상과육갈변과)

발생 정도는 나무에 따라 크게 달라 같은 과원에서도 심하게 발생하는 나무와 발생하지 않는 나무가 있는데 심한 나무는 가을철 세근량이 적은 특징이 있다. 약전정을 하면 발생이 증가한다. 심한 나무는 신초생장의 개시가 빠르고, 생장정지도 빠르다. 또한 과실발육 제 3기의 비대량도 크고 과실에 광합성산물의 전류량도 많다. 가을뿌리의 발생량이 적고 그 활성도 낮으나 봄뿌리의 생장개시와 정지는 빠르다. 또한 발생이 심한 나무는 지상부와 지하부 건물중 비율이 높다. 이런 점으로 보면 적육증은 뿌리 생장상의 변화와 생장불량으로 일어나는 지상부와 지하부의 불균형에 기인된 것으로 생각하고 있다. 배수가 불량한 과원에서 발생이 많으므로 배수시설을 철저히 한다.

수침상과육갈변증 : 수침상과육갈변증(水浸狀果肉褐變症)은 배의 밀증상과 유사하므로 밀증(蜜症)이라고도 부른다. 증상은 성숙과의 과육이 부정형의 수침상 또는 갈색으로 변한다(그림 9-8).

그림 9-8 수침상과육갈변증 (李)
(좌 : 장해과 및 정상과, 우 : 과육의 증상)

증상이 약할 때는 과육일부가 수침상으로 되고 심하면 과육색이 갈변하거나 이취(異臭)가 생겨 상품성을 잃게 된다. 또한 수확할 때는 건전하게 보이던 과실이 실온에 두면 시간이 경과함에 따라 발생이 증가하고 갈변 정도도 심해진다. 장해과는 과육의 변색뿐만 아니라 육질이 불량하게 되고 당도, 식미, 향기 모두 떨어져 품질이 현저히 저하된다.

이 증상은 과육 내에서 발생하므로 증상이 약할 때는 외관상으로는 증상이 잘 나타나지 않으므로 생산자가 모르는 사이에 유통되어 복숭아의 이미지를 손상시키는 원인이 된다. '백봉', '아카쓰키' 이후의 중만생종에서 주로 발생한다. 야마나시(山梨)현에서 조사한 결과로는 다음과 같은 경우에 발생이 많다. ① 성숙일수가 긴 중 · 만숙종 특히 '천중도백도', ② 과실이 크고 고당도로서 연화가 진행된 과실, ③ 수관의 상부나 가지 끝, 햇빛이 잘 비치는 쪽의 과실, ④ 완숙과를 수확할 때 등이다. 과육 내에서도 부위에 따라 발생이 달라, 봉합선의 반대측과 측면부에 많이 발생한다. 장해과는 전당, 수용성 펙틴 및 전페놀 함량이 많은 한편, 과육경도와 전아미노산 함량은 낮은 등의 특징이 있다. 또한 발생요인으로서는 고온, 엽수부족에 의한 과실의 직사광, 토양건조, 뿌리의 손상 등으로 알려져 있지만 아직 상세한 것은 밝혀지지 않았다.

현재 적극적인 대책은 없으나 적숙과, 즉 과숙하지 않은 상태인 경도가 2.0~2.5kg/cm^2이 되는 과실을 출하한다. 위쪽으로 향한 과실은 솎아내고, 지나친 반사멀칭 사용은 피한다.

(8) 기　타

낙뢰증 : 꽃봉오리가 부풀기 시작하는 3월 중순~개화기에 걸쳐 꽃봉오리나 꽃이 괴사하여 떨어지는 현상으로 나무 전체에 발생하기도 하고 원가지, 덧원가지 단위로 발생하기도 한다. 낙뢰증(落蕾症)이 심하면 결실불량이 된다. '천간백도', '천중도백도' 등에 발생이 심하다. 낙뢰증은 화뢰 중에 붕소 함량이 60~80ppm이상에서 발생이 심하고, 망간 함량이 30ppm이하에서 심해지는 경향이 있다. 대책으로는 붕소과잉이 주요인이므로 붕소가 포함되어 있지 않은 비료를 시용한다. 망간이 결핍되지 않도록 하여야 하나 특별한 경우가 아니면 우리나라의 토양조건에서는 문제되지 않는다.

붕소결핍증 : 사과나 포도에 비하여 발생이 심하지 않으나 잎, 신초, 꽃, 과실 등에 발생하기도 한다. 잎은 좁고 작아지며 선단부가 고사하는 일이 있다. 과실에는 과육이 갈변 콜크화 되거나 수지가 나온다. 토양 중 붕소가 부족하거나 건조가 장기간 계속될 때, 토양 pH가 높아 붕소가 불용화 될 때 결핍증이 나타난다. 대책으로는 붕산 0.1~0.2%액에 동량의 석회를 가하여 엽면살포 하거나 2~3년에 한번씩 10a당 붕사 2~3kg을 시용한다.

쌍자과 : 쌍자과(双子果)는 한 개의 과실자루에 2개의 과실이 결실되는 현상으로, 특히 '유우조라' 에서 발생이 많다(그림 9-9). 복숭아꽃은 보통 암술이 1개이나 꽃눈분화기에 고온, 건조한 해의 다음해 한 꽃에 2개의 암술이 형성되는 경우가 많다. 이런 꽃에서 2개의 과실이 결실되면 이를 쌍자과라 한다. 과실을 솎을 때 쌍자과는 제거한다.

쌍배과 : 과실 내에 배(胚)가 2개 있는 것으로서 이와 같은 과실은 핵할이 일어나기 쉽다. 복

그림 9-9 쌍자과 (李)

숭아꽃에는 원래 한 씨방에 2개의 배주(胚珠)가 있다. 보통은 발육도중 1개는 퇴화되지만 나무의 영양조건이나 개화기에 기상상태가 좋으면 2개의 배주가 모두 자란다.

이렇게 2개의 배주가 모두 자란 과실을 쌍배과(双胚果)(그림 9-10)라 하는데 쌍배과는 핵할이나 생리적 낙과를 잘 일으킨다. 천도의 '환타지아' 나 '훌레버탑' 복숭아의 '유우조라' 품종에서 많이 발생한다. 효율적인 방제책은 아니지만 과실을 솎을 때 과형이 봉합선을 중심으로 좌우대칭이고, 구상(球狀)이며, 다른 과실보다 더 큰 과실은 쌍배과일 가능성이 높으므로 우선적으로 솎아준다.

그림 9-10 쌍배과의 외관적인 증상과 횡단면 (李)
(좌 : 정상과, 우 : 쌍배과)

편육과 : 복숭아 과실은 봉합선을 경계로 하여 2매의 심피(心皮)가 발달되어 자란 것이다. 양쪽 심피의 발육이 같은 크기로 된 과실과 한쪽이 다른 편에 비하여 발육이 떨어지는 것이 있는데 후자를 편육과(偏肉果)라 한다. 품종에 따라서 이런 현상이 심하게 나타나는 것이 있다. 원래 복숭아는 2개의 배주 중 1개는 수정이 되고 다른 1개는 수정 전에 퇴화되는데 발육이 불량

한 쪽에는 퇴화한 배주의 잔편이 있는 쪽이다. 발육이 떨어지는 쪽의 과육은 풍미와 품질이 좋지 않으므로 편육과는 상품성이 떨어진다.

줄무늬상착색과 : 과정부로부터 과경부의 과피 표면이 수박의 줄무늬모양으로 적색의 줄무늬로 착색되는 현상이다. '청수백도' 이후에 성숙하는 만생품종과 극만생종에 발생하기 쉽다. 또한 굵은 장과지에 달린 과실에 발생이 심하므로 중·단과지에 착과시키는 것이 좋다. 이런 과실은 과실의 비대가 떨어지고, 당도가 낮으며, 식미가 불량하다.

2. 기상재해와 대책

(1) 동 상 해

저온에 의한 피해는 상해(霜害)와 동해(凍害)가 있다.

상 해 : 이른 봄에 발생하는 만상(晩霜)의 피해로서 방사냉각에 의한 저온이 화기, 유과, 신초 등의 세포를 동결시켜 일어나는 현상이다. 이 시기는 개화기로부터 유과기에 해당된다. 이 때는 표 9-1에서 보이는 바와 같이 생육이 진전됨에 따라 추위에 대한 저항성이 떨어지기 때문이다. 방사냉각에 의해 복숭아나무의 온도는 기온보다도 2~3°C 정도 낮아질 수 있다. 또한 식물체 표면에서 수분이 동결되거나 서리가 내리면 세포동결을 촉진시켜 피해를 조장한다. 내한성은 '일천백봉', '서미골드', '가납암백도' 등이 약하고, 또한 꽃이 작고 개화기가 빠른 통조림용 품종이나 천도 역시 피해를 받기 쉽다.

대책은 냉기가 머물기 쉬운 곳이나 서리가 내리기 쉬운 곳을 피하여 재배한다. 상해 발생이 쉬운 지역에서는 저온에 강한 품종을 택한다. 내한성을 강화시키기 위하여 나무의 영양, 특히 탄수화물이 잘 축적되도록 관리한다. 늦서리가 예측될 경우에는 그 대책을 강구한다. 즉 살수법, 방상 팬의 이용, 연무법, 연소법 등이 있는데 효율적인 방법은 연소법이다. 상해 발생이 쉬운 곳에서는 화뢰솎기, 과실솎기를 약하게 하고 인공수분을 한다. 멀칭은 하지 않는다.

[표 9-1] 복숭아 발육 정도별 동상해 위험 한계온도 (福島縣)

발 육 정 도	위험한계온도(℃)
미착색의 견고한 화뢰	−4.5
꽃잎이 보이기 시작할 때	−3.0
개화직전	−2.3
만개기	−2.0
낙화기	−2.0
낙화직후부터 10일경까지의 유과	−2.0

㈜ 상기 온도에서 30분 이상 있으면 위험.

동 해 : 최근 다양한 품종 보급으로 내한성이 약한 품종도 재배되고 있고, 기상이변에 의한 저온으로 동해가 크게 문제되고 있다. 동해를 입으면 나무의 세력이 약화될 뿐만 아니라 2차적으로 줄기마름병이 발생하여 피해가 크다. 피해는 지제부로부터 20~30cm까지의 원줄기의 남, 남서, 서쪽부위에 심하다. 주로 5~6년생부터의 유목으로서 세력이 강하고, 웃자란 나무, 큰가지를 많이 잘라 큰 상처 부위가 많은 나무에서 동해가 심하다.

대책은 유목기에 질소비료의 과용을 피하고, 그래도 세력이 강할 때는 신초관리를 철저히 하는 한편 가을전정을 하여 가지의 잘린 상처를 되도록 작게 한다. 추운 지방에서는 겨울전정할 때 원줄기로부터 자를 큰 가지는 20cm정도 그루터기를 남기고 자른 후 수액 유동이 시작되는 3월경에 남긴 그루터기를 완전히 잘라주고 유합제를 도포한다. 9월 하순경 해충의 밴드유살을 겸하여 지제부로부터 40~50cm부위의 원줄기를 마대, 단열재, 반사시트, 볏짚, 신문지 등으로 피복한다(그림 9-11).

그림 9-11 볏짚(좌)과 신문지(우)를 이용한 동해 예방 (李)

(2) 풍 해

유과기의 강한 바람은 낙과를 일으키거나 잎이 과실을 스쳐 상처를 준다. 또한 강풍은 가지를 손상시키거나 나무를 도복시킨다.

대책은 적과할 때 나무 전체의 착과상태를 고려하여 조금씩 솎아준다. 세균성구멍병의 발생이 많아지므로 방제를 철저히 한다. 강풍이 상습적으로 부는 지역이나 그 위험성이 있는 지형에서는 재배를 피한다. 방풍림, 방풍울타리, 방풍넷트(그림 9-12) 등을 설치한다. 해안부근에서 염분의 피해가 우려될 때는 태풍 발생시점으로부터 3시간 이내에 물로 세척하여 잎에 발생하는 갈변현상이나 과실의 생장 저해를 막아 준다.

특히 극만생품종은 방풍대책이 중요하다. 도복한 나무는 바로 일으켜 세워 손상된 곳은 적절히 처리하고, 지주를 세워주며, 지제부를 밟아준다. 낙엽이 심한 경우에는 굵은 가지에는 백도제를 도포하여 일소를 방지한다. 결실 전에 낙엽이 되면 적과를 강하게 하여 착과량을 줄여준다.

그림 9-12 방풍 넷트를 설치한 일본 오카야마현의 과원 (李)

(3) 우박의 피해

생육기간 중인 6~7월에 우박의 피해가 종종 발생한다. 이는 지상의 기온은 초여름의 날씨이지만 상공에는 때때로 겨울철과 같은 냉기가 생기기 때문에 적란운(積亂雲)으로서 상승한 수증기가 급격히 냉각되어 우박으로 발달되기 때문이다. 우박은 과실이나 잎에 치명적인 피해를 준다.

대책은 우박이 내리기 전에 방박(防雹) 넷트(그림 9-13)를 설치하는 것이 효과적이나, 우박이 내리는 빈도나 설치 방법에 따라 제약을 받는다. 그러나 주간형이나 Y자수형과 같이 지주

그림 9-13 방박 넷트를 설치한 이탈리아의 과원 (水谷)

시설이 있는 과원에는 설치가 편리하다. 넷트의 눈의 크기는 6~9mm정도로 하여 방조, 방풍 등 다목적으로 활용한다. 사후대책으로는 피해 정도에 따라 다시 적과를 한다. 결실량이 적은 경우는 피해가 적은 과실은 그대로 둔다. 낙과한 과실은 바로 모아 땅속에 묻는다. 피해정도가 적은 경우는 관행적인 방제를 철저히 한다. 성숙기에 우박의 피해를 받으면 잿빛곰팡이병 등이 발생하기 쉬우므로 사용기준 범위 내에서 약효가 좋은 약제를 택하여 살포함과 동시에 피해과를 제거한다.

(4) 설 해(雪害)

나무에 눈이 많이 쌓이면 나무가 쓰러지고 원가지가 찢어지거나 가지가 부러진다. 설해는 강설초기에 심하고 습한 눈이 내리거나 가지가 밀생한 경우에 피해가 크다. 눈이 많이 내리는 지대에서는 원가지의 분지각도나 덧원가지의 간격을 넓히고, 곁가지와 결과지의 착생 밀도를 낮게 한다. 또한 눈이 내리기 전에 예비전정을 하는데, 특히 분지각도가 좁은 가지, 바퀴살가지 등의 솎아줄 굵은 가지는 기부 30cm정도를 남기고 잘라준 다음, 봄철에 다시 남은 부분을 잘라준다.

3. 조수해(鳥獸害)와 대책

최근 각지의 복숭아 산지에서 조수(鳥獸)의 피해가 급증하고 있다. 이는 짐승이나 조류의 밀도가 증가하고 있기 때문이다. 또한 농업종사자의 고령화와 농촌인구의 감소로 경작포기농지가 증가하여 가해 짐승의 서식지역이 마을 가까이 이동하고 있는 것도 하나의 원인이다.

(1) 조류의 피해

그림 9-14 까치 트랩 (崔)

해조로는 까치, 까마귀, 찌르레기, 어치, 비둘기 등이 있다. 새는 겨울부터 봄에는 화뢰, 성숙기에는 과실을 식해한다. 조해의 방지법으로는 방조망, 폭음기, 방조테이프와 같은 시각자극, 기피제 등을 이용할 수 있으나 가장 효과적인 방지책은 방조망을 설치하는 것이다. 또한 농촌진흥청 배연구소에서 개발한 조립식 유해조류 포획트랩은 까치, 어치, 노랑지빠귀, 비둘기 등을 포획할 수 있으나 까치 포획에 가장 많이 이용된다. 트랩 내에 먹이를 주어 까치를 유인하는 데는 약 1주일이 소요되나 유인새, 즉 까치를 트랩에 넣어두면 즉시 유인이 가능하여 까치 피해를 신속하게 막아 줄 수 있다(그림 9-14).

(2) 짐승류의 피해

짐승의 피해는 산돼지, 곰, 너구리, 산토끼, 들쥐 등으로 과실을 식해할 뿐만 아니라 가지나 원줄기를 가해한다. 방지법으로는 수렵, 전기울타리(그림 9-15)나 방호울타리 설치, 내 쫓는 방법 등이 있다. 적설지대에서는 산토끼, 들쥐 등이 먹이 부족으로 유목의 눈이나 지간을 식해한다. 이와 같은 지대에서는 지간에 철망을 둘러주거나 기피제를 살포 또는 도포한다.

그림 9-15 짐승 피해 방지용 전기 울타리 (久保田)

농가의 복숭아 과원 (카라)

Chapter 10

병해충의 방제법

복숭아의 주요 병해충의 발생 시기는 그림 10-1과 같고 그 증상과 방제법은 표 10-1과 같다. 병해충 방제는 ① 농약에 의한 화학방제, ② 재배관리법에 의하여 발생을 억제하는 경종적 방제, ③ 열이나 광을 이용하는 물리적 방제, ④ 천적이나 미생물을 이용하는 생물적 방제 ⑤교미교란제를 이용한 방제 등이 있다. 이 중 가장 효과적인 것은 화학적 방제법이나 최근 환경보

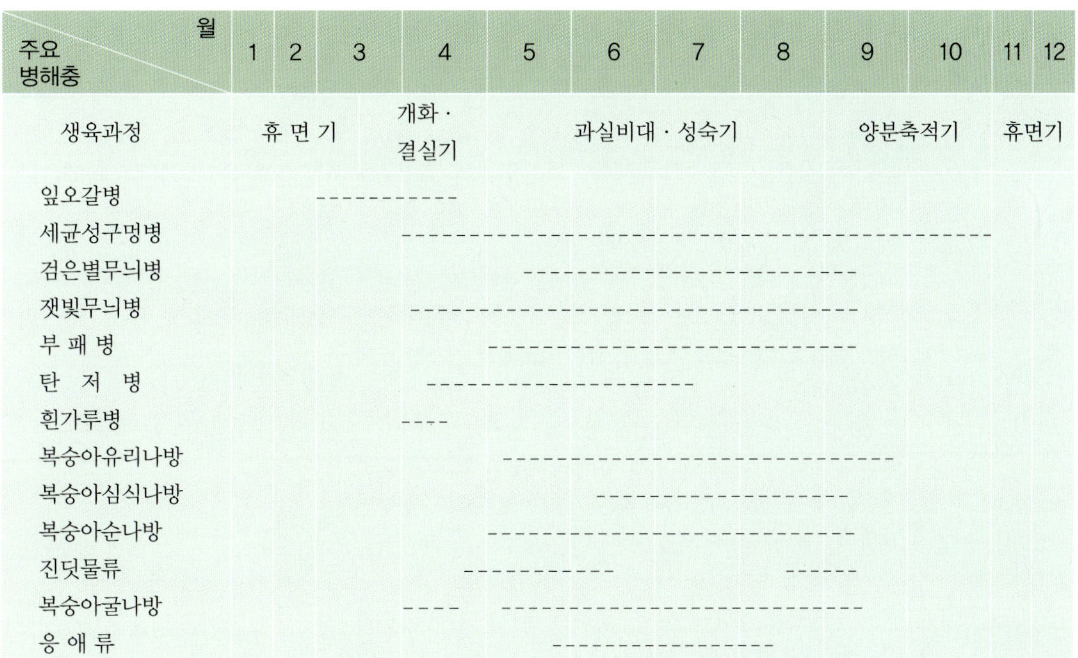

그림 10-1 복숭아 주요 병해충 발생 시기

[표 10-1] 복숭아 주요 병해충과 그 방제법

병 해 충	증상과 발생조건	방 제 법
잎오갈병	잎이 비후되어 위축되고, 낙엽이 되기도 함. 봄에 저온다습하면 발생이 쉬움	발아 전 석회유황합제 살포. 발병 후 병든 잎 제거
세균성구멍병	잎의 병반부가 탈락하여 구멍이 생기고, 장마기~성숙기에 낙엽됨. 과실에 흑갈색 부정형 반점이 생김. 비, 바람에 전염됨	나무의 세력 강화, 방풍, 봉지씌우기, 생육기에 스트렙토마이신제, 9~10월에 4-12식 보르도액 살포
녹 병	갈색녹병과 흰색녹병이 있음. 주로 잎과 가지에 발병함. 잎에는 반점이 생기는데, 심하면 낙엽됨	중간기주의 처분, 병해지의 제거. 4~6월에 살균제 살포
검은별무늬병	가지에서 월동한 병원균이 봄에 포자를 만들어 5~6월 빗물에 의하여 과실, 가지, 잎에 전염. 과실에는 과경부 부근 과피에 흑녹색 반점이 생김	발아 전 석회유황합제, 5~6월에 살균제 살포, 봉지씌우기, 병해지 제거
잿빛무늬병	주로 성숙과에 발병하나 꽃, 유과, 가지에도 발병. 과실 표면에 담갈색 원형 병반위에 회갈색곰팡이가 생겨 출하 후 부패함. 고온 다습조건에서 다발, 전염력이 강함	병해과나 병해지 제거. 봉지씌우기, 살균제 살포
포몹시스 부패병	주로 성숙과에 발병. 과실 병반부가 흑색으로 되어 연화 · 부패. 병반을 누르면 병반부만 떨어짐. 6~7월 장마기에 다발	병해과나 병해지 제거. 봉지씌우기, 살균제 살포
검은곰팡이병	수확 후 성숙과에 발생, 급속히 연화 · 부패. 검은 균총으로 덮임	과실에 상처가 나지 않도록 취급주의. 상자, 선과장, 포장 장소 등을 청결하게 함
탄 저 병	움푹 들어간 수침상 농갈색 병반 위에 분생포자가 덮임. 주황색의 점질물이 덮임	봉지씌우기, 개화직전 4-12식 보르도액살포. 7월~8월 살균제 살포
흰가루병	8~9월경 잎 뒷면에 밀가루모양의 흰곰팡이가 덮임. 과실에는 백색 원형병반위에 밀가루 모양의 곰팡이가 생김. 심하면 균열	낙엽소각. 수관내에 통풍이 잘 되도록 함. 개화직전 4-12식 보르도액 살포
심식충류	복숭아순나방은 신초선단과 과실을 가해, 연 4~5회 발생. 복숭아심식충은 연 1~2회 발생하여 과실을 가해, 식입구에서 나온 즙액은 투명한 수지가 됨. 복숭아명나방은 연 2~3회 발생하며, 식입구에서 벌레똥이 나옴	6월 이후 살충제 살포. 교미교란제 이용. 봉지씌우기, 피해과 제거
흡수나방류	야간에 성숙과에 주둥이를 박아 즙액을 흡수. 흡즙부위가 스폰지상으로 되어, 갈변 부패함. 중 · 만생종에 피해가 큼.	봉지씌우기, 방충망 설치, 방아등(황색 형광등) 조명, 유인물질 이용
진딧물류	잎이 말리고, 그을음병이 생김. 봄이 따뜻하고 건조한 해에 발생이 쉬움	살충제 살포
복숭아굴나방	잎 뒷면을 식해하여 조기낙엽을 일으킴. 연 5~7회 발생	살충제 살포, 교미교란제 이용
응 애 류	수간의 조피, 낙엽, 마른 잡초 등에서 월동한 후 수상에 이동하여 잎을 가해 함. 피해 잎은 기능이 저하되고, 심하면 낙엽	발아 전 기계유유제와 석회유황합제 살포, 살비제 살포
깍지벌레류	수피에 기생, 수액을 흡수하여 나무가 쇠약해 짐	피해지 제거, 기계유유제 살포
복숭아유리나방	유충이 지간을 식입함. 식입구로부터 벌레똥이 섞인 수지가 나옴. 연 1회 발생	유충의 포살. 산란기에 약제 살포
노린재류	과실을 가해 낙과되거나 가해부가 요철이 됨	봉지씌우기, 방충망설치, 약제 살포

호와 식품안전성에 대한 소비자의 관심이 높아지고 있어 농약사용을 줄일 것이 요구되고 있다. 따라서 농약에 의한 방제법을 기본으로 하면서 각종 친환경적 방제법을 병행하는 방제체계의 확립과 병해충에 대한 저항성 품종의 육성이 요망된다. 복숭아 병해충 방제용으로 등록된 농약은 표 10-2와 같다.

[표 10-2] 농촌진흥청에 등록된 복숭아 병해충 방제용 농약

[살균제]

(2006, 농약사용지침서)

병 명	농 약 명	상 표
검은점무늬병	디페노코나졸(수화제)	푸르겐
	비타놀(수화제)	리버티, 바이코, 방파제, 아리비타놀
	시메코나졸(수화제)	디펜더
	아족시스트로빈 · 디페노코나졸(액상)	아미스타탑
	이미녹타딘트리스알베실레이트(수화제)	벨쿠트
	이미녹타딘트리스알베실레이트 · 치람(수화제)	참조네
	프로피(수화제)	안트라콜, 영일프로피
세균성구멍병	농용신(수화제)	다아라, 부라마이신, 삼공농용신, 아그렙토, 아리농용신, 에스엠농용신, 이비엠농용신, 정밀농용신
	디치(수화제)	경농디치, 델란, 정밀디치, 창가탄
	바리다마이신에이(수화제)	한우물, 용마루
	바리다마이신에이 · 스트렙토마이신(수화제)	방범대
	스트렙토마이신황산염 · 옥시테트라싸이클린(수화제)	아그리마이신
	아시벤졸라에스메칠(수화제)	비온
	옥시테트라싸이클린(수화제)	성보싸이클린
역 병	시아조파미드(액상)	미리카트
	후루아지남(수화제)	후론사이드
잎오갈병	디치(수화제)	경농디치, 델란, 정밀디치, 창가탄
	디치(액상)	델란
	유황(입상)	쿠무러스
	크로로타로닐(액상)	다코닐에이스
	타로닐(수화제)	골고루, 금비라, 다코닐, 새나리, 아리타로닐, 영일타로닐, 초우크
	프로파모카브하이드로클로라이드 · 크로로타로닐(액상)	신세대
잿빛곰팡이병	이프로(수화제)	균사리, 로브랄, 새시로, 이비엠조테나, 새노브란
잿빛무늬병	디에토펜카브 · 가벤다(수화제)	깨끄탄
	디페노코나졸(수화제)	푸르겐
	디페노코나졸(액상)	푸름이, 아이템
	디페노코나졸(입상)	보가드
	리프졸(수화제)	트리후민
	비타놀(수화제)	리버티, 바이코, 방파제, 아리비타놀

병 명	농 약 명	상 표
잿빛무늬병	시메코나졸(수화제)	디펜더
	씨이프로디닐(입상)	유닉스
	아시벤졸라에스메칠 · 만코제브(수화제)	비온엠
	아족시스트로빈(수화제)	아미스타, 영일아족시스트로빈
	아족시스트로빈 · 디페노코나졸(액상)	아미스타탑
	이미녹타딘트리스알베실레이트(수화제)	벨쿠트
	이미녹타딘트리스알베실레이트(액상)	부티나, 탈렌트
	이미녹타딘트리스알베실레이트 · 치람(수화제)	참조네
	치람(수화제)	쓸마네, 영일치람
	크레속심메칠(입상)	해비치
	크레속심메칠 · 보스칼리드(입상)	코리스
	크로로타로닐(액상)	다코닐에이스
	트리프록시스트로빈(액상)	프린트
	트리프록시스트로빈(입상)	에이플
	펜부코나졸(수화제)	홍이나
	펜헥사미드(수화제)	텔도
	펜헥사미드 · 이미녹타딘트리스알베실레이트(수화제)	균모리
	펜헥사미드 · 터부코나졸	타이브랙
	프로시미돈(수화제)	너도사, 스미렉스, 영일프로파, 이비엠 오케이, 팡이탄, 팡자비
	플루퀸코나졸(수화제)	카스델란
	플루퀸코나졸(액상)	파리사드
	플루퀸코나졸 · 피리메타닐(액상)	금모리
	피라클로스트로빈(입상)	카브리오에이
	피라클로스트로빈 · 보스칼리드(입상)	벨리스플러스
	피리메타닐(수화제)	스칼라
	피리메타닐 · 크로로타로닐(입상)	탐실
	헥사코나졸(액상)	라피드
	헥사코나졸(입상)	침투왕
	후루디옥소닐(액상)	사파이어
	후루실라졸(입상)	올림프, 카자퇴
	훼나리(수화제)	경농훼나리, 동부훼나리
탄 저 병	디치(액상)	델란
	디페노코나졸(액상)	푸름이, 아이템
	아족시스트로빈 · 디페노코나졸(액상)	아미스타탑
	크로로타로닐 · 디페노코나졸(입상)	이지팜
	트리프록시스트로빈(액상)	프린트
	트리프록시스트로빈(입상)	에이플
	프로피(수화제)	안트라콜, 영일프로피
	후루아지남(수화제)	후론사이드
	후루아지남(액상)	모두랑

[살충제]

해충명	농약명	상표
깍지벌레	기계유(유제)	기계유(경농, 동부, 삼공, 아리, 이비엠, 정밀, 에스엠)
	나크(수화제)	경농나크, 동부나크, 삼공나크, 세단, 세빈, 영일나크, 이비엠수확커
	부프로페진 · 아미트라즈(유제)	히어로
나무좀류	메프(유제)	경농메프, 메프치온, 스미치온, 새메프
복숭아가루진딧물	아세타미프리드(수화제)	모스피란
	아세타미프리드 · 에토펜프록스(수화제)	만장일치
	에토펜프록스(유제)	세배로
	치아메톡삼(입상)	아타라
	크로르피리포스 · 이미다클로프리드(수화제)	강탄
복숭아순나방	아세타미프리드(수화제)	모스피란
	아세타미프리드 · 에토펜프록스(수화제)	만장일치
	인독사카브(액상)	스튜어드골드
	인독사카브 · 에토펜프록스(수화제)	바이킹
	인독사카브 · 테프루벤주론(수화제)	송골매
	크로르피리포스 · 이미다클로프리드(수화제)	강탄
복숭아심식나방	람다싸이할로스린 · 치아매톡삼(수용입)	스토네트
	할로스린(유)	주런, 첨병
복숭아혹진딧물	람다싸이할로스린 · 치아매톡삼(수용입)	스토네트
	이미다클로프리드(액상)	코니도
	치아메톡삼(입상)	아타라
	치아클로프리드(액상)	칼립소
	클로치아니딘(수화제)	세시미
	클로치아니딘(액상)	빅카드
심식나방	디디브이피(유제)	디디브이피(경농, 동부, 미성, 삼공, 서한, 성보, 영일, 정밀, 새), 옥구슬
	루페누론(유제)	매치, 파밤탄
	에토펜프록스(수화제)	트레본
	치아클로프리드(액상)	칼립스
	치오디카브(수화제)	신기록
	크로르피리포스(수화제)	경농그로포, 더스반, 명사수, 아리그로포, 이비엠그로포, 충모리, 에스엠그로포, 폭격기
	크로르피리포스(입상)	선발대
	피레스(유제)	피레스(경농, 성보, 아리, 이비엠, 정밀), 아리보, 푸른꿈, 피레탄, 신속타, 특충탄
	피리다(유제)	굿세리, 돌파구, 오후나크
애모무늬 잎말이나방	에토펜프록스 · 다수진(수화제)	뚝심

해충명	농 약 명	상 표
응애류	기계유(유제)	기계유(경농, 동부, 삼공, 아리, 이비엠, 정밀, 에스엠)
	비페나제이트(액상)	아크라마이트
	스피로디클로펜(수화제)	시나위
	아세퀴노실(액상)	가네마이트
	아조싸이클로틴(액상)	응애왕
	에톡싸졸(액상)	주움
	클로르펜나피르(액상)	섹큐어
잡 초	글루포시네이트암모늄(액제)	경농바스타, 바스타
과실비대	퀸메락(수화제)	
수확기낙과방지	아미노에톡시비닐글라신(수화제)	리테인

1. 병해와 방제법

(1) 잎오갈병(縮葉病)

주로 잎에 발병하나 신초나 유과에 발생하기도 한다. 발병되면 초기에는 적색을 띠며 작게 부풀어 오른 모양을 보이다가 확대되면서 적색 또는 황색으로 착색된다. 이어서 잎의 일부 또는 전체가 크고 두껍게 부풀어 오른다(그림 10-2).

그림 10-2 잎오갈병의 증상 (李)

그 후 잎 표면에 흰가루 모양의 곰팡이가 형성된다. 병든 잎은 오래되면 썩어 떨어지므로 심하게 발병하면 나무 생육이나 과실비대에 영향을 미친다. 병원균은 가지나 눈 표면에 부착하여 월동한 후, 봄에 잎이 전개되기 시작할 때 잎으로 침입한다. 발아기로부터 전엽초기에 기온이 낮고 습기가 많으면 발생하기 쉽다.

발아 전 방제가 중요하다. 3월 중순~4월 상순에 바람이 없는 날을 택하여 석회유황합제를 약액이 잘 닿지 않는 가지 선단부를 중심으로 철저히 살포한다. 살포한 약액이 건조한 후, 약액이 닿지 않은 곳이 있으면 한 번 더 보조적으로 살포하는 것이 안전하다. 발병된 잎은 따서 땅에 깊이 묻거나 소각한다.

석회유황합제

석회유황합제는 포도 흰가루병 방제에 사용한 것이 시초이며, 그 후 깍지벌레 방제에 대한 효과가 인정되어 해충방제에도 유효한 것으로 밝혀졌다. 현재는 주로 살균제로 사용되고 있으나 살충효과도 볼 수 있다. 5황화석회가 주성분이다. 제조법은 유황분 5kg을 소량의 물을 넣어 잘 이긴 다음, 20ℓ의 따뜻한 물이 들어 있는 솥에 넣고 가열하여 물이 끓어 붉은 색이 되면 생석회 2.5kg을 조금씩 넣고 잘 저어주면서 약 1시간동안 반응시킨다. 처음에는 황색이었던 것이 적색으로 변하고 나중에는 적갈색의 투명한 액이 된다. 제조과정 중 증발한 물을 보충하면서 제조하여 최종 약량이 20ℓ가 되도록 한다. 이렇게 만든 제품은 보메비중으로 약 28~29°가 되므로 보메비중기를 이용, 원하는 농도로 희석하여 사용한다.

(2) 세균성구멍병(細菌性穿孔病)

잎, 가지, 과실 등에 발병한다. 최초의 증상은 작은 탁엽(托葉)에서 긁힌 모양의 하얀 반점이 생긴다. 반점이 여러 개 모이면 탁엽 전체가 흰색으로 된다(그림 10-3의 좌). 이 증상은 그대로 남아 있기도 하지만 적자색~갈색으로 변하여 구멍이 나기도 한다. 비가 내린 후나 기온이 올라가면 병든 탁엽은 황색으로 변하여 떨어진다.

잎에는 처음에 흰 반점이 생겼다가 서서히 수침상의 적자색~갈색의 부정형 반점으로 변하고, 이어서 병반부가 탈락되어 구멍이 생기며, 심하면 낙엽된다(그림 10-3의 중). 결과지에는 5월 경, 자갈색~자흑색의 기름이 스며들어간 모양의 원형~장원형 병반이 생긴다. 이것이 춘형

그림 10-3 세균성구멍병의 증상
(좌 : 탁엽의 증상, 중 : 성엽의 증상, 우 : 과실의 증상) (李)

보르도액, Bordeaux mixture

보르도 대학의 Millardet 교수는 프랑스 남부 보르도 지방에서 도난방지를 위하여 살포한 유산동과 생석회의 혼합물이 노균병 방제에 유효함을 발견하고, 1885년 같은 대학의 화학과 교수 Gayon의 도움을 받아 보르도액의 약효와 제법을 발표하였다. 유효성분은 염기성황산동으로 추측하고 있다. 물 1ℓ 중에 황산동 및 생석회의 g수로 농도를 표시하는데 1ℓ 의 물에 황산동 6g, 생석회 6g이라면 6-6식(4두식 석회 등량) 보르도액이라 하고, 황산동 2g, 생석회 6g이라면 2-6식(1석2두식 석회 3배량) 보르도액이라 부른다. 황산동은 불순물이 적은 공업용을 이용한다. 생석회는 괴상이나 분상 모두 좋지만 순도가 높은 분상이 이용하기 편하다. 생석회 대신 소석회를 이용할 때는 50% 증량한다.

조제할 때 다음을 주의한다. ㉠ 석회유와 황산동액의 온도가 같고 또한 낮을 것, ㉡ 조제 후 시간이 지나면 침전물이 생기므로 필요한 양만 조제하여 바로 이용할 것, ㉢ 교반을 충분히 할 것, ㉣ 금속성 용기를 사용하지 말 것, ㉤ 전착제나 기타 약제는 조제 후에 첨가할 것 등이다. 조제 방법은 다음 그림 10-4와 같다.

◎ **보르도액 만들기**

○ 4-8식 보르도액의 경우
(4-8식 보르도액이란 약액 1ℓ 중에 황산동 4g, 생석회 8g이 들어 있음을 말함)

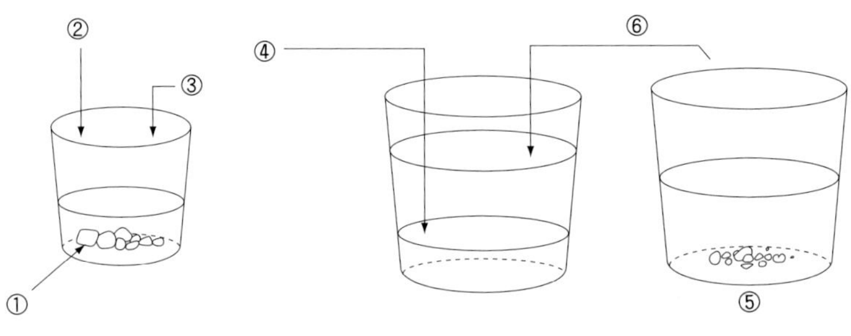

〈4-8식 보르도액 100ℓ를 만드는 방법〉

① 생석회 800g을 용기 한 구석에 모아 넣음. ② 소량의 미지근한 물을 넣어 발열(發熱)시킴. ③ 발열이 끝나면 적당량의 물을 넣어 석회액을 만듬.	④ 진한 석회액 ③을 큰통에 옮겨 넣고 물을 가하여 9~10ℓ로 채움. ⑥ 석회액 ④를 저어가면서 황산동액 ⑤를 조금씩 넣어 잘 혼합함.	⑤ 황산동 400g을 소량의 더운물로 녹인 다음 물을 가하여 90~80ℓ로 만듬.

진한 알칼리성의 석회액에 연한 황산동용액을 저어가면서 조금씩 넣어 혼합시켜야 양질의 보르도액을 만들 수 있음. 동력 분무기를 이용하여 황산동용액을 석회액에 분사시키면서 혼합시키기도 함. 전착제는 조제가 끝난 후에 넣을 것이며. 조제 후에는 물을 더 가하지 말고 용기는 금속제를 사용치 말 것.

그림 10-4 보르도액 조제 방법

지병반(春形枝病斑)으로 그 해 제 1차 전염원이 된다. 춘형지병반의 발생량은 전년 9월 하순의 병반증가량과 강수량과의 상관이 높다. 신초에는 6~8월에 세로로 긴 모양의 적갈색 병반이 생긴다. 이를 하형지병반(夏形枝病斑)이라 한다. 과실의 병반은 갈색~암갈색으로 부정형이며 과육까지 침해한다(그림 10-3의 우). 병반의 크기는 보통 직경이 2~3mm이지만, 수 mm 이상의 큰 병반이 생겨 균열이 생기거나 수지가 나오는 경우가 많다. 검은별무늬병과 다른 점은 병반이 부정형이고 과육까지 침해하는 것이다. 병원균은 가지 조직 내에서 월동하고 봄에 기온이 높아지면 활동을 개시하여 보통 낙화기경부터 춘형지병반이 생긴다. 병원균은 바람과 빗방울 등에 의하여 사방으로 비산하여 5월 상 · 중순에 유과, 어린 잎, 신초 등에 감염된다. 나무의 세력이 약할 때 강풍, 강우 등이 있으면 병의 발생이 심해진다. 지하수위가 높은 과원이나 질소과다로 나무가 웃자란 과원에 많이 발생한다.

방제법은 방풍림이나 방풍울타리를 설치하며 배수가 잘 되도록 하고, 재배관리에 주의하여 나무의 세력을 강건하게 유지하여 예방한다. 5월에 병반이 있는 가지는 제거한다. 생육기의 방제로서는 개화직전 잎이 전개되기 전에 4-12식 보르도액을 살포하고, 낙화 직후부터 황산아연석회액 6-6식이나 스트렙토마이신제를 10일 간격으로 2~3회 살포한다. 가지에 세균 침입을 막기 위하여 9월 중순~10월 상순에 4-12식 보르도액을 2~3회 살포한다. 생육기에 보르도액을 살포하면 잎에 약해가 발생하므로 주의한다.

황산아연석회액

조제법은 보르도액의 제조법과 같은 방법으로 한다. 6-6식 황산아연석회액을 100ℓ를 만들려면 ① 한 용기에 600g의 생석회를 소량의 물을 넣어 발열 시킨 다음, 10~20ℓ 의 물을 넣어 석회액을 만든다. ② 다른 용기에는 황산아연 600g을 소량의 물로 용해시킨 다음, 80~90ℓ 물로 채운다. ③ 농후한 석회액에 황산아연액을 저어가면서 잘 혼합시킨다. 이 때 약액 농도는 낮은 것이 좋다. 조제 후 전착제를 넣어 사용한다.

(3) 녹　병(銹病)

녹병에는 갈색녹병과 흰녹병이 있는데 모두 조기낙엽의 원인이 된다(그림 10-5). 중간기주는 갈색녹병은 외대바람꽃(*Anemone nikoensis*)이고, 흰녹병은 노루귀(*Hepatica asiatica*)이나 갈색녹병균은 복숭아 가지에 잠재 감염되어 월동하는 경우가 많다. 갈색녹병은 주로 잎과 가지에 발병되나 간혹 과실에도 발병한다. 6월 하순부터 잎에 병반이 생긴다. 처음에는 잎 표면에 담황색의 반점이 생기고 뒷면에는 갈색 가루와 같은 작은 덩어리, 즉 하포자퇴가 많이 생기는데 심하면 다수의 반점이 형성되어 낙엽 된다. 흰녹병은 잎에만 발생하는데 처음에는 엷은 녹색의 작은 반점이나 점차 황색으로 변하고 이어서 갈색의 포자퇴가 생긴다.

방제는 4월 하순과 5월 중순~6월 상순에 살균제를 살포한다. 약제방제 이외에 중간기주를 제거함과 동시에 주요 전염원인 병반이 있는 가지를 잘라 소각한다.

그림 10-5 녹병의 증상 (福岡縣 園藝 · 茶 病害蟲圖鑑, 1989)
(좌 : 잎의 표면, 우 : 잎의 뒷면)

(4) 검은별무늬병(黑星病)

주로 과실과 가지에 발병하나 잎에도 발생한다. 과실에는 5월 중순부터 6월에 걸쳐 유과 표면에 둥근 흑색의 반점이 생긴다. 과실이 자람에 따라 병반이 확대되어 직경 2~3mm까지 커진다. 과실의 적도면으로부터 위쪽 어깨부위에 주로 발생한다(그림 10-6).

가지의 병반은 초여름부터 가을에 걸쳐 생기는데 처음에는 적자색으로 약간 부풀어 오른 둥근 모양의 병반이고, 크기는 직경 2~3mm 정도이다. 가지가 성숙하여 가지의 색이 녹색에서 자갈색으로 변함에 따라 병반은 적자색에서 회갈색으로 변한다. 가지 병반에서 월동한 병원균은 봄에 포자를 만드는데 이 포자가 5~6월 빗물에 의하여 확산되어 다른 부위까지 감염된다. 따라서 이 시기에 비가 많이 내리면 발병하기 쉽다. 또한 수령이 높아지면 전염원이 많아지므로 발생이 증가한다. 감염 후 발병까지는 5월에는 1개월 이상, 7월부터는 20~25일이 걸린다.

방제법은 휴면기에 석회유황합제를 가지 끝까지 철저히 살포한다. 감염기에는 화학적 방제

그림 10-6 검은별무늬병의 증상 (長野縣 農作物病害蟲圖鑑, 1997)

가 가장 중요하므로 5월 상순에서 6월 상순사이에 3~4회 약제를 살포한다. 특히 봉지씌우기 직전에 살포하여 유과에 약제가 충분히 묻도록 한다. 병반이 있는 가지는 전정할 때 제거한다. 봉지는 6월 상순까지 씌운다.

(5) 잿빛무늬병(灰星病)

주로 성숙과에 발병하지만 꽃, 유과, 가지 등에도 발병한다. 과실에는 수확 약 20일 전부터 급격히 발병한다. 처음에는 작은 갈색 병반이 생기고, 확대되면 급속히 연화 · 부패되며 병반 위에는 회갈색의 직경 1mm 미만의 분생포자의 소구(小球)가 다수 발생하여 2차전염원이 된다. 이 시기에 감염되면 2~3일이면 병증이 나타나는데 이 때 비가 많이 오면 폭발적으로 발병한다. 그러나 비가 내리지 않더라도 습도가 높으면 감염되므로 저장 중이나 수송 중에도 발병하는 경우가 많다(그림 10-7).

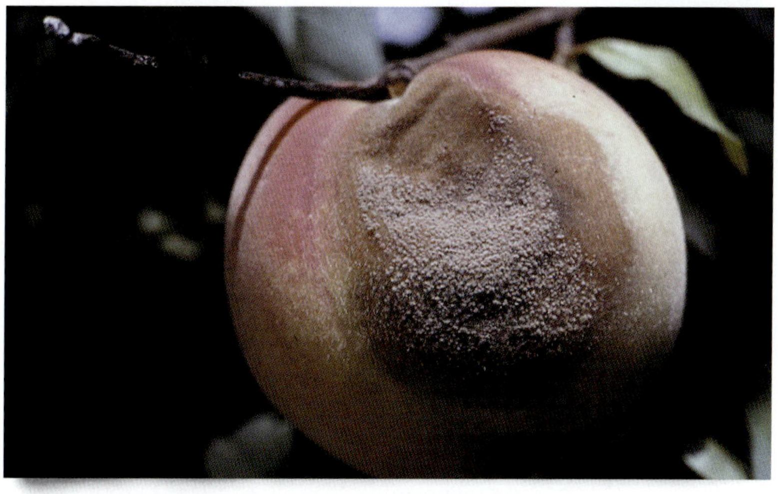

그림 10-7 잿빛무늬병의 증상 (久保田)

꽃에서는 꽃잎이 다갈색(茶褐色)으로 되어 썩고 가지에는 갈색의 약간 우묵한 병반이 생긴다. 발병한 꽃이나 가지 표면에는 회갈색의 가루모양 포자가 생긴다. 병든 가지나 과실에서 월동한 균핵은 이른 봄에 분생포자(分生胞子)나 자낭반(子囊盤)을 형성하여 이들이 풍우를 따라 전염된다.

방제법은 전정할 때 월동전염원인 병반이 있는 가지, 죽은 가지, 미이라 같이 마른 과실 등을 모아 땅속에 깊게 묻거나 소각한다. 4~5월에는 발병된 꽃, 잎오갈병의 병엽, 병반이 있는 가지를 가능한 한 조기에 발견하여 소각한다. 발병이 심한 과원에서는 봉지를 씌워 재배한다. 약제는 개화직전부터 직후에 1~2회 살포한다. 검은별무늬병과의 동시 방제로 봉지 씌울 때까지 2~3회 살포하고, 특히 봉지씌우기 직전 살포는 더욱 철저히 한다. 주요 방제기인 수확 20일 전 경부터 농약 안전기준에 맞추어 1~2회 약제를 살포한다. 약제 내성균의 출현을 방지하기 위하여 동일 약제나 동일 계통약제의 연용은 피한다.

(6) 탄 저 병(炭疽病)

잎이나 가지에도 발병되지만 주로 과실에 발생하는데, 봄철 강우량이 적은 우리나라에서는 큰 피해가 없다. 그러나 4~5월에 비가 많이 내리면 과실 크기가 1~2cm정도 되었을 때부터 발병한다. 처음에는 녹갈색의 수침상 병반이 생기고 나중에는 농갈색이 되며 원형의 움푹 들어간 병반부가 형성된다. 병반부에는 점질의 선육색(鮮肉色) 분생포자 덩어리가 덮이고 심하면 낙과한다(그림 10-8).

그림 10-8 탄저병의 증상 (李)

병원균은 가지 조직 내에서 잠복하여 월동한다. 다음해 봄 개화기 경에 가지 조직 내에서 증식하여 가지 표면에 분생포자를 형성한다. 이 분생포자는 빗방울과 함께 비산하여 과실이나 잎에 전염, 발병된다.

방제법은 5월 중 · 하순 2차전염이 시작되기 전에 봉지를 씌운다. 개화직전에 4-12식 보르도액을 살포하고, 발병이 심한 과원에는 7월 하순~8월 상순에 걸쳐 약제를 살포한다.

(7) 흰가루병(白粉病)

잎과 과실에 발생하는 2종류가 있는데 잎에는 8~9월 경 잎 뒷면에 발병하여 병반부가 흰색 밀가루 모양의 곰팡이로 덮인다. 심하면 잎이 황화되어, 조기에 떨어진다. 과실에는 6월경부터 발생하는데 처음에는 백색 원형의 병반이 생기고(그림 10-9), 그 후 3~4cm 크기로 확대된다. 병반 위에는 밀가루 모양의 곰팡이가 생기고 과실이 커짐에 따라 균열이 생긴다.

방제법은 전염원이 되는 낙엽을 가을이나 봄에 모아 소각한다. 다습한 조건에서 발병이 쉬우므로 간벌이나 전정을 하여 수관 내부까지 통풍이 잘 되도록 한다. 발병이 심한 과원에는 개화직전 4-12식 보르도액을 살포한다.

그림 10-9 흰가루병의 증상 (長野縣 農作物病害蟲圖鑑, 1997)

(8) 줄기마름병(胴枯病)

원줄기나 가지에 발생한다. 처음에는 표피가 약간 부풀어 오르면서 부드러워지고 손가락으로 누르면 움푹 들어간다. 나중에는 병반부가 적갈색으로 되고 알코올 향이 나며 수피가 쉽게 벗겨진다. 병반부가 마르면 움푹 들어간다. 원줄기나 가지의 조직 내에서 월동한 병원균은 봄에 포자를 형성하여 빗방울에 의하여 전염된다.

방제법은 쇠약한 나무에 발생하므로 비배관리를 잘한다. 상처부로부터 감염되므로 전정할 때 생긴 상처부에는 도포제를 처리한다. 일소나 유리나방 등의 충해를 예방하고, 병반부는 깎아 낸 다음 도포제를 처리해 준다.

(9) 흰날개무늬병(白紋羽病)

뿌리에만 감염되어 뿌리가 썩는 병(그림 10-10)으로 초기에는 잎, 과실, 가지에는 전혀 증상이 나타나지 않는다. 만성 증상과 급성 증상이 있는데 만성 증상의 특징은 웃자람가지의 신장이 불량하고 엽색이 좋지 않으며 잎이 처지는 경향을 보인다. 꽃이 많이 달리고 결실이 잘 되지만 과실은 작고 가을에 낙엽이 빠르다. 급성의 경우는 잎이 펼쳐지고 과실이 달리면 갑자기 잎이 황화되어 떨어지고 나무가 고사한다. 고사한 나무의 뿌리를 캐어보면 굵은 뿌리의 대부분 또는 근관부까지 백색 또는 회흑색의 균사로 덮여있고, 피층은 암갈색으로 되어 수침상을 보이며 썩는다.

방제법은 건전묘를 선별하여 재식하고 발병의 위험성이 있는 묘는 재식 전 지오판 수화제 500배액이나 베노밀 수화제 1,000배액에 20~30분간 뿌리를 담갔다가 심는다. 이병으로 고사한 나무는 가는 뿌리까지 모두 제거한 후 토양은 클로로피크린으로 소독한다. 소독 방법은 30cm 평방에 1개소 비율로 지표 밑 20~40cm에 클로로피크린 3~4㎖를 주입한 후 비닐을 덮는다. 살아있는 나무에는 지오판이나 베노밀 희석액을 충분히 관주하고 비닐로 덮어준다.

그림 10-10 과수의 흰날개무늬병 증상 (長野縣 農作物病害蟲圖鑑, 1997)

⑽ 역 병(疫病)

토양 중에 있는 병원균이 빗방울에 의하여 튀어 올라 잎, 신초, 과실 등을 감염시킨다. 6월~8월에 비가 많이 내리면 청경원, 특히 배수가 불량한 과원에 많이 발생한다. 과실에는 수침상의 갈색 반점이 생긴 다음 급속히 확대되며 윤곽이 분명하지 않은 병반이 된다. 부패가 진행된 과실에서는 해면상의 탄력을 느낄 수 있다. 그 후 갈반부 표면에는 백색의 유주자낭이 생긴다. 신초에 감염되면 갈색의 함몰된 병반이 생기고 병반에서는 수지가 나온다. 잎에는 황백색의 병반이 생기고 발생이 심하면 엽소증상이 나타나며 낙엽된다.

방제법은 초생재배나 멀칭재배하여 발병률을 낮추고, 6월 중순경부터 해당 약제를 살포한다.

⑾ 포몹시스(Phomopsis) 부패병

과실과 가지에 발생한다. 과실에서는 성숙과를 부패시키는 병해로서 처음에는 약간 오목한 작은 원형 담갈색 병반이 생기고 병반이 확대되면서 연화, 부패한다. 말기에는 주름이 생기고 그 위에 회갈색~흑색의 소립점이 생긴다. 병반부와 건전부가 분명하게 분리된다(그림 10-11).

수확 후 발병시기는 잿빛곰팡이병보다 늦다. 노목에서 발병이 심하다. 가지에는 여름이 지난 후 신초 기부에 직경 3mm정도의 돌기가 다수 형성되어 해가 지남에 따라 수피 표면이 꺼칠꺼칠한 상태가 된다. 심한 경우에는 균열이 생겨 가지가 고사한다. 6~10월에 비가 내리면 병반부로부터 수지가 나온다. 충해인 복숭아유리나방 피해는 벌레 똥이 나오고, 줄기마름병은 알코올

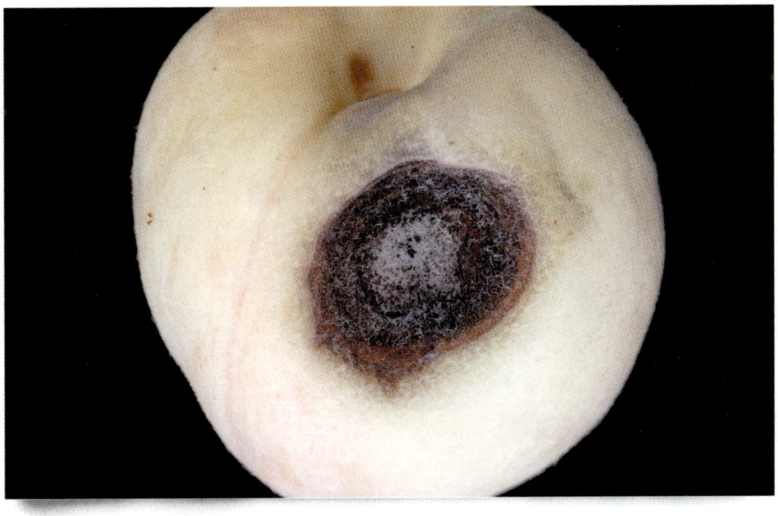

그림 10-11 포몹시스 부패병의 증상 (李)

향이 나므로 이 병과 구별된다. 가지나 줄기의 병반에서 월동하여 주로 장마기에 빗물과 함께 비산하여 9월경부터 발병한다. 5~7월에 비가 많이 내리면 발병이 심하다.

방제법은 무병묘를 심는다. 자가육묘의 경우, 발병수로부터의 수목채취 및 복숭아 과원 내에서의 육묘를 피한다. 발병이 심한 지간(枝幹)은 전정할 때 잘라 소각한다. 약제는 5월 상순~7월 중순에 약 10일 간격으로 검은별무늬병, 잿빛무늬병의 방제를 겸하여 6~7회 살포한다. 수확 후 1~2회 약제를 살포한다.

⑿ 검은곰팡이병

그림 10-12 검은곰팡이병의 증상 (李)

수확 후 성숙과에 주로 발병한다. 처음에는 갈색의 수침상 반점이 생긴다. 병세 진행이 아주 빨라 하루 밤 사이에 과실의 반 정도까지 감염되는 경우가 많다. 병반부에는 희고, 비단실과 같이 광택이 있는 균총이 생겨 과실이 연화, 부패한다. 나중에는 이 균총 표면에 회흑색~흑색 포자낭이 밀생하여 흑색곰팡이 모양으로 된다(그림 10-12). 이 병균은 균사가 길게 뻗어 균사에 의하여서도 전염되므로 상자 안에서 1개의 과실에 발병하면 옆에 있는 과실로 바로 전염된다.

약제살포로서는 방제하기가 어려우므로 수확, 선과, 포장할 때 상처가 나지 않도록 주의한다. 이 병균은 복숭아뿐만 아니라 기타 과실, 음식물, 동식물의 부패된 부분에서 발생되므로 수확 상자, 선과장, 포장 장소 등을 항상 청결하게 하고, 특히 병과는 작업장 주위에 방치하지 않는다.

⒀ 잿빛곰팡이병

이 병은 유과와 성숙과에서 모두 발병하는데 유과에서는 낙화기부터 낙화 후 얼마동안 발병한다. 꽃잎이나 꽃받침에 먼저 감염되어 과실로 옮겨 발병한다. 암녹색의 병반은 깊게 함몰되고 심해지면 유과 전체가 시들어 낙과된다. 유과에는 잿빛곰팡이가 생기지 않는다. 탄저병의 병징과 유사하나 탄저병과 달리 선육색 병반이 아니고 암녹색~회녹색이다. 성숙과에는 처음에는 갈색반점이 생겼다가 진행이 되면 병반위에 쥐털 모양의 잿빛곰팡이가 덮인다(그림 10-13).

이 병균은 검은곰팡이병과 같이 각종 과실에는 물론 모든 식물의 죽은 조직에 붙어 있어 자연계에 널리 존재하지만 병원력이 강하지 않아 주로 상처부에 침입하여 발병한다. 성숙과는 충해나 수확과정에서 생긴 상처 그리고 봉합선의 균열을 통하여 침입한다.

방제법은 유과기에는 낙화기 전후의 강우량과 관련이 있으므로 비가 많이 내리면 잿빛무늬병 방제를 겸하여 살균제를 살포하고, 성숙기에는 검은곰팡이병과 같이 방제한다.

그림 10-13 잿빛곰팡이병의 증상 (李)

2. 충해와 방제법

(1) 심식충류

주요한 심식충은 복숭아심식나방, 복숭아순나방, 복숭아명나방 등 3종이 있다. 발생횟수는 지역에 따라 다르다.

복숭아심식나방 : 복숭아심식나방은 지역에 따라 연 1~2회 발생하는데 땅속에서 노숙유충으로 월동한 후 제 1회 성충은 6월 상순부터 8월 중순까지, 제2회 성충은 8월 중순에서 9월 상순까지 발생한다. 과실 표면에 산란하여 부화한 유충은 과실 표면에 작은 구멍을 뚫고 과육을 파먹으며 들어간다. 유충이 들어간 자리에는 투명한 수지가 나와 작은 물방울과 같이 보이다가 나중에는 가는끈 모양으로 된다. 노린재 피해로 나온 수지와는 달리 수지가 떨어지면 피해부의 흔적이 보이지 않는다. 유충은 불규칙하게 과육 전체를 가해한다(그림 10-14).

그림 10-14 복숭아심식나방의 가해로 나온 즙액(좌)과 유충의 가해상태(우) (李)

방제법은 약제 방제를 중심으로 한다. 토양 중의 유충 구제를 위하여 5월 하순과 7월 하순에 토양살충제, 다이아톤 입제나 지오릭스 분제를 10a당 5kg을 수관 밑에 고루 살포한 후 긁어준다. 성충 방제를 위한 약제는 발생최성기 전후에 10~14일 간격으로 살포한다. 성충 발생최성기는 제 1회는 7월 상 · 중순, 제 2회는 8월 중 · 하순경이다. 봉지를 씌우면 산란을 회피할 수 있으므로 방제 효과가 있다. 피해과는 유충이 탈출하지 못하도록 비닐봉지에 넣어 장기간 물에 담가 둔다. 땅속에는 깊게 묻지 않으면 효과가 없다. 교미교란제의 이용도 피해를 줄일 수 있다.

복숭아순나방 : 복숭아순나방은 지역에 따라 연 2~4회 발생한다. 즉 발생최성기는 제 1회 성충은 4월 하순~5월 상순, 제 2회 성충은 6월 상 · 중순, 제 3회 성충은 7하~8월 상순, 제 4회 성충은 8월 하순~9월 상순경이다. 월동은 노숙유충으로 수피 밑이나 가지 표피의 갈라진 틈에서 한다. 제 1회 성충은 5월 상순에 신초 선단부에 산란하여 유충이 신초 내부를 가해하므로 신초

선단이 고사한다(그림 10-15). 제 2회 성충은 신초와 과실에 산란하고 제 3, 4회 성충은 과실에만 산란하여 가해한다. 과실이 어느 정도 자라면 가해하기 시작하는데 조생종은 피해가 적지만 중생에서 만숙종으로 갈수록 피해가 심하다. 과실을 가해하면 벌레 똥을 배출하지만 그 양이 적으므로 발견하기가 쉽지 않다. 과경부 부근이나 봉합선을 따라 가해하는 경우가 많다. 과실 속으로 먹어 들어간 유충은 과피 부근을 가해하다가 종자까지 직진하여 그 주변의 과육을 식해하지만 복숭아심식나방과 같이 종횡으로 가해하는 경우는 적다. 보통은 과경부위를 통하여 봉지 속으로 들어가지만 과실 표면에 접촉된 봉지를 뚫고 들어가기도 한다.

그림 10-15 복숭아순나방의 피해 신초(좌)와 피해과(우) (李)

방제법은 약제 방제를 중심으로 하는데 방제 적기는 성충 발생최성기 전후로서 5월 상순, 6월 하순, 7월 하순~8월 상순, 8월 하순~9월 상순경이다. 복숭아 심식나방과는 달리 유충이 이동하여 가해하므로, 봉지를 씌워도 피해를 받을 수 있다. 피해과는 조기에 채취하여 땅속에 묻는다.

복숭아명나방 : 복숭아명나방은 연 2회 발생한다. 노숙유충으로 수피 틈이나 피해과, 밤나무의 구과(毬果)에서 월동한다. 제 1회 성충은 6월 중순, 제 2회 성충은 8월 중순을 중심으로 발생한다. 제 1회 성충은 과실이나 가지에 산란한다. 부화유충이 과실을 가해하는데 먹어 들어간 부위로부터 입상의 벌레 똥이 다량 배출된다. 대부분 과경부부터 가해한다. 8월 중순에 발생하는 제 2회 성충은 만생종 이외에는 큰 피해가 없고 주로 밤이나 감을 가해한다.

방제법은 유충의 과실 가해 방제를 중심으로 제 1회 성충 발생최성기 직후인 6월 중하순 방제를 중점적으로 한다. 봉지씌우기를 한다.

(2) 흡수나방류(果實吸蛾類)

주요 가해종은 으름나방, 무궁화밤나방, 우묵밤나방, 애우묵밤나방 등의 4종이다. 해가 진 후 부근의 산림으로부터 성충이 날라 와서 성숙한 과실에 주둥이를 박고 즙액을 흡수한다. 피해 과실은 흡즙된 부분을 중심으로 스폰지상으로 변색되어 부패한다. 성충의 발생량은 7월 중순 이후에 많으므로 중 · 만생종에 피해가 크다. 봉지 위에서도 가해한다. 발생횟수는 따뜻한 지방일수록 많다.

방제법은 성충에 대한 살충 효과가 있는 약제는 없는데, 피해과나 부패과를 과원 내에 방치하지 말고 나무나 과원 전체를 방충망으로 덮는다. 성숙개시기 이후에 해가 진 후부터 밝아질 때까지 방아(防蛾) 효과가 있는 황색형광등을 점등한다(그림 10-16).

그림 10-16 방아등(황색형광등)을 설치한 과원 (李)

(3) 진딧물류

주요한 진딧물은 복숭아혹진딧물, 검은마디혹진딧물, 복숭아가루진딧물 등 3종이다.

그림 10-17 복숭아혹진딧물의 피해잎 (李)

복숭아혹진딧물 : 주기주는 복숭아, 자두, 매실 등 핵과류이고 중간기주는 무, 배추, 양배추, 가지, 감자 등의 1년생 작물이다. 핵과류의 눈 부근에 산란한 알로서 월동한다. 4월경 부화한 유충은 꽃봉오리나 눈에 기생하여 흡즙 가해하다가 잎이 전개되면 잎 뒷면을 가해하여 잎이 불규칙적으로 심하게 말려 위축된다(그림 10-17).

피해가 심하면 배설물에 그을음병균이 기생하여 그을음병이 발생한다. 5월 하순~6월경부터 유시태생 암컷이 생겨 중간기주로 이동하므로 7월 말경이 되면 복숭아의 피해는 없다. 중간기주에서 여름~가을에 걸쳐 증식하다가 10월 중순 산란성 암컷이 주기주에 돌아와 무시의 산란성 암컷을 낳고 유시의 수컷과 교미하여 복숭아 눈 부근 또는 수피 틈 등에 산란한다.

검은마디혹진딧물 : 복숭아 눈 기부에 산란한 알로서 월동한다. 신초선단 잎 뒷면에 기생하여 잎이 뒤쪽으로 길고 가늘게 말리므로 다른 진딧물과 구별된다. 이전에는 이를 복숭아혹진딧물의 피해라고 하였다(그림 10-18).

그림 10-18 검은마디혹진딧물의 피해잎 (久保田)

복숭아가루진딧물 : 복숭아가루진딧물의 주기주는 복숭아, 자두, 매실 등이고 중간기주는 갈대와 같은 벼과식물이다. 복숭아나무에 주로 발생되는 진딧물이다. 가지에 산란한 알로서 월동한 다음 봄에 부화하여 새 잎 뒷면에 기생한다. 복숭아혹진딧물보다 약간 늦게 나타나 최성기는 5월 하순~6월경이다. 피해를 입은 어린잎은 가볍게 말리나 성엽은 말리지 않는다(그림 10-19). 어린 가지나 잎은 흰 가루가 덮이고, 배설물에 그을음병균이 감염되어 그을음병이 발생하기도 한다. 7월이 되면 유시의 암컷이 생겨 중간기주인 갈대와 같은 벼과식물로 이동한다. 10월경까지 중간기주에서 세대를 반복하다가 늦가을에 다시 주기주인 복숭아나무로 돌아와 수정란을 가지에 산란하여 월동한다.

그림 10-19 복숭아가루진딧물의 피해 잎과 진딧물 천적 풀잠자리의 알 (화살표) (李)

방제법은 봄에 복숭아나무의 눈이 팽대될 때 월동난이 부화되므로 발생이 심한 과원에는 이 시기에 약제를 살포하고 심하지 않을 때에는 낙화 후에 방제한다. 피해가 심하면 서로 겹쳐 기생하여 약제가 부착되지 않으므로 발생초기에 방제한다. 밀도가 높아진 후에 방제할 때에는 침투이행성 약제를 빈틈없이 살포한다.

(4) 복숭아굴나방

연 5~7회 발생한다. 성충으로 잡초, 낙엽, 조피, 과원 부근의 건물 틈에서 월동한 후 4월 중순 경부터 월동 장소에서 탈출한다. 월동성충의 산란은 4월 하순~5월 상순경부터 보이는데 알은 잎 뒷면 엽육 내에 산란관을 삽입하여 1개씩 산란한다. 유충은 3령을 지나 노숙되어 굴 선단으로부터 탈출한 후 실에 매달려 이동하며 주로 잎 뒷면에 그네침대모양의 고치를 만들어 용화한다. 유충이 잎의 조직에 침입하여 처음에는 소용돌이모양을 보이다가 진행되면 약간 고불고불한 파상 또는 직선상의 구멍을 만들면서 엽육을 식해한다(그림 10-20).

가해부분은 자갈색으로 변하고 이어서 탈락한다. 증상이 세균성구멍병과 같이 구멍이 생기기도 하나 대부분은 식해한 굴이 연결되어 있어 구별된다. 한 잎에 2~3마리 이상이 가해하면

그림 10-20 복숭아 굴나방의 피해잎(좌)과 굴나방의 고치(우)(農作物病害蟲圖鑑, 長野縣, 1997) (李)

잎의 생리기능이 현저히 저해되어 심하면 낙엽된다.

방제법은 월동장소가 되는 잡초의 제거나 낙엽을 철저히 제거하여 밀도를 낮춘다. 심식충류 방제시 함께 방제되므로 보통은 별도의 방제가 필요 없으나 수확 후 심하게 발생하면 별도로 방제하여야 한다. 유충의 생육이 진행되면 방제효과가 떨어지므로 발생초기의 방제가 중요하다.

(5) 응 애 류

응애가 가해하면 엽록소가 감소되므로 피해가 심하면 잎 전체가 녹색을 잃어 생리기능이 현저하게 저하된다. 복숭아에 기생하는 응애는 점박이응애와 사과응애가 주종이다.

점박이응애 : 점박이응애는 잎 뒷면에 주맥을 따라 기생하여 흡즙하지만 초기증상은 잎 표면에 나타나 주맥을 중심으로 담황색으로 퇴색한다(그림 10-21).

좀 더 진행되면 불규칙적으로 엽록소가 퇴색하고 갈필로 스친 모양으로 백화된다. 피해가 심해지면 잎 전체가 녹색이 소실되어 갈색을 띠고 점차 신초의 기부 잎부터 낙엽된다. 피해는 수관 하부 또는 내부의 웃자람가지의 잎에서 시작된다. 월동은 성충으로 수간의 거친 껍질 밑, 낙엽, 마른 잡초 등에서 한다. 초봄에는 잡초에서 증식하다가 그 밀도가 높아지면 수상으로 이동한다. 발생이 빠른 해에는 6월 중순에 다발한다. 최성기는 8월 중순이고 그 이후 급격히 감소하며 9월 하순부터는 월동장소로 이동한다. 고온 건조한 해에 많이 발생하며 지역에 따라 다르나 연간 9~10회 발생한다.

사과응애 : 서늘하고 비가 많은 해에 심하게 발생한다. 잎 전체가 갈필로 살짝 스친 것 같은 상처가 나타난다. 피해가 심해도 점박이응애와 달리 낙엽이 되지 않고 피해 잎은 다시 회복된다. 연 7~8회 발생하며 알로서 꽃눈주변이나 수간의 거친 껍질 밑에서 월동한다. 알은 4월 중순부터 부화하기 시작하며 제 1회 성충은 낙화직후에 발생한다. 최성기는 7월 중순부터 8월 상순이며 9월 하순에 월동난을 산란한다.

그림 10-21 점박이응애의 피해잎의 표면 (李)

방제법은 초기 발생을 억제하기 위하여 발아 전에 낙엽이나 잡초를 철저히 제거한다. 수상에서 월동하는 알이나 성충을 대상으로 휴면기에 기계유유제나 석회유황합제를 살포한다. 생육기간 중에는 살비제를 사용하는데 약제저항성이 쉽게 생기므로 동일 약제의 연용을 피한다. 응애의 천적에 악영향을 미치는 합성피레스로이드계 살충제 사용은 가급적 피한다.

복숭아녹응애 : 복숭아 녹응애는 세계적으로 분포되어 있는 복숭아와 아몬드의 해충으로서 일본에서는 1980년도에 야마나시(山梨)현에서 처음 발견되어 최근에는 그 피해가 크다. 성충은 길이가 0.2mm이고 등황색의 쐐기모양이다. 성충이 눈의 인편 틈에서 집단으로 월동하여 4월 중순경 잎으로 이동 증식한다. 6월이 되면 발생량이 많아지기 시작하여 7월 하순~8월 상순에 최성기가 되고 그 후 감소하여 9월 하순에 종식된다. 6월까지는 대부분 잎 뒷면을 가해하고

7월 이후는 표면으로 이동하여 가해한다. 7월 이후 잎 표면에 증상이 나타나는데 처음에는 희미한 흰색으로 보이다가 피해가 진행되면 은백색으로 빛난다. 심하면 조기낙엽 된다. 합성피레스로이드계 약제를 살포하면 천적에 악영향을 미치므로 피해가 심하다.

방제법으로는 합성피레스로이드계 약제는 최소한 5월까지는 피한다. 동기약제로서 기계유유제와 발아 전에 석회유황합제를 살포하고 7월 상순과 하순에 살비제를 살포한다.

약제간의 안전살포 간격

기계유유제, 보르도액 및 석회유황합제는 한 약제 살포 후 이어서 다른 약제를 살포하면 약해가 발생하거나 약효가 떨어지는 일이 있으므로 아래와 같이 일정한 간격을 두고 살포하여야 한다.

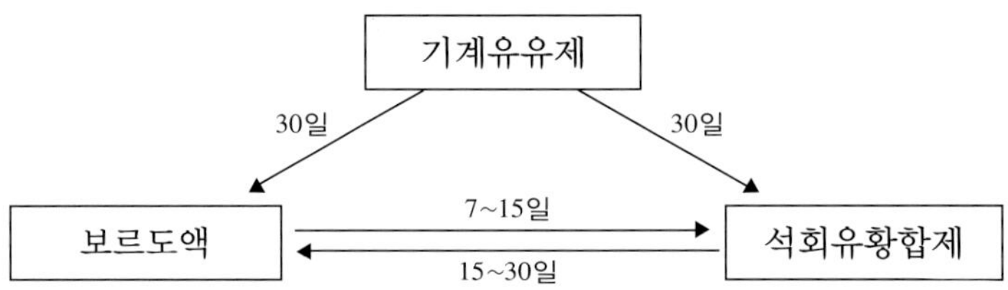

그림 10-22 동계약제의 안전 살포간격

(6) 깍지벌레류

지간(枝幹)에 발생하여 수액을 흡즙 가해하므로 나무의 세력이 떨어지고 결과지나 눈이 고사한다. 지간뿐만 아니라 잎과 과실에도 기생한다. 복숭아에 주로 기생하는 깍지벌레는 뽕나무깍지벌레(그림 10-23)와 공깍지벌레이다.

뽕나무깍지벌레 : 가지, 잎, 과실에 기생한다. 과실이 피해를 받으면 과면에 붉은 반점이 생긴다. 월동은 암컷 성충으로 하며, 약충은 5월 상순, 7월 상순, 9월 상 · 중순 연 3회 발생한다.

공깍지벌레 : 잎 또는 가지에 기생하며 연 1회 발생하고 3령 유충으로 월동한다. 4월 하순부터 가해하고 5~6월에 산란하며 5월 중 · 하순부터 부화한 약충은 잎 뒷면에서 가해하다가 가지로 돌아와 월동한다.

방제법은 피해가 많은 가지는 전정할 때 가능한 제거한다. 기생이 부분적인 경우는 수세미 등으로 제거한 후 방제하면 효과가 높다. 휴면기에 월동난이나 성충을 대상으로 기계유유제를 살포한다. 생육기에는 어린 유충기에 약제를 철저히 살포한다. 다른 해충을 대상으로 합성피레스로이드계 살충제를 여러 번 살포하면 깍지벌레가 증가하는 경향이 있으므로 이 약제는 2회 이내로 사용한다.

그림 10-23 뽕나무깍지벌레의 피해가지 (李)

(7) 복숭아유리나방

유충이 수피 밑에서 형성층을 식해한다. 피해부로부터는 벌레 똥이 수지와 함께 섞여 나온다. 수피가 거칠고 나무의 세력이 약하면 기생이 심하고 기생이 심해지면 나무의 세력이 더욱 약해져 고사한다. 연간 발생횟수는 1회이나 월동 유충의 발육정도가 다양하므로 성충은 5월부터 10월에 걸쳐 계속 발생한다(그림 10-24).

성충은 낮에 활동하며 주로 지면으로부터 1m 내외에 원줄기의 열개된 수피나 상처부위에 산란한다. 부화한 유충은 나무껍질 밑에서 식해하면서 더 자란 후 식해공 선단부에 얇은 고치를 만들어 월동하여 봄부터 연중 가해한다.

방제법은 벌레 똥과 함께 피해부가 발견되면 칼이나 철사를 이용하여 유충을 포살한다. 원줄기에 일소방지를 겸하여 5월경에 석회유를 도포하여 산란을 방지한다. 월동유충이 활동을 시작하는 3월 중 · 하순에 DDVP나 석회유황합제의 진한 액을 가해부에 도포한다. 약제살포는 8월 이후 과실을 수확 한 다음 성충 발생기에 메프유제를 살포한다.

그림 10-24 복숭아 유리나방의 피해원줄기 (李)

(8) 노린재류

여러 종류의 노린재가 있는데 주로 피해를 주는 것은 썩등나무노린재와 갈색날개노린재이다. 이들은 봉지씌우기 전에 부근 산림에서부터 월동 성충이 날아와 과실에 주둥이를 박고 흡즙 · 가해한다. 낙화 후 40일까지 사이에 피해를 받은 유과는 2~5일 지나면 낙과한다. 이후 60일정도 자란 유과를 가해하면 피해부에 요철상의 상처가 생기고 과실이 자라면 기형과가 된다(그림 10-25).

가끔 성충이 조기에 출현하여 눈이나 꽃을 가해하여 떨어지게 한다. 발생량은 해에 따라 변동이 심하다. 연 1회 발생하며 4월 상순부터 활동을 시작하지만 복숭아 피해는 4월 하순~5월 중순에 가장 심하다.

방제법은 봉지를 일찍 씌운다. 낙화 10일 후부터 봉지 씌울 때까지와 7월 이후에 방제를 철저히 한다. 다른 해충 방제를 위한 살충제로 병살이 가능하나, 특히 메프수화제가 효과적이다. 성충의 피해가 많은 4월 하순~5월 중순에 성충의 활동이 둔한 오전 중 나무를 흔들면 성충이

그림 10-25 노린재의 피해과 (李)
(좌 : 가해부의 수지, 중 : 유과의 피해 증상, 우 : 성숙과의 피해 증상)

떨어지므로 이를 포살한다. 성충은 몸길이가 15~18mm정도이고, 암갈색과 황갈색의 불규칙한 작은 점무늬가 섞여 있는데 때로는 적갈색을 띠기도 한다.

(9) 페로몬을 이용한 나방류의 방제

페로몬(pheromone)은 곤충 체내에서 생성된 화학물질로서 체외로 분비되어 동종의 개체에 생리적 · 행동적 반응을 일으키는 물질이다. 페로몬에는 개체간에 나타내는 행동반응에 따라 성페로몬, 집합페로몬, 경보페로몬, 길잡이페로몬, 분산페로몬, 계급분화페로몬 등이 있는데 그 중 성페로몬은 곤충종간에 상대 성(性)의 개체를 유인하기 위한 물질이다.

성페로몬은 종간의 특이성이 높아서 이를 합성하여 이용하면 목적하는 해충을 포획할 수 있다. 또한 성페로몬은 극미량으로 효과가 있고 독성이 거의 없으며 분해가 빨라 농작물에 잔류나 환경오염의 위험성이 전혀 없다. 이와 같은 성페로몬 특성을 활용하여 ① 해충의 발생시기와 발생량을 예찰함으로써 방제적기를 결정할 수 있고, ② 성페로몬을 이용한 교미교란제를 처리하여 수컷의 암컷 탐색 기능을 교란시킴으로써 대상해충의 번식률을 저하시킬 수 있다.

1) 성페로몬을 이용한 나방류의 발생 예찰

성페로몬 트랩을 설치하여 해충의 초기발생 파악, 방제적기, 방제여부 결정 및 방제수단의 효과를 평가할 수 있다. 트랩에는 점착형(그림 10-26의 좌), 포획형(그림 10-26 의 우), 수반

그림 10-26 나방류 발생 예찰용 트랩 (李)
(좌 : 점착형 트랩, 우 : 포획형 트랩)

형 등이 있고 유인제는 표 10-3과 같다. 성페로몬 성분은 휘발성이 강하여 적정 방출기에 넣어 서서히 휘발되도록 하여 사용한다. 방출기의 성페로몬 방출기간은 4~8주간이다.

[표 10-3] 나방류 발생예찰용 성페로몬 화합물과 가해 기주

대상 나방류	성페로몬 화합물	가해기주	가해부위
복숭아순나방	Z8-12:Ac, E8-12:Ac, Z8-12:OH	사과, 배, 복숭아, 모과, 자두, 매실	과실, 신초
복숭아심식나방	Z7-20-11Kt	사과, 배, 복숭아, 대추, 모과, 자두 등	과 실
애모무늬잎말이나방	Z9-14:Ac, Z11-14:Ac	사과, 배, 복숭아, 자두, 살구	과실, 잎
사과무늬 잎말이나방	Z11-14:Ac, E11-14:Ac	사과, 배, 복숭아, 자두, 살구	과실, 잎

트랩의 설치는 표 10-3에 제시한 4종의 나방류 트랩은 서로 5m 정도만 떨어지면 유인력에 영향을 미치지 않는다. 따라서 손쉽게 관찰할 수 있도록 한 구역에 각각 5m 거리를 두고 끈끈이 판이 눈높이인 1.5m 높이에 오도록 나뭇가지에 설치한다. 대상 해충별 트랩 설치시기 및 교체시기는 표 10-4와 같다.

[표 10-4] 대상 해충별 트랩 설치 및 교체시기

대상해충	트랩 설치시기	유인제 방출기 교체기	끈끈이 판 교체
복숭아순나방	3월 하순	5월 하순, 7월 하순	유살된 나방이 많거나 먼지, 강우 등으로 심하게 오염된 경우(보통 20일 내외)
복숭아심식나방	5월 하순	7월 하순	
애모무늬잎말이나방	4월 하순	6월 하순, 8월 하순	
사과무늬잎말이나방	4월 하순	6월 하순, 8월 하순	

2) 교미교란제에 의한 나방류의 방제

교미교란제(交尾攪亂劑)는 해충을 직접 죽이는 것이 아니고 인공적으로 합성한 암컷의 성페로몬을 과원내에 분산, 처리하여 수컷과 암컷의 교신을 교란시킴으로써 교미를 못하게 하여 해충의 다음 세대의 밀도를 낮추어 주는 것이다. 그러므로 가해 유충이 발생한 후에 처리하면 피해를 방지할 수 없다. 복숭아에 사용할 수 있는 교미교란제는 표 10-5와 같다. 교미교란제는 그림 10-27에서와 같이 10a당 150~180개를 5~6월경에 가지에 매어 처리한다.

콘퓨저-P는 햇빛을 받으면 증산이 빨라져 유효기간이 단축되므로 되도록 그늘지는 부위에 처리한다. 콘퓨저-P의 방제대상 해충은 복숭아굴나방, 복숭아순나방, 복숭아심식충, 잎말이나방류 등이다. 이외의 해충인 진딧물류나 깍지벌레류에는 전혀 효과가 없다. 합성 호르몬은 포

[표 10-5] 복숭아에 사용 가능한 교미교란제

(山梨縣, 2004)

농약명	대상작물	적용해충	사 용 량	사용시기	사용방법
콘퓨자-P	복숭아, 배 등의 장미과 과수	잎말이나방류, 복숭아굴나방, 복숭아심식나방, 복숭아순나방	150~180개/10a	성충발생전~종기	가지 등에 고정
하마키콘	과 수	잎말이나방류	100~150개/10a	성충발생초기~종기	
스카시바콘	과 수	유리나방 수컷 성충	50~150개/10a	성충발생기	

그림 10-27 콘퓨저-P를 매달은 복숭아나무 (久保田)

장에 균일하게 퍼지면서 효과를 발휘한다. 그러므로 평탄지에서의 광역처리가 가장 바람직하고 바람의 영향을 쉽게 받는 소면적 포장이나 페로몬이 쉽게 유실되는 경사지는 효과가 적다. 도입할 때 유의할 점은 ① 방임원이나 방제를 철저히 하지 않는 과원이 가까이 있는 경우에는 방제효율이 떨어지고, ② 지역전체의 공동처리가 효율적이며, ③ 살충제 절감방제체계의 확립이 필요한 것 등이다(표 10-6).

[표 10-6] 복숭아(중생종) 해충 관행방제체계와 교미교란제 처리에 의한 살충제 절감방제체계

(荒川, 2003)

월 별	3			4			5			6			7			8			9		
순 별	상	중	하	상	중	하	상	중	하	상	중	하	상	중	하	상	중	하	상	중	하
관행방제체계		①		②			③		④	⑤		⑥	⑦	⑧	⑨		⑩				
살충제삭감방제체계		①		②			③	P	❹	⑤			⑥	❼							

P : 교미교란제의 처리시기, ❹❼ : 절감가능한 살충제

아름다운 경관의 복숭아 과원 (李)

Chapter 11

특수재배

1. 시설재배

(1) 시설재배의 목적

복숭아 시설재배(그림 11-1)의 목적은 온도나 수분을 인위적으로 조절하여 기후에 영향을 받지 않는 고품질과를 생산하고 숙기를 촉진시켜 수익성을 향상시키는 것이다.

그림 11-1 시설재배 (李, 久保田)
(좌 : 한국시설재배농민과 구보다교수와의 대담, 우 : 일본의 시설재배)

또한 시설재배는 노지재배와 조합하여 적과, 봉지씌우기, 수확 등에 집중되는 노동력을 분산시킬 수 있어 경영규모를 확대할 수 있다. 더욱 빗물이 과실과 직접 접촉하지 않으므로 노지재배에 비하여 농약의 살포횟수를 줄일 수 있어 저농약재배가 가능하다. 이와 같이 시설재배는 여러 가지 이점이 있는 반면에, 시설을 하는 데 많은 자본이 소요되고 재배관리 하는 데 고도의 기술을 요하는 단점도 있다. 따라서 시설재배를 하고자 할 때는 이런 점들을 충분히 고려한 다음 시작하여야 한다.

(2) 적지 선정과 품종 선택

1) 적지 선정

기상조건 : 햇빛을 잘 받을 수 있고 바람을 적게 받는 장소가 적당하다. 가온 작형에서는 안정된 개화 결실을 위하여 자발휴면이 완료된 후에 가온하여야 한다. 무가온 작형에서는 생육기가 전진되어 생육초기에 저온 피해를 받을 수 있으므로 분지나 상도(霜道)를 피한다. 또한 적설이나 강풍이 적은 것도 중요한 선정요인의 하나이다.

토양조건 : 배수가 잘 되는 사질양토, 역양토(礫壤土)가 적당하다. 새 땅에 심는 것이 좋으나 개식(改植)하는 경우에는 전작의 남은 뿌리를 되도록 모두 제거하고 토양소독을 함과 동시에 퇴비 또는 토양개량자재를 투입하여 토양개량을 철저히 하여야 한다.

지 형 : 가능하면 평지를 이용한다. 주위에 배수상태를 고려하여 시설 안으로 빗물이 흘러들어오지 않는 장소를 택한다. 경사지에서는 상부 쪽에 고온장해가 발생하기 쉬우므로 피한다.

2) 품종 선택

품종은 고품질의 과실을 생산할 수 있고 생리적 낙과나 변형과의 발생이 적으며 꽃가루가 있어 결실이 잘 되는 것이어야 한다. 또한 가능하면 노지재배의 과실이 출하되기 전까지 수확을 끝낼 수 있는 조생종이 유리하다. 그러나 고품질과를 주목적으로 할 때는 출하기가 다소 늦더라도 품질이 우수한 중 · 만생 품종 중에서 선택할 필요가 있다. 또한 시설재배에서는 피복자재에 의한 햇빛이 차단되어 과실비대와 착색이 떨어지게 되므로 과실이 크고, 착색이 잘 되는 품종을 선택하는 것이 유리하다.

현재 시설재배에 이용되고 있는 품종은 산지에 따라 다소 다르나 조생종은 '무정백봉', '사오토메', '지요히메', '일천백봉', '팔번백봉', '가납암백도', 중생종은 '아카쓰키', '천곡', '천중도백봉', '감조백도', '백봉', '일천백봉', '천간백도' 등이다.

(3) 하 우 스

복숭아 하우스는 고온을 피하기 위하여 5.5m 정도로 높게 하는 것이 좋으나 시설의 골재나 기본구조는 피복하는 자재에 따라 결정한다. 일반적으로 연질필름을 이용하고 천창의 개폐는 말아 올리는 방식을 많이 이용한다. 골재는 비용면으로 유리한 파이프하우스를 주로 이용한다.

하우스 외장 필름은 주로 농업용 염화비닐필름(이하, 농비), 농업용 폴리올레핀필름(이하, 농PO), 농업용 폴리에틸렌필름(이하, 농폴리) 등이 있다. 지금까지는 농비의 이용이 많았으나 최근에는 농PO의 사용이 증가하고 있다. 보온성이나 방담성(防曇性)을 중시하는 경우는 농비, 내구성이나 작업성을 중시하는 경우에는 농PO를 선택하는 것이 좋다.

하우스를 건설할 때는 주변으로부터 빗물이 하우스 내로 유입되지 않도록 과원 주위에 배수구를 설치한다.

(4) 작 형

작형은 가온의 유무나 가온개시기 등에 따라 여러 가지로 나누인다. 가온을 시작하는 시기는 저온요구량(7.2℃이하의 온도에 조우하는 시간수의 적산)이 1,000시간 이상이 되어야 한다. 저온요구량이 충족되지 않으면 가온에 의하여 생육은 빠르나 발아나 개화가 균일하게 되지 않고 변형과가 발생되기 쉽다. 산지에 따라 다르지만 1,000시간 이상 저온에 노출되는 시기는 대체적으로 1월 중순경이다. 시설재배가 발달한 포도의 경우 자발휴면이 완료되지 않은 시기부터 가온하는 작형에서는 발아 촉진을 위하여 휴면타파제, 특히 시아나미드를 많이 이용하지만 복숭아나무에 시아나미드를 처리하면 꽃눈에 장해가 발생하여 이용할 수 없다.

노지재배와 비교한 시설재배시의 숙기를 보면 1월 중순 피복의 가온재배는 60일, 2월 중순 피복의 가온재배는 40일, 1중 피복재배의 경우는 20일 빠르다. 작형에는 이외에도 빗물차단을 목적으로 3월 하순 이후에 피복하는 비가림재배가 있다.

(5) 재식과 재배관리

시설재배에 있어서 복숭아나무의 생육과정과 주요 관리작업은 다음 표 11-1와 같다.

1) 재 식

기존 과원을 시설재배할 때는 현재의 나무를 그대로 피복할 수 밖에 없으나 새로 개원할 때는 계획적인 재식을 하지 않으면 불이익을 볼 수 있다. 재식주수는 토양의 비옥도, 지형, 품종 등에 따라 다르나 시설재배의 경우는 고액의 투자자본을 되도록 조기에 회수하여야 하므로 처음에는 밀식을 한 다음 수관이 확대됨에 따라 간벌하는 것이 유리하다. 또한 가온재배의 경우에는 생육기간이 길어지므로 노지에 비하여 가지의 신장이 더 왕성하게 되는 점을 고려하여 간구(間口)를 열간거리로, 열을 하우스방향으로 하여 계획밀식한다.

시설의 구조, 토양조건, 품종 등을 고려할 필요가 있으나 기본적으로 열간 6.0m, 주간 2.5~3.0m로 재식한 다음 계획적으로 간벌하여 열간 6.0m, 주간 5~6m의 재식거리로 한다. 시설재배에서는 나무의 생장이 왕성하므로 수관이 확대되면 되도록 조기에 간벌한다.

[표 11-1] 복숭아가온재배의 생육과정에 따른 재배관리

(山梨縣, 1991)

구분		가온개시~개화직전		개화시~낙화기		과실비대기 전기	과실비대기 후기	착색개시~수확기
온도(℃)	주간	20~25		22~23		25	28	28~30
	야간	5	7	8	10	12~14	15~17	18
습도(%)		80		60		60	60	60이하
1회 관수량		20		5		20	20~30	5
생육일수기준		가온개시		개화기, 만개				수확개시, 수확완료
주요관리		비닐멀칭, 관수, 천창환기, 멀칭제거, 관수, 적뢰		비닐멀칭, 약제살포, 인공수분		측창환기, 멀칭제거, 약제살포, 관수, 적과, 순지르기, 약제살포	봉지씌우기, 관수, 약제살포	봉지벗기기, 반사멀칭, 신초관리

2) 수 형

일조이용률이나 작업성을 고려하여 2본 원가지의 개심자연형을 기본으로 한다(그림 11-2).

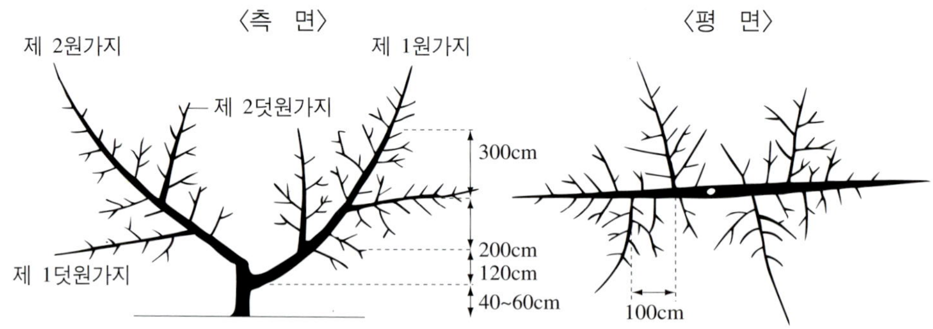

그림 11-2 2본원가지 개심자연형의 목표수형 (長野縣 果樹栽培指針, 1991)

표준하우스에서는 그림 11-3에서와 같이 하우스 골 부위에 재식하여 하우스의 직각방향으로 원가지를 배치한다. 하우스 크기에 따라 다르나 수고는 되도록 낮게 하여 내장 높이까지로 한다. 또한 하우스의 효율화를 위하여 모퉁이의 나무는 사립주간형으로 하고, 간벌수는 주간형으로 키우기도 한다.

3) 전 정

기본적으로는 노지재배에 준하여 정지전정을 한다. 그러나 가온재배에서는 생육기간이 길고

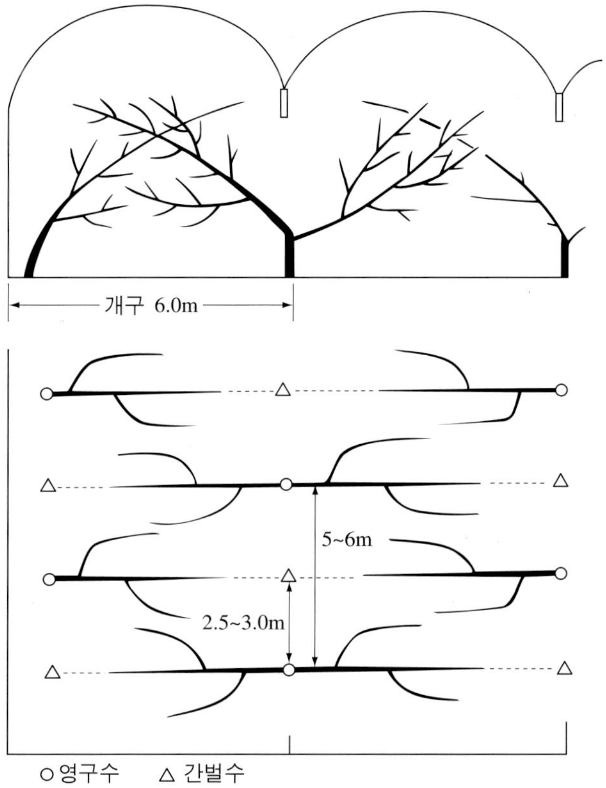

그림 11-3 시설 내에서의 재식 및 정지 (長野縣 果樹栽培指針, 1991)

생장도 왕성하므로 노지재배와 동일하게 전정하면 웃자람가지가 다발하고 생리적 낙과나 변형과도 많이 발생한다. 또한 시설 내에서 생장하여 결실이 불안정하므로 노지재배의 경우보다 결과지를 많이 두어 결실량을 확보한다. 즉 전정은 솎음전정을 중심으로 약전정하여 결과지를 노지재배보다 20~30% 더 남긴다. 그러나 원가지나 덧원가지는 끝전정을 하여 착과부담에 견딜 수 있도록 튼튼하게 키운다. 결과지를 많이 두면 수관 내부에 햇빛이 잘 들어오지 못하므로 가지가 없는 곁가지가 많이 생기고 꽃눈이 부실하게 된다. 그러므로 생육기간 중에 눈솎기, 웃자람가지의 정리, 가지의 유인 등을 실시하여 나무의 세력을 조절해 주고 수관 내부까지 햇빛이 잘 들어오도록 한다.

시설 내에서 재배하므로 되도록 수고를 낮추고 덧원가지 육성에 중점을 두면서 결과부위가 1~2m 범위에 모이도록 정지전정을 한다.

4) 신초관리

시설재배에서는 필름피복으로 차광이 되고 통기가 잘 안되어 고온다습하므로 웃자람가지나 그늘 속에서 고사되는 가지가 많이 생긴다. 그러므로 노지재배에서보다 신초관리를 더욱 철저히 하여 고품질과 생산, 결과지의 충실화, 수형유지 등에 노력한다. 원가지, 덧원가지의 기부 또는 등에서 나온 신초는 조기에 눈솎기 한다.

가지비틀기는 세력이 강한 신초의 세력을 억제시켜 우량한 결과지로 만드는 데 이용한다. 원가지나 덧원가지 등에서 나온 웃자람가지를 비틀기 하여 일소방지나 엽면적 확보에 이용한다. 가지비틀기는 신초가 목질화되기 직전에 한다.

성숙기가 가까워지면 과실 무게로 가지가 늘어지므로 그 전에 지주를 세워 입체적인 수형이 되도록 한다. 수확 전 2~3주간의 전정은 핵할을 조장하거나 과실비대를 억제시키므로 이 기간에는 여름전정을 강하게 하지 말고 웃자람가지만을 대상으로 전정하여 햇빛의 투과를 도와준다.

수확 후 지나치게 가지가 무성하게 나온 부위에는 가지를 솎아주어 햇빛이 잘 들어가도록 하여 결과지를 충실하게 키운다.

5) 결실관리

적뢰 · 적화 : 시설재배에서는 노지재배에 비하여 결실이 불안정하므로 강한 적뢰나 적화는 피한다. 그 정도는 나무의 세력에 따라 다르나 약한 나무에서는 50% 정도, 강한 나무에서는 결실을 확인한 후에 적과 중심으로 한다. 적화 후 꽃의 일부분이나 화통(花筒)이 남아있으면 다습조건에서 잿빛곰팡이병의 원인이 되므로 이들은 조기에 제거한다.

인공수분 : 결실을 향상시키기 위하여 꿀벌 등의 방화곤충을 방사함과 동시에 꽃가루가 있는 품종이라도 반드시 인공수분을 한다.

적 과 : 노지재배보다 개화로부터 경핵기까지의 기간이 짧으므로 적과는 약간 조기에 실시한다. 적과가 늦으면 과실비대가 떨어진다. 예비적과는 불수정과나 발육불량과를 식별할 수 있는 시기에 적정 착과량의 2배정도 남기고 솎아준다. 정리적과는 만개 30~40일 후에 소과, 변형과 등을 솎아 착과량이 적정하도록 조절한다. 적정 착과량은 엽과비로서 40~50매에 1과 정도이다. 결과지별로는 장과지에 2과, 중과지에 1과, 단과지는 5~6개 중에서 1과정도의 기준으로 둔다. 수관의 외측이나 상부에 되도록 많이 착과시키고 내측에는 적게 착과시킨다. 결과지가 지나치게 굵으면 성숙 전에 낙과가 많고, 지나치게 가늘면 당도가 낮은 경향이 있다. 결과지 기부의 꽃눈은 충실치 않으므로 중앙으로부터 끝 쪽에 착과시킨다.

봉지씌우기 : 봉지씌우기는 과면보호, 착색증진, 숙기촉진 등을 목표로 한다. 특히 시설재배에서는 피복으로 인하여 착색이 불량하므로 착색촉진에 의한 상품성 향상과 동시에 숙기를 촉진시키고 열과 방지를 위하여 유대재배를 기본으로 한다. 봉지는 생리적 낙과의 경감을 위하여 광선 투과량이 높은 봉지를 사용한다.

봉지벗기기는 착색기의 기상상태, 품종, 봉지의 종류에 따라 다르므로 이들을 고려하여 결정한다. 너무 일찍 봉지를 벗기면 과피에 엽록소가 다시 생겨 착색이 어렵게 되고, 너무 늦게 하면 착색이 되기 전에 과숙하게 된다. 봉지 벗기는 시기의 기준은 과실이 품종 고유의 크기에 달하고 과면전체의 바탕색이 빠져 백색을 띤 때로서 봉합선 등에 엽록소가 조금 남아 있는 단계이다. 품종의 착색 난이도에 따른 봉지 벗기는 시기는 다음과 같다. 즉 착색이 용이한 '일천백봉', '천중도백봉' 은 수확 4~7일전, 중간 정도인 '백봉', '천곡', '아카쓰키', '천간백도' 는 수확 7~10일전, 착색이 어려운 '팔번백봉', '가납암백도' 는 수확 10~14일전이다(표 6-8). 봉지 벗기기는 한 번에 일제히 하지 말고 2~3회 나누어 한다. 즉 숙도가 진행된 수관상부로부터 시작하여 수일 후 아래쪽 가지의 봉지를 벗긴다. 봉지를 벗긴 후 일소발생의 우려가 있으면, 2~3일 전에 봉지 밑을 찢어 외기에 적응시킨 후 벗겨준다.

착색관리 : 햇빛 투과가 잘 되도록 신초정리, 지주세우기를 하고, 봉지를 벗긴 후 과실에 밀착되어 있는 잎이나 햇빛을 차단하는 과실 주변 잎을 따준다. 지나친 적엽은 과실 품질을 저하시키므로 최소한으로 한다. 봉지벗기기 전에 반사필름을 수관 아래에 깔아주어 착색을 촉진시킨다. 또한 맑은 날에는 천창이나 측창을 열어 시설 내에 직사광이 들어오도록 한다.

6) 시설 내의 환경조절

온도관리 : 노지재배 복숭아의 각 생육단계에 따른 기온에 적합하도록 설정하는 것이 원칙이나, 실제 시설재배에서는 온도격차가 심하므로 보온이나 환기를 통하여 목표온도에 접근하도록 관리한다. 생육단계별 온도관리는 다음과 같이 한다.

① 피복~가온개시 전 : 피복 후 바로 가온하지 말고 무가온 상태로 잠시 순화시킨다. 순화기간은 조기가온의 경우 10~15일 정도로서 설정온도는 주간에 20℃ 정도까지로 하고, 지나치게 온도가 높아지면 환기시킨다. 또한 지온도 높여주는 것이 좋으므로 가온개시기부터 유공비닐을 지표면에 멀칭하여 온도를 높여 준다. 지온이 10℃가 되면 비닐은 제거한다.

② 가온개시~개화직전 : 이 시기는 꽃이 자라는 중요한 시기로서 급격한 온도변화를 피하고 서서히 시설 내의 온도를 높여준다. 설정온도는 20~25℃을 기준으로 한다. 이 때 30℃이상이 되면 꽃가루의 발아율이 현저히 저하되고 기형과 발생도 많아지므로 고온이 되지 않도록 주의한다. 야간온도는 나무의 순화, 난방비 절약을 위하여 5℃부터 서서히 높여 7℃로 설정한다.

③ 개화기~낙화기 : 결실기이므로 이 시기의 온도관리가 중요하다. 고온이 되면 기형과가 발생하므로 주간 최고온도는 25℃로 한다. 반대로 저온이 되면 개화가 늦어지고 결실률이 저하되므로 주간 최저온도는 15℃이상이 바람직하다. 주간의 설정온도는 22~23℃로 한다. 야간온도는 개화촉진을 위하여 15℃이상이 좋으나 생육은 좀 늦더라도 그 이하의 온도에서도 정상적으로 수정되어 과실이 비대되므로 설정온도를 10℃로 한다.

④ 과실발육 제 1기 : 세포분열이 일어나는 시기로서 이 때 고온이 계속되면 성숙이 빨라진다. 그러나 지나치게 고온이면 나무나 과실 생육에 나쁜 영향을 미치므로 30℃이상이 되지 않도록 환기를 철저히 한다. 주간의 최고온도는 25~28℃에서 멈추도록 하고 야간의 최저온도는 12~14℃로 설정한다.

⑤ 과실발육 제 2기(경핵기) : 배(胚) 생장이 왕성한 시기로서 생리적 낙과나 핵할 발생이 많

은 시기이다. 환기를 충분히 하여 최고온을 28℃로 억제한다. 온도교차는 과실발육 제 1기부터 경핵기까지는 15℃ 이내로 하는 것이 좋으므로 최저기온을 15℃로 한다.

⑥ 과실발육 제 3기~수확기 : 과실비대는 30℃에서 촉진되나, 35℃이상에서는 억제된다. 수확기가 가까워지면 30℃에서도 억제된다. 이 시기는 낮 온도가 높아 시설 안이 고온이 되기 쉽다. 환기팬만으로는 온도관리가 어려우므로 천창이나 측창을 열어 환기하여 30℃가 넘지 않도록 관리한다. 착색 촉진을 위하여 야온은 약간 낮게 유지하는 편이 좋다.

수분관리 : 토양수분도 온도와 마찬가지로 생육, 결실, 과실비대, 품질 등에 크게 영향을 미치므로 생육상에 따라 수분관리를 한다.

① 피복전후 : 이 시기는 뿌리의 수분 흡수력이 약하므로 뿌리의 활성을 촉진시키고 공중습도를 높여 발아를 촉진시키기 위하여 1회당 30mm 정도로 충분히 관수한다.

② 가온개시~개화기 : 생육초기에 건조하면 결실이 불량하게 되므로 5~10일 간격으로 1회 20mm 정도로 관수한다. 필요에 따라 가지에도 물을 뿌려준다.

③ 개화기~낙화기 : 개화기간 중 습도가 지나치게 높으면, 개약이 저해되거나 꽃이나 유과에 회색곰팡이병이 발생되므로 시설 내가 과습하지 않도록 관수를 자제한다. 그러나 나무상부 등, 건조하기 쉬운 부분에는 결실이 불량하게 되기 쉬우므로 건조가 심하면 살수하여 결실률을 높여 준다.

④ 비대전기~착색기 : 토양수분이 과실비대에 미치는 영향이 큰 시기이므로 5~10일 간격으로 1회에 20~30mm의 관수를 한다. 단 경핵기 전후에 다습하면 비대는 촉진되나 핵할이나 수확전 낙과가 많으므로 주의한다.

⑤ 착색기~수확 : 토양조건 등에 따라 다르나 당 함량을 높이기 위하여 수확 15~20일 전을 기준으로 관수를 중단하여 토양을 건조시킨다. 너무 조기에 관수를 중단하면 품질은 향상

그림 11-4 LP가스 사용형 탄산가스 발생기 (久保田)

되나 과실비대가 떨어진다. 극단적으로 건조하면 살수할 정도로 관수한다.

탄산가스 시용 : 시설재배할 때 큰 문제점은 과실비대가 불량한 점이다. 이는 피복필름에 의하여 햇빛 투과량이 제한되고 하우스가 밀폐상태이므로 일출 후 수 시간은 탄산가스 농도가 저하되어 광합성 작용이 억제되기 때문이다. 탄산가스 시용은 이러한 문제점을 개선하여 광합성 속도를 높이는 효과가 있다. 탄산가스원은 탄산가스를 그대로 사용하는 방식과 LP가스나 등유 등을 연소시키는 방법이 있는데(그림 11-4) 경비나 안전성 때문에 LP가스를 이용하는 농가가 많다. 실제로는 1,000~1,500ppm의 탄산가스를 해뜨기 직전부터 3시간, 전엽기부터 수확기까지 시용하는 방법이 효과적이다.

7) 피복의 제거

피복의 제거는 과실 수확을 마친 후 되도록 조기에 실시하여 지엽이 충실하게 자라도록 한다.

8) 수　　확

수확기가 되면 과실은 급격히 비대하기 시작하여 수확할 때까지 계속된다. 과실 성숙은 품종이나 결과부위 등에 따라 다르므로 우선 과실을 중심으로 착색이나 바탕색, 손에 닿는 감촉 등으로 수확적기를 판단한다.

복숭아는 다른 과수와 달리 수확적기가 짧으므로 수확기가 가까워지면 매일 관찰하여 수회에 나누어 수확한다. 특히 가온재배에서는 노지 이상으로 같은 나무에서도 숙도의 차이가 심하다. 수확은 과실온도가 낮은 이른 아침에 한다.

9) 토양관리

복숭아나무는 천근성이므로 초생재배에서는 양수분 경쟁이 심하다. 양수분 경쟁을 피하고 지온을 상승시키기 위하여 시설재배에서는 청경재배를 원칙으로 한다. 또한 노지재배에 비하여 과원에 들어가는 횟수가 많아 표토가 다져지기 쉬우므로 연중 제초를 겸한 가벼운 경운을 해주어 통기성을 향상시킨다. 심경은 10~11월에 뿌리가 다치지 않도록 계획적으로 실시하고 유기물 등을 투입하여 배수성과 보수성이 좋은 토양을 만든다.

10) 시　　비

시비는 밑거름 중심으로 시용한다. 생육이 노지재배보다 1~2개월 빠르므로 비효가 늦게 나타나지 않도록 9~10월에 시용한다(표 11-2). 시설재배에서는 유기물 분해가 비교적 잘 되므로 유기질 비료를 주로 시용한다. 예비는 원칙적으로 주지 않으나 수확 후 나무의 세력이 지나치게 약화되었을 때에는 연간 질소 시비량의 20%정도 시용하여 수세를 회복시킨다.

[표 11-2] 복숭아 가온 하우스의 시비량

(岡山縣 果樹指導指針, 1991)

토양의 비옥도	시 비 량(성분량, kg/10a)			시비시기	비 고
	질 소	인 산	칼 륨		
상	14	6	10	9~10월	수세가 약한 경우 20%정도의 질소를 예비로 시용
중	18	6	12		

11) 생리장해

변형과 : 변형과가 많이 발생하는 과원에서는 적과시기에 과정부가 뾰족하게 돌출하는 과실이 눈에 띈다. 이런 과실의 대부분은 핵할이 되어 있다. 이런 현상은 생육초기 온도의 영향으로 발생되는데, 특히 비닐피복부터 개화종기까지의 주 · 야온이 높으면 발생이 많고 그 정도도 심하다. 또한 기온의 교차가 클 때도 변형과 발생이 증가한다. 대책은 비닐 피복 후에 온도관리를 철저히 하여 적정온도로 유지한다.

이상낙과 : 낙과의 특징을 보면 경핵기에 낙과되는 것, 정리적과 후에 낙과되는 것, 수정된 과실이 낙과되는 것, 과경은 나무에 남아 있는 채로 낙과되는 것 등이 있다. 이와 같이 이상낙과가 일어나는 과원에는 경핵기 즈음에 성엽이 황화되고 위조되는 증상이 나타난다. 세력이 강하여 경핵기에 신초가 왕성하게 자라거나 토양조건 불량으로 세근 비율이 낮아지면 가지와 과실 사이에 양분 경쟁이 심해져 배(胚)에 양수분 공급이 부족하게 되어 낙과가 일어난다.

대책으로는 만개 20일경부터 경핵기에 걸쳐 3회 정도 나누어 서서히 적과하여 과실 제 1비대기에 급격한 과실 비대를 피한다. 또한 이 시기에 고온이면 핵할이 일어나므로 환기나 야온 설정에 주의하여 적정 온도를 유지한다. 건조가 심하면 주간에 물을 뿌려주고 천창이나 커튼을 닫아준다. 수분관리를 잘하여 과건, 과습을 피한다. 적습의 기준은 뿌리 근처의 흙을 손으로 잡아 뭉쳐진 흙이 부서지지 않을 정도이다.

12) 병 해 충

일반적으로 비를 맞지 않으므로 병해 발생은 적으나 해충은 자연적으로 죽는 수가 노지재배에서 보다 적어 발생이 많다. 한편 농약이 잘 씻겨 나가지 않으므로 약효의 지속성은 좋으나 잔류량 소실이 늦으므로 사용기준을 잘 지켜야 한다. 또한 밀폐상태이어서 농약 중독의 위험성이 크므로 약제살포할 때 주의한다.

2. 왜화재배

(1) 왜화재배의 목적

복숭아나무는 수고가 높기 때문에 전정, 수분, 적과, 봉지씌우기, 수확 등의 재배관리에 많은 노력과 시간을 요한다. 그러므로 수고를 낮추어 작업능률을 높이고, 밀식하여 성원화를 앞당기며, 조기에 다수확을 꾀하기 위하여 왜화재배를 한다. 또한 후술하는 바와 같이 왜성대목을 이용한 왜화재배는 과실의 생산성이나 품질이 현저히 향상된다.

(2) 왜화재배의 방법

왜화재배의 방법으로는 정지 · 전정에 의한 방법, 왜화제 처리에 의한 방법, 왜성대목에 의한 방법, 유전적 왜성수에 의한 방법 등이 있다. 이 중 가장 실증 예가 많은 것은 왜성대목에 의한 방법이다.

정지 · 전정에 의한 방법 : 종래의 공대묘(共臺苗)를 울타리식으로 밀식하여 주간형 또는 2본주지로 키워 주로 가을전정에 의하여 나무의 세력을 조절하는 방법이다. 열간 4~6m, 주간 1~2.5m로 밀식하고 전정이나 관수를 제한하여 나무의 세력을 조절한다.

왜화제에 의한 방법 : 지베렐린 합성저해제인 파크로뷰트라졸, 유니코나졸, 안티옥신제인 마레인산 히드라짓드 등의 생장조절제를 지엽에 살포하거나 토양에 관주하여 신초생장을 억제시키는 방법이다. 각국에서 그 실용성을 검토하여 특히 파크로뷰트라졸에 의한 억제효과가 많이 보고되었으나 우리나라에서는 아직 실용화되지 않았다.

왜성대목에 의한 방법 : 왜성대목에 재배품종을 접목한 묘를 밀식하여 주로 주간형으로 키우는 방법이다. 이렇게 하면 저수고에 의한 작업의 효율화, 조기성원화, 과실의 생산성이나 품

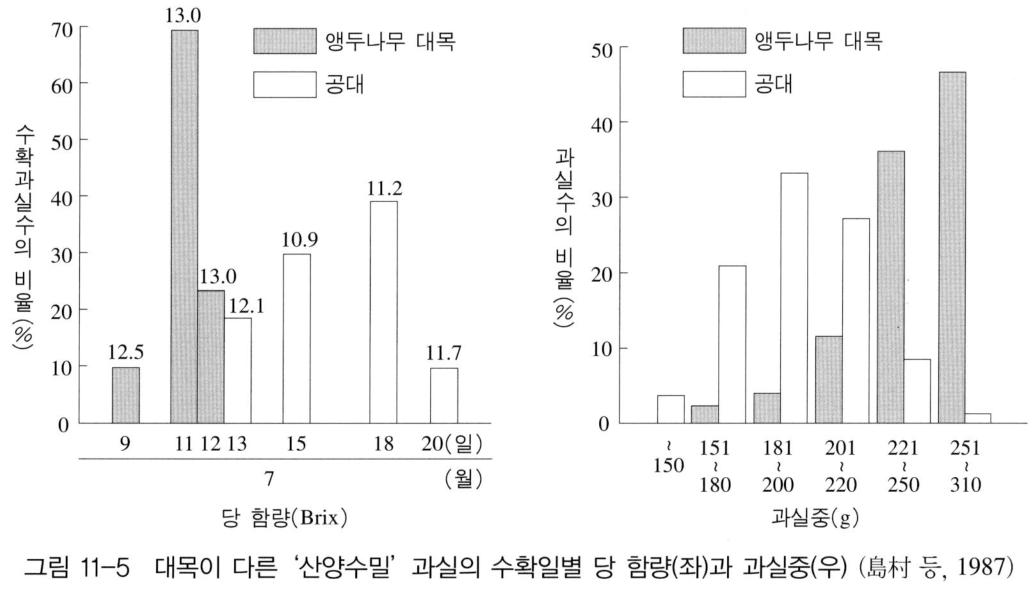

그림 11-5 대목이 다른 '산양수밀' 과실의 수확일별 당 함량(좌)과 과실중(우) (島村 등, 1987)

질 향상 등의 효과를 볼 수 있다. 예를 들면 앵두대목에 접목한 '수양수밀'은 공대수에 비하여 과실이 크고, 당 함량이 높으며, 숙기가 빠를 뿐만 아니라 수량이 증가하고, 과실 품질도 균일하다(그림 11-5).

유전적 왜성수에 의한 방법 : 유전적으로 단과지가 잘 형성되는 품종이나 계통은 일반적으로 나무 세력이 약하므로 이를 삽목 또는 접목하여 콤팩트한 수형으로 키우는 방법이다. 복숭아에서도 이와 같은 유전성의 재배품종이 육성되었으나 과실 품질이나 생산성의 문제가 있어 아직 실용화하지 못하였다. 또한 복숭아나무에도 왜성유전자의 존재가 알려져 이를 도입하여 왜성품종을 육성하는 연구가 진행되고 있다.

(3) 왜성대목에 의한 왜화재배

1) 왜성대목의 종류

복숭아의 왜성대목으로는 앵두나무(*Prunus tomentosa*), 산앵두나무(*P. japonica*), 웨스턴 샌드체리(*P. besseyi*) 등이 비교적 널리 알려져 있다.

앵두나무 : 중국 중북부, 한반도 남부, 일본 등에 분포되어 있는 높이 2~3m의 낙엽관목이다. 종자번식 이외에 삽목이나 취목도 용이하다. 햇빛이 잘 비치고 배수가 잘 되는 토양이 적지이다. 수목과의 친화성은 품종에 따라 다른데 친화성이 좋은 품종은 '산양수밀', '아카쓰키', '천곡' 등이고, 좋지 않은 품종은 '청수백도', '백도', '천중도백도', 천도류 등이다.

산앵두나무 : 중국 중북부 원산의 수고 약 1.5m의 낙엽관목이다. 종자번식이나 삽목번식을 한다. 내수성이 극히 강하나 배수가 좋은 토양이 적지이다. '백도'와 '백봉'과의 친화성이 좋다고 하나 실증 예는 적다. 대부(臺負)현상이 일어나기 쉬우므로 접목위치를 낮게 하고 접목부위가 지표면에 닿을 정도로 심는다.

웨스턴 샌드체리 : 벳시라고도 부른다. 미국 중앙부의 건조지대에 자생하는 높이 약 1.2m의 낙엽관목이다. 종자번식이나 취목이 용이하다. 미국에서는 1940년경부터 왜성대목으로서의 유용성을 검토하였는데 '레드헤븐'(Redhaven)이나 '하브라이트'(Harbrite)와의 친화성이 높다고 알려졌다.

기타 왜성대목 : 갤랜듀로사(*P. galandulosa*), 미로발란 자두(*P. cerasifera*), 인시티티아 자두(*P. insititia*), 스피노사 자두(*P. spinosa*) 및 트리로바 복숭아(*P. triloba*) 그리고 하로우 블러드(Harrow Blood) 복숭아 등도 왜성대목으로서의 유용성을 검토해 왔다. 그러나 모든 대목이 접목불친화성, 수명, 내한성과 같은 환경적응성, 떫은 맛 발생 등의 문제가 있다. 한편 일본 과수

시험장에서는 접목친화성이 높은 공대(*P. persica*) 중에서 왜성대목을 육성하였다. 즉 야생의 '오하쓰모모' 나 '수성도'(壽星桃)를 교배친으로 하여 선충 저항성의 대목을 육성하였는데 그 중 '쓰쿠바 2~3호' 는 왜화성, '쓰쿠바 4~6호' 는 교목성이다(표 5-1).

2) 왜성대목의 특성

표 5-1에 보인 특성 이외의 토양환경에 의한 적응성이나 무기양분의 흡수 등도 왜성대목의 종류에 따라 다르다. 복숭아 생육기에 비가 많은 지대에서는 내수성이 강한 대목이 좋은데 산앵두나무는 내수성이 아주 강하고 그 다음에는 자두가 강하다. 반면에 복숭아, 살구, 매실, 앵두 등은 내수성이 약하다. 삽목번식한 앵두나 산앵두나무의 양분 흡수량는 야생복숭아에 비하여 망간이 많은 한편 인, 칼슘, 마그네슘은 적다. 또한 이들을 대목으로 한 '대구보' 나 '수봉' 잎에도 망간 함량이 현저히 높다. 그러므로 이들 복숭아나무에서 잎이 이상적으로 위로 말리거나 조기에 노화가 되는 것은 망간과잉 증상으로 추측된다. 잎의 광합성 기능도 대목의 종류에 따라 달라 앵두나 산앵두나무에 접한 '산양수밀' 이나 '감조백도' 는 공대수보다 그 기능이 낮다. 광합성산물의 전류도 대목에 따라 다른데, '산양수밀' 의 경우 앵두대목은 공대수에 비하여 과실에 전류가 많은데, 특히 과실발육 제 3기의 전류량이 많다. 이와 같은 현상으로 앵두대목묘의 과실품질이 우량하다고 생각하고 있다.

3) 왜성대목묘를 이용한 주간형의 정지와 전정

재 식 : 앵두대목의 경우 열간 3~4m, 주간 1.5~2m의 울타리식으로 재식한다. 앵두대목묘는 내수성이 아주 약하므로 심는 구덩이를 파지 말고 성토를 하여 휴립재배를 하는 것이 좋다. 일반적으로 왜성묘는 토양조건이 좋은 곳에서 잘 자라므로 완숙퇴비를 충분히 주는 것이 좋다.

정지 · 전정 : 정지는 주간형, 특히 세장방추형 정지가 일반적으로 이 때 가장 중요한 것은 공대묘에서와 동일하게 묘목의 선단을 자르지 않고 그대로 심는 일이다. 그 후도 목표로 한 수고에 달할 때 까지 원줄기 선단은 자르지 않는다. 이렇게 하면 정부가 잘 자라서 이상적인 세장방추형이 된다. 왜성대목묘는 가을전정을 하면 나무의 세력이 너무 약해지므로 겨울 전정을 원칙으로 한다. 원줄기가 곧게 자라도록 지주를 세우고 2m와 3m 높이에 10번선 철선을 설치한다. 수고는 2.5~3m를 목표로 한다.

① 재식 1년째 : 주간형에서는 초년도의 신초관리가 중요하다. 재식 후 원줄기 선단은 자르지 말고 곁가지는 모두 2개의 잎눈을 두고 자른다. 묘목의 선단이 잘려진 묘나 빈약한 묘는 기부 7~8눈을 두고 자른 다음 발아 후 세력이 좋은 신초 1개만을 택하여 다시 키워 이용한다. 초년도에는 원줄기가 잘 자라도록 하고 곁가지가 빈곳 없이 10cm 간격으로 잘 발생되도록 하는 것이 중요하다. 단 지상 40~50cm까지의 곁가지는 지나치게 강하게 자라기 쉬우므로 초기에 제거한다. 초년도의 수고는 2~2.5m에 달한다.

② 재식 2년째 : 첫해에 수고가 2~2.5m까지 자라면 2년째는 3m를 목표로 한다. 수고가 2.5m이면 20~30개 정도의 과실을 결실시키고, 그 보다 약한 나무는 결실시키지 말고 나무만을 키워 3년째 이후부터 본격적으로 결실시킨다. 원줄기 연장부의 강한 곁가지는 초년도와 같이 순지르기하여 결과부를 만든다. 곁가지의 길이는 70~80cm 정도로 하고 옆의 나무와 겹치지 않도록 한다. 곁가지가 너무 강하게 자라면 원줄기의 신장이 방해되므로 4~5매의 잎이 전엽될 때 기부 2잎만을 두고 순지르기한다. 6월 하순까지 순지르기하면 그 가지로부터 1~2개의 덧가지가 발생하여 결과지가 된다. 곁가지가 너무 약하게 자라면 덧거름으로 질소비료를 6월 중순 이전까지 시용한다. 결과지는 원줄기나 곁가지로부터 발생시킨다. 목표수고가 3m라도 3.5m까지 신장시킨 다음 원줄기 선단부에 결실시킴으로써 신장을 억제시켜 서서히 수고를 낮춘다. 3년째부터 결실량이 많아지므로 밑거름은 10월 상순경에 시용한다. 즉 과실 1kg당 성분량으로 질소 6g, 인산 2g, 칼륨 7g을 기준으로 하여 시비량을 정한다. 분시는 밑거름 1/2, 봄 비료 1/4, 예비 1/4로 하는데 예비는 나무의 세력이 약할 때에만 시용한다.

③ 재식 3년째 이후 : 3년째에 수고가 3~3.5m에 달하면 원줄기 정부에도 결실시킨다. 이렇게 하면 정부의 신장이 억제되어 다음해 많은 곁가지에 결실된다. 수령이 높아감에 따라 곁가지가 지나치게 커지면 적당히 자름전정한다. 특히 곁가지가 복잡하게 겹쳐 있으면 솎아준다. 3~4년생의 수고 3~3.5m의 나무에서 수량목표는 18~20kg으로 하여 70~90개를 착과시킨다.

결실관리 : 나무의 세력이 쇠약해지기 쉬우므로 적뢰를 50~80%로 강하게 한다. 적과는 큰 곁가지(또는 결과지)에 2~3개정도, 작은 곁가지에는 1과를 표준으로 주당 50~60과를 착과시킨다. 이 정도로 결실시키면 주당 14kg, 10a(220주 재식)당 3톤이 된다(그림 11-6). 인공수분,

그림 11-6 '산양수밀'/앵두의 주간형 (久保田)

봉지씌우기 등은 일반 복숭아에 준하여 한다. 성숙이 공대보다 빠르고, 같은 나무에서 품질변이가 적으므로 수확은 늦지 않도록 한다.

토양관리 : 앵두대목은 내수성이 약하므로 암거배수시설을 한다. 왜성대목의 뿌리는 대부분 토양표층에 분포되어 있으므로 청경과 멀칭을 기본으로 하고 제초제는 사용하지 않는다. 나무의 세력이 약하게 되기 쉬우므로 시비량은 공대보다 20~30% 많게 하고 예비, 밑거름 외에 2~3월에 봄 비료를 시용한다. 뿌리 분포가 낮으므로 관수횟수를 늘린다.

(4) 왜화재배의 문제점과 대책

1) 접목불친화

불친화의 원인 : 왜성대목을 이용한 복숭아재배의 최대 문제는 대목과 접수 품종과의 불친화이다. 불친화성이면 접목 후 활착률이 낮을 뿐만 아니라 정식 후에도 고사하는 것이 많다. 각종 대목에 접목한 '포목조생' 10년째의 생존율은 공대가 90%인데 대하여, 앵두대목은 50%, 산앵두대목은 30% 미만이고, 미로바란 자두대목은 4.3%에 지나지 않았다(표 11-3).

접목불친화의 원인에 대하여는 근년에 보고된 몇 가지 연구결과가 있다. 즉 '청수백도'의 경우 공대수에 비하여 산앵두 대목묘는 접목부 상부, 앵두대목묘는 접목부 하부의 심재화(心材化)가 현저하고, 더욱 심재부의 물관 중에 수지모양의 물질이 침적(沈積)되어 있음이 밝혀졌다. 또한 앵두대목은 계통에 따라 다르나 생장이 억제되는 계통에서는 수분이 접목부를 통과할 때 크게 저항을 받는다. 이렇게 저항을 받으면 접목부는 형태적으로 변형되어, 수액의 전류가 저해되고 결과적으로 생장이 억제된다. 앵두에 접목한 '천중도백도'는 '아카쓰키'에 비하여 나무의 쇠약증상이 쉽게 발생되는데 이는 생육초기에 세근이나 신초에 탄수화물 함량이 낮기 때문이라 생각하고 있다. 또한 앵두대목에 접목한 나무에서는 공대수보다 접목부에서 발생되는 에틸렌이 많다. 한편 바이러스도 복숭아 접목불친화 원인의 하나이다.

불친화의 회피 : 왜성대목에 접한 복숭아나무의 불친화 정도는 앵두나 산앵두대목 모두 그

[표 11-3] '포목조생'의 생존율에 미치는 대목의 영향

(鶴田 등, 1985)

대 목	수 령(년)				
	2	4	6	8	10
미로바란 자두	44.7(%)	14.9(%)	6.4(%)	4.3(%)	4.3(%)
마리아나 자두	100.0	10.0	10.0	0	0
하로우 블러드	80.0	80.0	80.0	80.0	80.0
앵 두	100.0	50.0	50.0	50.0	50.0
산 앵 두	85.7	28.6	28.6	28.6	28.6
야생복숭아	100.0	100.0	100.0	90.0	90.0

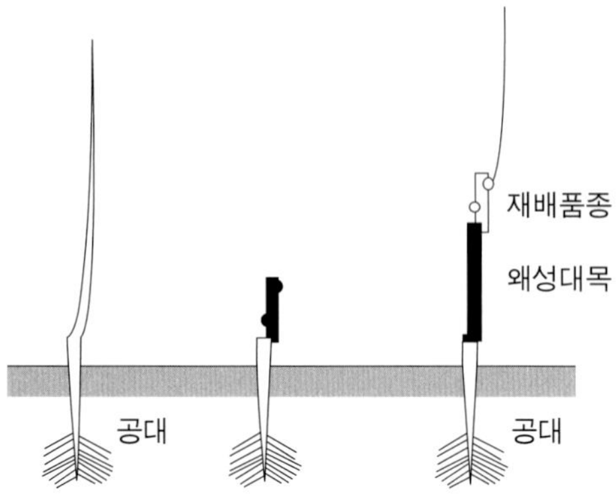

그림 11-7 중간대목을 이용한 묘목의 육성 (久保田)

계통에 따라 크게 다르다. 그러므로 이들 대목 중에서 접목친화성이 높은 계통을 선발하여 이용하면 왜성대목으로서의 유용성을 향상시킬 수 있다. 또한 선발된 대목과 수목품종과의 친화성이 좋은 조합을 명확하게 하는 것도 중요한 일이다.

접목불친화는 중간대목을 이용하여 회피하는 방법도 있다. 예를 들면 앵두대목과 친화력이 낮은 '천중도백도' 는 앵두와 친화성이 높은 '백봉' 을 먼저 접목하고 그 위에 다시 '천중도백도' 를 접목하는 것이다. 이렇게 중간대목을 이용하면 그 생육은 공대수와 앵두대목에 직접 접목한 나무의 중간정도의 세력이 된다. 중간대목에는 이와 같은 왜성대목과의 친화성이 높은 수목품종을 이용하는 방법과 친화력이 있는 왜성대목을 이용하는 방법이 있다(그림 11-7). 후자의 경우 즉 왜성대목을 중간대목으로 이용할 때는 중간대목의 왜화도가 강할수록 그리고 중간대목의 길이가 길수록 나무는 더 왜화된다.

2) 과실의 떫은 맛

앵두나 산앵두나무 등의 왜성대목에 접목한 나무의 과실은 떫은 맛이 생기기 쉽다. 떫은 맛은 폴리페놀의 작용에 의한 것이다. 성숙한 과실의 폴리페놀 함량은 품종에 따라 다르지만 어느 품종이고 공대수에 비하여 왜성대목수의 과실에 더 많다(그림 11-8). 왜성대목에 접목한 복숭아나무의 과실은 공대수에 비하여 과실 전 발육기간을 통하여 폴리페놀 함량이 많은데, 특히 경핵기에 많이 증가한다. 한편 폴리페놀 생합성의 키 효소인 페닐알라닌암모니아리아제(PAL)의 활성은 페놀이 급증하기 전에 높고 더욱 공대수보다 왜성대목수에서 높다. 이와 같이 앵두나 산앵두나무를 대목으로 하면 과실의 페놀 함량이 증가해서 떫은 맛이 증가하나 그 기작에 대해서는 아직 밝혀지지 않았다. 복숭아의 떫은 맛은 과실발육 제 3기에 과도한 토양건조나 저온이 관계된다고 알려졌다. 한편 왜성대목은 뿌리가 넓게 뻗지 않고 더욱 세근은 토양표면 부근에 많이 분포되어 있다. 그러므로 이들을 대목으로 하면 뿌리가 토양수분 등에 스트레스를 받기 쉽다. 따라서 왜성대목을 이용한 복숭아 재배는 수체, 특히 뿌리가 스트레스를 받지 않도록 관리하여야 한다.

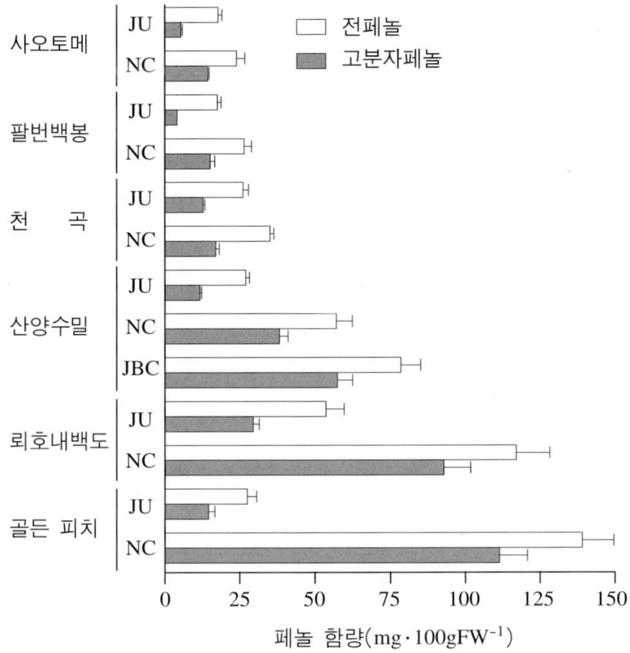

그림 11-8 대목이 다른 복숭아 성숙과의 페놀 함량
(JU : 수성도 대목, NC : 앵두 대목, JBC : 산앵두나무, NY : 나가노 야생복숭아)

(5) 다이토식 정지법(大藤式整枝法)

일본 야마나시(山梨)현의 다이토(大藤)농협 관 내에서 시작된 비옥지에 적합한 정지 · 전정법으로서 극히 약전정을 하고, 강한 적뢰를 하는 것이 기본이다. 그러므로 약전정재배 또는 초약전정재배라고도 한다. 목표로 하는 것은 저수고 수형으로 경제수령을 확대하는 것, 유목부터

그림 11-9 다이토식 정지법의 수형 (久保田)

세력을 안정시켜 과실생산과 품질을 성목정도로 향상시키는 것, 착과위치에 따른 과실 품질 변이를 적게 하며, 고품질과를 생산하는 것 등이다(그림 11-9).

적 뢰 : 개화에 의한 양분소모를 방지하기 위하여 11월경부터 적뢰를 시작한다. 그 기준은 화속상단과지는 3~5개 중에 1 화뢰, 10cm미만의 단과지에는 끝에 1 화뢰, 10~30cm의 중과지에는 1~2 화뢰, 30cm이상의 장과지에는 2~4 화뢰, 웃자람가지에는 덧가지(副梢)에 2~3 화뢰를 남긴다.

전 정 : 묘목을 재식한 후 2년째까지 전혀 전정하지 않고 뿌리를 확장시킨다. 원가지는 4~5개로 많이 두고 지제부에서 바퀴살 모양으로 구성하여 양분의 흐름을 균등하게 함으로써 원줄기의 강약의 차이를 적게 한다. 유목의 전정은 수확직후에 여름전정을 중심으로 주로 원가지 후보지를 솎아주는 정도로 한다. 성목이 되면 굵은 가지나 웃자람가지를 중심으로 8월 하순~9월 하순에 10~30%를 제거하여 햇빛이 수관 안으로 잘 투과되어 꽃눈이 충실해지도록 한다. 겨울전정은 하수지나 쇠약지를 중심으로 여름전정에서 빠트린 가지를 제거한다.

토양관리 : 시비량를 줄인다. 질소를 예를 들면, 일반 복숭아원에서 10~12kg을 시용한다면 본 방식에서는 4~8kg으로 제한하는데 과원에 따라서는 이 이하로 줄이기도 한다. 다량의 퇴비 시용이나 중경은 좋지 않으므로 농가에 따라서는 초생재배를 한다.

장점과 단점 : 장점은 신초생장이 빨리 정지하여 신초가 늦게까지 신장하지 않는다. 웃자람가지가 적고 수관 내부까지 햇빛이 들어오므로 과실품질이 고르다. 약전정을 하여 주로 단과지에 결실시키므로 변형과가 적고 과실비대가 좋은 점 등이다. 단점으로는 결실과다가 되기 쉽고, 밀식이므로 과번무가 되기 쉬우며, 적뢰하는 데 많은 시간이 소요되는 것 등이다. 최근 이 수형이 과육장해, 특히 적육증(그림 9-7)과의 관계가 있음이 시사되고 있다.

(6) 오쿠사식 정지법(大草式整枝法)

일본 야마나시(山梨)현의 오쿠사(大草)지구에서 작업의 생력화를 위하여 개발한 저수고 정지법으로서 수고를 3.5m로 유지하면서 결과부위는 주로 원가지, 덧원가지 가까이에 형성한다(그림 11-10). 재식거리는 종래의 정지법보다 넓게 하여, SS나 작업차가 자유롭게 다닐 수 있도록 한다.

재식거리와 재식 : 재식거리는 8×14m를 기준으로 하나, 14×14m로 재식하기도 한다. 재식은 지면에 대하여 35~40도의 각도로 경사지게 심는다. 원가지의 선단은 선단의 눈을 곧게 신장시키기 위하여 자르지 않는다.

전 정 : ① 재식 1년째 : 높이 50cm 부근에 세력이 약하고 분지각도가 넓은 신초를 제 1원가

그림 11-10 오쿠사식 정지법의 수형 (久保田)

지로 택한다. 원가지에는 받침대를 대어 신초가 자라는 대로 유인하여 곧게 신장시킨다(그림 11-11). 원가지 신장에 방해가 되는 신초는 조기에 순지르기 한다. ② 재식 2~3년째 : 원가지의 분지부로부터 50~60cm 간격으로 원가지 측면에서 나온 신초 중에서 제 1, 제 2덧원가지를 택하여 키운다. 덧원가지에도 받침대를 대고 유인하여 수형을 바르게 구성한다. 원줄기의 연장지인 제 2원가지의 세력은 전정량으로 조절하여 제 1원가지 : 제 2원가지의 세력비를 3:7이 되도록 한다. 재식 3년째부터 착과시키나 원가지나 덧원가지의 선단부에는 결실시키지 않는다. ③재식 4년째 이후 : 결실이 시작되는 3년째 이후에는 지주를 세우고 철선을 이용하여 가지가

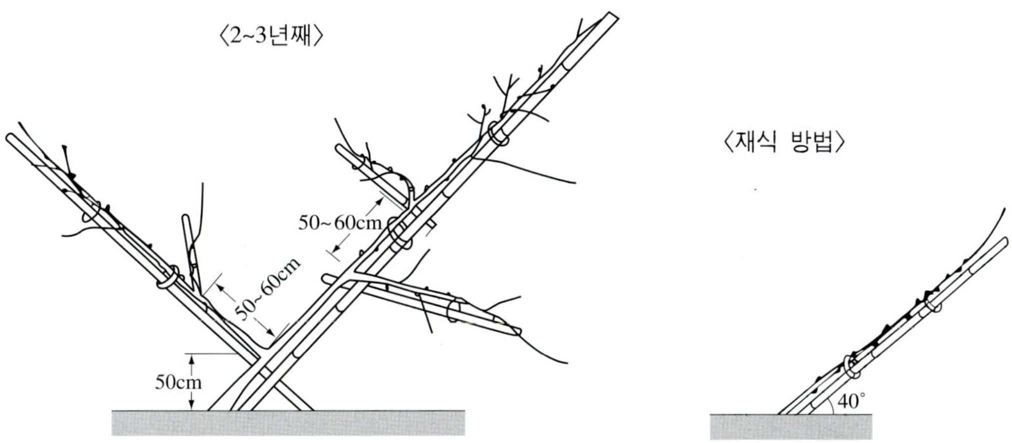

- 높이 50cm부근에서 제 1원가지를 택함.
- 원가지의 분지부로부터 50~60cm 간격으로 제 1, 제 2덧원가지를 선택함.
- 35~40° 각도로 비스듬하게 재식.
- 선단은 자르지 않음.

그림 11-11 오쿠사식 정지법의 수형구성

늘어지지 않도록 치켜 올려준다. 재식년수가 경과하면서 선단이 하수되므로 골격지에는 받침대를 대어 하수를 막아준다. 곁가지는 갱신하여 길게 자라지 않도록 한다. 원가지가 개장되어 일소발생의 위험성이 높으므로 굵은 가지 등에 발생한 신초는 5cm정도로 순지르기하여 일소를 막아준다.

신초관리 : 이 수형에서 특히 중요한 것은 생육기간 중의 신초관리이다. 수시로 내향지나 웃자람가지 등이 있으면 5cm정도에서 순지르기 한다. 전정은 9월 상순에 가을전정을 중점적으로 하여 수형을 바르게 구성한다. 겨울전정은 결과지를 정리하는 정도로 한다.

오쿠사식 정지의 성과 : ① 적과, 봉지씌우기, 수확 등의 작업을 사다리를 사용하지 않고 50%이상 한다. ② SS나 작업차가 원 내에 자유롭게 출입할 수 있어 작업시간을 자연개심형 정지에 비하여 30%경감시킬 수 있다. ③ 과원 전체의 일조조건과 통풍이 좋으므로 과실 품질이 좋고 균일하다.

(7) 사립주간형 정지법(斜立主幹形整枝法)

나가노(長野)현에서 과실 품질과 작업성 향상을 위하여 개발한 저수고 정지법이다. 하부의 가지가 강하게 자라는 복숭아나무의 특성을 살려 지상 1~1.5m 높이에 덧원가지를 좌우에 1개씩 배치한다. 2개의 덧원가지와 45도로 사립시킨 원줄기 상부에 주요 결과부위를 형성한다. 완성된 수형은 정면에서 보면 원줄기 선단을 정점으로 한 둔각삼각형이다(그림 11-12).

재식거리와 재식 : 울타리식을 기본으로 하여 영구수의 재식거리는 열간 5m, 주간 6~7m이다. 원줄기의 방향은 남~서남방향으로 하고, 하부에 2개의 덧원가지는 남동 및 북서 방향으로 한다.

전 정 : ① 재식 1년째 : 주간형으로 키우면서 하부에서 발생한 세력이 왕성한 덧가지나 발생

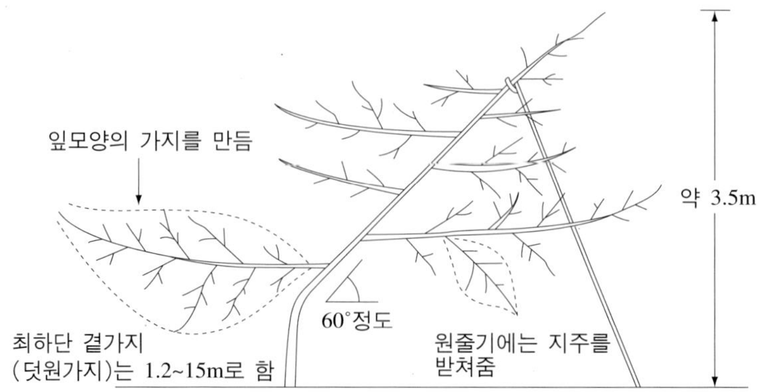

그림 11-12 사립형 주간형의 목표수형 (ももの作業便利帳, 2001)

각도가 좁은 신초는 여름철에 제거한다. 겨울전정할 때는 발생각도가 좁은 가지와 지상 50cm 이하에서 나온 가지는 제거한다. 원줄기 굵기의 1/3이하의 가는 가지를 겹치지 않도록 원줄기 상에 배치한다. 등에서 나온 가지는 수평으로 유인한다. 원줄기의 선단은 자르지 않는다. ② 재식 2년째 : 2년째부터 원줄기를 사립시킨다. 원줄기 선단의 신장이 방해되지 않도록 받침대를 대어 지면에 대하여 10도 정도로 유인한다. 원줄기 신장에 방해되는 신초는 제거한다. 여름철 관리는 웃자람가지의 정리를 중심으로 하고 결실 시키면서 수관 확대를 도모한다. 지상으로부터 1~1.5m 부위에서 원줄기 좌우에 30~50cm 간격으로 1개씩의 2개의 덧원가지 후보지를 선정하여 원줄기 상부의 생육을 견제한다. 덧원가지에 과다결실이 되면 가지가 늘어지므로 주의한다. 겨울전정 시에는 원줄기 선단과 2개의 덧원가지 선단을 연결한 둔삼각형에 모든 곁가지가 들어가도록 관리한다. 덧원가지 후보지 선단은 잘라주고, 선단이 강하게 자라도록 선단을 높게 해준다.

원줄기 사립화 이후의 전정 : 3년째 봄부터 본격적으로 사립화 시킨다. 덧원가지의 발생 위치인 지상 1~1.5m을 기점으로 하여 원줄기를 사립 시킨다. 원줄기에 받침대를 대어 곧게 키운다. 원줄기 선단은 바깥눈을 두고 1/4정도로 잘라주어 신초발생을 촉진시킨다. 나무가 커지면 원줄기가 늘어지므로 지주를 받쳐 준다.

사립주간형 정지법의 성과 : ① 수고를 3.5m로 낮출 수 있어 착과량의 50%정도를 2m이하 부위에서 생산할 수 있으므로 작업성이 좋다. ② 수관 하부까지 햇빛이 잘 들어와 과실 품질을 향상시킬 수 있다. 개심자연형에 비하여 결과연령이 빠르다.

〈참 고 문 헌〉

[국내문헌]

1. 김경필, 박재홍, 이원진, 박미성. 2006. 농업전망 2006. 한국농촌경제연구소. p. 816-825.
2. 김성원. 1938. 실험 조선과수재배법. p. 303-356.
3. 김성원. 1958. 최신 과수재배기술. 인미인쇄소. p. 185-216.
4. 김영진, 이은웅. 2000. 조선시대 농업과학기술사. 서울대학교 출판부.
5. 김정호 외 4인. 1998. 과수원예각론. 향문사. p. 173-230.
6. 김정호 외 8인. 1999. 최신 복숭아재배. 오성출판사.
7. 김종기. 2004. 복숭아의 품질관리기술(예냉 및 저온저장). 원예저장유통 연구회지 20:32-35.
8. 농림부 · 농협. 2007. 수확후 관리기술 매뉴얼, 복숭아, 농림부 · 농협중앙회.
9. 농촌진흥청 원예연구소. 2002. 클릭! 21세기 복숭아 품종 선택.
10. 농촌진흥청. 1995. 복숭아재배. 농촌진흥청.
11. 文忠坤. 1949. 果樹栽培提要. 慶北果物同業組合. p. 435-471.
12. 유영산, 강상조, 김선규, 성진근, 추영대. 1999. 복숭아, 고품질 안정생산 기술과 경영. 농민신문사.
13. 이광연 외 6인. 1974. 과수재배대전. 홍농종묘주식회사 출판부. p. 336-382.
14. 이승구 등 편저. 2006. 수확후 관리기술 요람. 과수편. p. 714. 농림부. 농협중앙회.
15. 이은웅. 1983. 한국농업기술사. 한국농업기술사발간위원회. p. 515-520.
16. 이은진, 홍윤표, 정대성, 조미애. 2004. 저온저장에 따른 복숭아 저장한계기간 및 품질변화. 원예과학기술지 22(Suppl. II) : 119.
17. 이태현. 1962. 과수재배법각론. 부민문화사. p. 235-346.

[외국문헌]

1. Janick, J. and J.N. Moore. 1975. Advance in Fruit Breeding. Purdue Univ. Press. p. 287-290.
2. 阿部 薫, 井上重雄, 志村浩雄. 2001. ももの作業便利帳. 農文協.
3. 福岡縣. 1989. 福岡縣 園藝 · 茶 病蟲害圖鑑.
4. 福田 照. 1962. 實驗栽培 桃編. 養賢堂.
5. 果實日本. 1971-2006. 日本園藝農業協同組合.
6. 梶浦 實. 1965. もも · おうとう. 農山漁村文化協會.
7. 長野縣. 1991. 果樹指導指針.
8. 日本園藝學會. 1978-2006. 日本園藝學會雜誌..
9. 農業技術協會. 1983. 果樹品種名雜考. 農業技術協會. p. 154-168.
10. 農山漁村文化協會. 1985. 農業技術大系 果樹編 ⑥.
11. 岡山縣, 果樹栽培指針, 2003.
12. 關口昭良. 1997. 農作物病害蟲圖鑑. 信越放送. 長野縣.
13. 杉浦 明 編. 2004. 新版果樹栽培の基礎. 農文協. p. 174-193.
14. 杉浦 明. 2004. 果樹栽培の基礎. 農文協.
15. 山梨縣, 桃の鄕から. 2004. 果樹園藝會.

찾 아 보 기

(라)

(마)

(바)

(사)

(자)

(차)

《저자약력 및 저서》

이 재 창(李載昌) 충남대학교 명예교수

1939년 경기 용인 출생
1963년 서울대학교 농업생명과학대학 졸업
1973년 충남대학교 대학원 농학박사
1978년 日本 京都大學 초빙학자
1983년 캐나다 Guelph 대학 객원교수
1996년 충남대학교 농업생명과학대학 학장
1999년 한국원예학회 회장
현재 복숭아 시험재배

[주요저서(공저)]
과수재배지도요강, 과수재배대전, 앞으로의 포도재배,
과수원예총론, 과수재배각론, 과수(고등학교 교과서),
포도재배의 신기술, 원예사전, 종자생산학

구보다 나오히로(久保田尙浩) 日本 岡山大學 敎授

1946년 日本 愛媛縣 출생
1972년 日本 京都大學大學院 修了
日本 京都大學大學院 農學博士
1989년 日本園藝學會賞 奬勵賞 受賞

[주요저서(공저)]
新編果樹園藝 ハンドブック, Fruit Analysis, 日本ブドウ學,
最新果樹園藝學, 新版 果樹栽培の基礎, 果實の事典,
Horticulture in Japan, 2006

황 용 수(黃龍洙) 충남대학교 교수

1953년 대전 출생
1981년 충남대학교 농업생명과학대학 졸업
1983년 충남대학교 대학원 농학석사
1988년 미국 플로리다대학교 대학원 농학박사

[주요저서(공저)]
과수원예총론, 포도재배의 신기술
원예작물의 수확후생리, 수확후관리기술매뉴얼(배, 딸기),
수확후 관리기술요람

천 종 필(千種弼) 충남대학교 부교수

1964년 충남 공주 출생
1987년 충남대학교 농업생명과학대학 졸업

1995년 충남대학교 대학원 농학박사
1997년 미국 Florida 대학 초빙학자
2001년 日本 學術振興會 특별연구원
2003년 日本 鳥取大學 연구원

복숭아재배의 신기술

2007년 7월 20일 초판 1쇄 발행
2015년 3월 20일 초판 3쇄 발행
정가 30,000원

저 자 李載昌 久保田尙浩 黃龍洙 千種弼 共著

발행자 양 희 돌

경기도 고양시 일산서구 덕이동 408-4
발행처 선 진 문 화 사
〈등록 제410-2005-000040호〉
ISBN 978-89-7392-250-5 92520

☎ (031)925-8237·8238, FAX 925-8239